Python 可解释
AI(XAI)实战

[法] 丹尼斯·罗斯曼(Denis Rothman)　著

叶伟民　朱明超　　　　　译

清华大学出版社

北　京

北京市版权局著作权合同登记号图字：01-2022-0414

Copyright ©Packt Publishing 2020. First published in the English language under the title 'Hands-On Explainable AI (XAI) with Python: Interpret, Visualize, Explain, and Integrate Reliable AI for Fair, Secure, and Trustworthy AI Apps (9781800208131)'.

图书在版编目(CIP)数据

Python 可解释 AI(XAI)实战 / (法) 丹尼斯·罗斯曼 (Denis Rothman) 著；叶伟民，朱明超译. —北京：清华大学出版社，2022.8

书名原文：Hands-On Explainable AI (XAI) with Python: Interpret, Visualize, Explain, and Integrate Reliable AI for Fair, Secure, and Trustworthy AI Apps

ISBN 978-7-302-61329-9

Ⅰ. ①P… Ⅱ. ①丹… ②叶… ③朱… Ⅲ. ①软件工具—程序设计 Ⅳ. ①TP311.561

中国版本图书馆 CIP 数据核字(2022)第 122362 号

责任编辑：王　军　刘远菁
装帧设计：孔祥峰
责任校对：成凤进
责任印制：刘海龙

出版发行：清华大学出版社
　　　　　网　　　址：http://www.tup.com.cn，http://www.wqbook.com
　　　　　地　　　址：北京清华大学学研大厦 A 座　　邮　　编：100084
　　　　　社 总 机：010-83470000　　邮　　购：010-62786544
　　　　　投稿与读者服务：010-62776969，c-service@tup.tsinghua.edu.cn
　　　　　质 量 反 馈：010-62772015，zhiliang@tup.tsinghua.edu.cn
印 装 者：大厂回族自治县彩虹印刷有限公司
经　　销：全国新华书店
开　　本：170mm×240mm　　印　　张：22.25　　字　　数：461 千字
版　　次：2022 年 8 月第 1 版　　印　　次：2022 年 8 月第 1 次印刷
定　　价：128.00 元

产品编号：094307-01

专 家 赞 誉

可解释AI(XAI)是作为天然智能的人与作为人工智能的深度神经网络之间的桥梁，能实现两者之间良好的沟通、充分的信任和清晰的理解。智能技术若要上升为智能科学，可解释AI是必不可少的要素之一。《Python可解释AI(XAI)实战》一书以可视化的语言、生动活泼的Python案例，揭示了可解释AI(XAI)与伦理和法律的深刻联系，展现了可解释AI(XAI)的迷人之处。想拥有AI的未来吗？请从此书开始！

——吴焦苏
中国科学院人工智能联盟标准组成员
燕托计算机有限公司高级研究科学家
《智能科学的数学原理》作者

AI模型的确强大，但却因其黑箱特性而不能在很多领域(如金融和法律)大展身手，因此可解释AI(XAI)正变得越来越重要。该书注重实操性，详细介绍了如何用基于Python的XAI工具库(如LIME、WIT和SHAP)来探索和实现XAI在医疗和自动驾驶上的应用。该书适合已经有一些基础知识和/或机器学习库经验的初级Python程序员、想要了解可解释AI工具和技术的数据分析师和数据科学家，以及任何对可解释AI感兴趣的人。

——王圣元
Seamoney Regional Modeling Lead
王的机器公众号主理人
《快乐机器学习》作者

2022年初，中国人民银行印发了《金融科技发展规划(2022—2025)》，着力提出要加强金融科技伦理建设，"加快出台符合中国国情、与国际接轨的金融科技伦理制度规则"。同年2月，美国两位参议员和一位众议员共同提出了《2022年算法责任法案》，要求公司和软件开发商对"算法歧视"承担责任。如果该法案最终得以通过，《2019年算法责任法案》将获得更多的操作性改进，从而使公司对自动化系统的开发更加负责任。可见，对于算法的管理，全世界正在慢慢达成一致意见：算法必须承担责任。

基于大数据的AI不仅可以"杀熟"，还可能出现"职业歧视""民族歧视""种族歧视""性别歧视""经历歧视"等问题,所以,人们在发挥 AI 能力优点的同时,不能不考虑 AI 的问题。"能力越大,责任越大",算法得出的结论需要被解释,以证明算法的公正和有效。可解释 AI 对科技的发展、伦理的演进,以及数字时代人们行为规范的设定而言,都是一种必备的技术或者能力。

人们有时将数字经济称作算法经济,而我个人认为,数字经济是可解释算法经济,否则,人们做决策时将无所适从,分不清是人训练 AI,还是 AI 在改变人。叶老师是多部技术著作的译者,技术和语言功力深厚,而这部译作也及时地为刚刚开展的行业级金融科技伦理建设提供了有益的参考。希望广大读者能够一同参与这场关乎所有人的金融科技伦理建设,推动可解释 AI 的发展,推动更安全的 AI 的发展。

——付晓岩

极客邦副总裁,双数研究院院长,资深企业架构顾问

《银行数字化转型》作者

作为人工智能技术的学习者和应用者,我和所有人一样一直心怀疑虑:如何使人工智能给人类提出建议、辅助决策的过程更加透明?很高兴看到本书在可解释 AI 方面的探索和实践,这条路还很远,但这已经是一个很好的开始。

——陈希章

微软(亚洲)互联网工程院高级产品经理

若干年前,我于工作中偶然得知美国的《公平信用报告法》有一项"不利行动告知"条款,要求机构向消费者解释负面评分的原因。自此,我的 AI 世界观就发生了改变,黑盒对我来说变得毫无意义,可解释性成为一切的前提。后来随着 AI 伦理的发展,XAI 愈发重要。从欧盟于 2020 年发布的《人工智能白皮书》到中国于 2021 年发布的《人工智能算法金融应用评价规范》,从金融领域到其他业界,此议题都备受重视。但在读本书之前,我个人认为 XAI 更多地停留在观念层面,在实际中最多体现在特征选取和构建上,并且只有基于决策树的算法才能应用 XAI。

读罢此书,我有种久旱逢甘霖之感,这本实用的书更新了我的许多知识,让我了解到原来 XAI 已经走了这么远,而且适用于深度学习算法。无论是 WIT、LIME 之类的工具,还是反事实、对比、锚定、认知解释法等,都让我跃跃欲试。实际上我已经在自己的项目中开始尝试这些技术,这几乎让我无法及时交付此推荐语。这是一本很有指导意义的手册,每位从业者都应一读。感谢叶伟民先生引入此书,其定会有助于促进国内 AI 水平的提升。

——曹欣田

国内某公募基金金融科技部

随着 AI 技术的飞速发展，人类用户越来越难以理解 AI 应用如何做决策，以及决策是否安全可信。另一方面，作为开发人员，如何开发出合理、安全和可信的 AI 应用？《Python 可解释 AI(XAI)实战》为这两个问题提供了答案。该书既深入浅出地介绍了 XAI 理论，也提供了该领域的多种工具及代码级实战指导。不管你是 AI 应用的用户、项目经理，还是开发人员，这本书都适合你。

——王国良

真北敏捷社区发起人，广发银行高级敏捷教练

再见，"黑盒模型"，基于 Python 语言的 AI (XAI)实用指南来了！该书面向任何对可解释 AI 感兴趣的人，也有助于你对可解释性的理解，它与从事 AI 工作的人员有着密不可分的关系。我的老朋友叶伟民是一位经验丰富的软件工程师兼科技图书译者，曾翻译过多本经典图书，他热衷于.NET/AI/翻译工作，这也是我推荐本书的底气！

——潘淳

微软技术俱乐部(苏州)执行主席

推 荐 序

本人在金融行业的科技部门服务多年。近年来，随着 AI 的发展，金融行业也不甘落后，一直在探索 AI 在行业内的运用。可以期望，在 AI 的加持下，金融行业不光可以增效降本，还能提升客户体验，甚至发展出全新的业态。未来可期。

AI 的概念在 50 年代就被提出来了，但是在最近几年才爆发。这里离不开 ABC 的组合：

A——人工智能自身算法的演进，特别是深度学习的出现。

B——大数据，它是人工智能的精神食粮。

C——云计算，它使得计算资源大大丰富，计算成本大大降低。

而在 ABC 组合中，有价值的大数据最为重要。

金融机构拥有大量真实的决策数据。如果能利用好这些大数据的价值，很多金融机构都可以是 AI 公司。而且今天的 AI 算法是公开的，使用 AI 的技术门槛并不高，它已经算不上什么黑科技了。所以，金融机构只要能挖掘出所拥有的业务数据的价值，就可以利用 AI 把它们发挥到极致，从而打造出面向未来的新一代金融服务。

但是，金融机构若要运用 AI 做决策，就必须重视可解释性。

在传统编程中，人类负责提供程序和输入数据，让计算机处理后产生输出数据。但在 AI(以监督学习为例)中，人类需要提供输入数据和期望/过往输出数据，让计算机学习其中的规律并产生模型(也可以理解为它自己生成的程序)。然后，人类可以运用这个模型为新的输出数据产生输出数据。

AI 用来决策的模型、逻辑和程序是它自己生成的。如果它像一团迷雾，这对于购物推荐之类的应用来说也许不是什么大问题，但对于金融机构这种受到严厉的监督、监管且对决策依据有严格要求的行业而言，这肯定是不可接受的。

金融行业只是一个缩影，相信在很多其他行业，AI 的可解释性都是 AI 落地的重要前提。

本书深入探讨了 AI 的可解释性这个课题，并且提供了具体的工具和详细的实践。帮助读者有效解决 AI 可解释性难题，并帮助企业拓宽 AI 落地的范围，为企业增效降本、提升客户体验，甚至颠覆整个业态提供新的可能性。

笔者与译者之一叶伟民既是圈内好友，又是前同事，还一起翻译过图书。他长期活跃于技术社区，也参与翻译了多部国外技术著作，为国内技术人员在这些领域的学习和技术精进贡献良多。他还是资深的 AI 研发人员。在笔者所在公司任职期间，负责打造便于其他团队落地的 AI 平台。

我相信通过阅读本书，你能够利用 AI 在你的领域开拓更广阔的疆域！

——刘华

汇丰科技公共服务与云平台中国区总监

《猎豹行动 硝烟中的敏捷转型之旅》作者

《图数据库实战》译者之一

译者序

在 AI 的世界里，除了科学家和算法研究员之外，还有相当多的一线工作者：项目经理、需求分析人员、算法工程师、软件开发工程师、实施人员、运维人员等。他们都是 AI 项目不可或缺的一分子，没有他们，AI 项目就无法成功实施。

本书与其他可解释 AI 图书不一样的地方是：本书面向一线工作者，以他们能够轻松理解的语言讲解可解释 AI。

更可贵的是，除了语言和例子通俗易懂之外，本书还有不少的代码实例。

除此之外，作者 Denis 还在 CSDN 开通了技术博客。读者朋友们如果有问题，可以直接在作者 Denis 的 CSDN 博客上提问。

为什么本书能够做到这点

本书之所以能够做到这点，是因为作者 Denis 是一位从 1982 年就开始从事 AI 相关工作的资深 AI 工作者。到目前为止，Denis 已经撰写过多本 AI 相关图书，并且在全世界拥有 4 万多个粉丝。Denis 撰写的图书和文章在专业性和易懂性方面平衡得很好。

值得一提的是，Denis 还在 2021 年的科特勒世界营销大会上和某些国家的总理、总统同台演讲，可见其演讲多么通俗易懂。感兴趣的朋友们可以在微信的搜一搜里面搜索 Denis Rothman，以找到相关的文章。

关于本书中的术语翻译

翻译 AI 图书最头痛的一点就是术语的翻译。甚至在教科书中，不同的教科书术语使用标准都不一致，以至于周志华、李航、邱锡鹏、李沐、Aston Zhang 5 位专家都为此头痛，因此成立了 AITD 项目来解决这一问题。

十分遗憾的是，在本书截稿时，译者认真查阅了 AITD 项目，该项目尚在完善中。如果将 AITD 项目中的术语硬套进本书译稿，那么不少地方都会很违和，从而影响本书的易读性。因此译者只能参考 AITD 项目中的术语，再根据本书的实际情况做相关调整。希望翻译下一本 AI 图书时，可以直接使用 AITD 项目中的术语。

致谢

十分感谢中国科学院人工智能联盟标准组成员吴焦苏老师试读和推荐本书，十分感谢吴焦苏老师指出译稿中的错误。

基于本书的定位，译者寻找了不同背景的朋友试读和推荐本书。在此感谢各位朋友。

十分感谢本书作者 Denis。译者在翻译过程中向作者询问了 132 个问题，作者十分迅速和详细地一一给出了回答，甚至还针对某些代码录制了实操视频。

感谢中山大学的詹成教授，他不但解答了我诸多的翻译疑问，而且提出了"快、准、顺"这个可以量化执行的翻译标准，从而使我在翻译过程中有更合适的方向和实操准则。

为了满足"快"这一标准，同时由于译者水平有限，失误在所难免，如果读者有任何意见和建议，欢迎指出。

叶伟民、朱明超

作 者 简 介

Denis Rothman 毕业于索邦大学和巴黎-狄德罗大学，他写过最早的 word2vector embedding 解决方案之一。职业生涯伊始，他就创作了第一批 AI 认知自然语言处理 (NLP)聊天机器人之一。该聊天机器人为语言教学应用程序，用于 Moët et Chandon 以及其他公司。他也为 IBM 和服装生产商编写了一个 AI 资源优化器。之后，他还编写了一种在全球范围内使用的高级计划和调度(APS)解决方案。

"我要感谢那些从一开始就信任我的公司，是它们把 AI 解决方案委托于我，并分担持续创新所带来的风险。我还要感谢我的家人，他们一直相信我会取得成功。"

审校者简介

    Carlos Toxtli 是一名研究 AI 对未来工作影响的人机交互研究员。他在西弗吉尼亚大学获得计算机科学博士学位，并在蒙特雷理工和高等教育学院获得技术创新和创业硕士学位。他曾供职于许多跨国企业，包括谷歌、微软和亚马逊，也曾在联合国等国际组织工作过。他还创建了几家在金融、教育、客户服务和停车行业使用 AI 的公司。Carlos 在其领域的不同会议和期刊上发表了大量的研究论文、手稿和书籍章节。

    "我要感谢所有帮助这本书成为佳作的编辑。"

前　　言

在当今的 AI 时代，准确解释和传达可信的 AI 结果，正成为一项需要掌握的关键技能。人类已经很难理解现代 AI 中的具体推理逻辑。就其本身而言，机器学习模型的结果往往是难以解释的，有时甚至无法解释。用户和开发人员都面临着一个挑战——怎样去解释 AI 的决策是如何做出的，以及 AI 为何会做出这个决策。

AI 设计师不可能为数百种机器学习和深度学习模型设计出一个通用的可解释 AI 解决方案。若想有效地将 AI 的决策内容解释给业务利益相关者听，我们需要个性化的规划、设计以及可视化方案。如果无法解释 AI 的决策结果，可能会在欧洲和美国面临诉讼。但 AI 开发人员在现实工作中会面临铺天盖地的数据和结果，如果没有合适的工具，几乎不可能从中找出对 AI 所做决策的解释。

在本书中，你将学习使用 Python 相关工具和技术来可视化、解释和集成可信的 AI 结果，从而在提供业务价值的同时避免 AI 偏见和道德伦理方面的常见问题。

本书将带你使用 Python 和 TensorFlow 2.x 亲身实践一个 Python 机器学习项目。你将学习如何使用 WIT、SHAP、LIME、CEM 和其他至关重要的可解释 AI 工具。你将了解到由 IBM、谷歌、微软和其他高级人工智能研究实验室设计的工具。

本书将介绍几个面向 Python 的开源可解释 AI 工具，它们可在整个机器学习项目生命周期中使用。你将学习如何探索机器学习模型结果，查看关键变量和变量关系，检测和处理 AI 偏见和道德伦理方面的问题，并使用 Python 和可解释 AI 工具对机器学习模型结果进行可视化分析和解释。

我们将使用 Python、TensorFlow 2.x、Google Cloud 的 XAI 平台和 Google Colaboratory 构建 XAI 解决方案。

本书面向的读者群体

- 已经有一些基础知识和/或机器学习库(如 scikit-learn)经验的初级 Python 程序员。
- 已经将 Python 用于数据科学、机器学习、研究、分析等目的的专业人士，可以在学习最新的可解释 AI 开源工具包和技术的过程中受益。
- 想要了解 Python 机器学习模型可解释 AI 工具和技术的数据分析师和数据科学家。

- 必须面对 AI 可解释性的合同和法律义务，以在验收和接受阶段应对道德伦理问题的 AI 项目和业务经理。
- 想要设计出最终用户和法律系统都能理解的可信 AI 的开发者、项目经理和顾问。
- 对无法解释的黑盒 AI 已经调优到极限，希望通过可解释 AI 工具更好地理解 AI 来继续调优的 AI 专家。
- 任何对可解释 AI 感兴趣的人。AI 和 XAI 技术将不断发展和变化。但基本道德和本书介绍的 XAI 工具仍将是未来 AI 必不可少的组成部分。

本书内容

第 1 章 使用 Python 解释 AI

这一章首先提到，我们无法只用一种方法向项目中的所有参与者概括可解释人工智能(XAI)。然后讲述这么一个案例：当病人出现新冠、西尼罗河病毒或其他病毒的迹象时，全科医生和 AI 如何确定疾病的起源？我们围绕这个案例使用 Python、k 近邻算法和 Google Location History 从零开始构建一个 XAI 解决方案来追踪病人感染的起源。

第 2 章 AI 偏差和道德方面的白盒 XAI

AI 有时可能不得不做出生死攸关的决策。当自动驾驶汽车的自动驾驶系统检测到行人突然横穿马路，那么在来不及停车的情况下，应该做什么决策？

自动驾驶汽车能否在不撞到其他行人或车辆的情况下改变车道？这一章讲述麻省理工学院的道德机器实验，以及一个使用决策树来做出现实生活中相关决策的 Python 程序。

第 3 章 用 Facets 解释 ML

机器学习是一个数据驱动的训练过程。然而，公司通常不能提供干净的数据，甚至无法提供启动项目所需的所有数据。此外，数据往往出自不同来源，且各种格式混杂在一起。机器学习模型包含复杂的数学，即使数据看起来可接受，也是如此。这样的机器学习项目从一开始就可能迅速成为一场噩梦。

这一章将在 Google Colaboratory Jupyter Notebook 安装和运行 Facets。Facets 提供了多种视图和工具来追踪扭曲机器学习模型结果的变量。通过它，我们可以可视化地找出原因，从而节省乏味的传统分析的时间。

第 4 章 Microsoft Azure 机器学习模型的可解释性与 SHAP

AI 设计师和开发人员需要花费数天时间来寻找符合项目规范的正确 ML 模型。可解释 AI 提供了有价值的、可以节省时间的信息。但是，没有人有时间为市场上的每一种 ML 模型都开发一个可解释 AI 解决方案！

所以我们需要一个通用的、与模型无关的可解释 AI 解决方案。这一章所讲述的
SHAP 就是一种与模型无关的可解释 AI 解决方案。我们利用 SHAP 来提供对 ML 模型
的可视化图表和文字解释，能够显示哪些变量会影响具体的结果。

第 5 章　从零开始构建可解释 AI 解决方案

AI 在过去几年里发展得如此之快，以至于道德伦理义务有时被忽视了。消除偏见
已经成为 AI 生存的关键。基于种族或民族标准的 ML 决策在美国曾经是为公众所接受
的。然而，我们现在有义务找出偏见并消除数据集中那些可能会造成歧视的特征。

这一章将展示如何用 Google What-If Tool (WIT)和 Facets 在 Python 中消除偏见并
建立一个合乎道德伦理的 ML 系统。该程序从一开始就将道德伦理和法律参数考虑
在内。

第 6 章　用 Google What-If Tool (WIT)实现 AI 的公平性

Google PAIR(People + AI Research)设计了 What-If Tool 来研究 AI 模型的公平性。
这一章将带领我们深入了解可解释 AI 并介绍一个 Python 程序，该程序使用 TensorFlow
创建一个深度神经网络(DNN)，然后使用 SHAP 解释程序并创建 WIT 实例。

WIT 提供了 ground truth、cost ratio 公平性，以及 PR 曲线等可视化功能。该 Python
程序还展示了 ROC 曲线、AUC、切片和 PR 曲线是如何准确定位产生结果的变量的，
从而展现如何使用 WIT 这个 AI 公平性和道德伦理工具来进行解释预测。

第 7 章　可解释 AI 聊天机器人

AI 的未来将越来越多地涉及机器人和聊天机器人。这一章展示如何通过 Google
Dialogflow 针对聊天机器人提供 CUI XAI。我们将通过与 Google Dialogflow 通信的 API
来实现一个 Google Dialogflow 的 Python 客户端聊天机器人。

这样做的目标是模拟基于马尔可夫决策过程(MDP)的决策 XAI 的用户交互。我们
将在 Jupyter Notebook 模拟 XAI 对话，并在 Google Assistant 上测试该代理。

第 8 章　LIME

这一章通过局部可解释与模型无关的解释(LIME)进一步探讨与模型无关的解释方
法。该章将展示如何创建一个与模型无关的可解释 AI Python 程序，该程序可以解释随
机森林、k 近邻算法、梯度提升、决策树和极度随机树的预测结果。

使用 Python 程序创建的 LIME 解释器，因为与模型无关，所以对任意机器学习模
型的结果都可以生成可视化的解释效果。

第 9 章　反事实解释法

有时一个数据点没有按预期分类的原因是无法确定的。无论如何查看数据，我们
都无法确定是哪一个或哪几个特征产生了错误。

可视化的反事实解释法可将被错误分类的数据点特征与被正确分类的相似数据点
特征进行对比，从而快速找到解释。

这一章中 WIT 构建的 Python 程序可以说明预测的可信度、真实性、合理解释和

灵敏度。

第 10 章 对比解释法(CEM)

这一章所使用的对比解释法采用了与其他 XAI 工具不一样的方法，即通过缺失的特征来解释 AI。

这一章创建的 Python 程序为 CEM 准备 MNIST 数据集，定义一个 CNN，测试 CNN 的准确性，并且定义和训练自编码器。该程序创建一个 CEM 解释器，它将提供相关负面和相关正面的可视化解释。

第 11 章 锚定解释法

讲到规则，我们通常会联想到硬编码的专家系统规则。但是，如果 XAI 工具可以自动生成规则来解释结果呢？锚定解释就是一组自动生成的高精度规则。

这一章将构建为文本和图像分类创建锚定解释器的 Python 程序。该程序可精确定位使模型改变主意并选择某一类别的图像像素。

第 12 章 认知解释法

人类的认知能力为人类在过去几个世纪中取得的惊人的技术进步提供了框架，包括 AI。这一章从人类认知视角出发，构建基于 XAI 的认知规则库，阐述如何构建认知词典和认知情感分析函数来解释特征。配套的 Python 程序展示如何测量边际认知贡献。

这一章将总结 XAI 的本质，为读者构建 AI 的未来。

如何阅读本书

我们建议：

- 重点理解可解释 AI (XAI)的关键概念以及它们会成为关键概念的原因。
- 如果你希望专注于 XAI 理论，可以只阅读，但是不需要把代码执行一遍。
- 如果你希望同时了解理论和实现，那么请阅读并把代码执行一遍。

在线资源

书中的一些截图如果是彩色的话，效果可能更佳，因为这样有助于你更好地理解输出中的变化。为此，我们专门制作了一份 PDF 文件。读者可通过使用手机扫描封底的二维码来下载这份 PDF 文件以及各章习题答案、配套代码等所有在线资源。

目　　录

以下内容通过扫描封底二维码下载获取

习题答案

## 第 1 章

使用 Python 解释 AI

自从机器开始参与决策以来，可解释性一直通过用户界面、图表、商业智能(BI)和其他工具成为 AI 项目实施过程的一部分。

然而，人工智能(AI)的指数级发展，包括基于规则的专家系统、机器学习(ML)算法和深度学习，已经导致历史上最复杂的算法产生。解释 AI 的难度与 AI 所取得的发展成正比地增长。

随着 AI 遍布各个领域，当结果被证明有误时，提供解释变得至关重要。另外，为了让用户信任机器学习(ML)算法，即使结果准确，也需要解释。在某些时候，AI 面临着生死攸关的情况，需要清晰而快速的解释。例如，本章将研究一个案例，该案例需要对一个在不知情的情况下感染了西尼罗河病毒的病人进行早期诊断。

这个解释过程通常用术语"可解释人工智能"或"人工智能可解释"来描述。我们通常将这两个术语简称为 XAI。

本章的目标是了解 XAI 的主要特性，并将这些特性应用到一个 Python 案例中。

本章将首先讲解可解释 AI(XAI)的定义以及我们在实施 XAI 时面临的挑战。每种情况、每种角色都需要不同视角的 AI 解释。例如，AI 专家会希望得到与最终用户不同视角的 AI 解释。

然后，我们将探讨一个生死攸关的案例，在这个案例中，XAI 和 AI 一起构成了关键的工具，用于发生在美国伊利诺伊州芝加哥市的西尼罗河病毒传播的医学诊断。

本章中 XAI 的目的不是向开发者解释人工智能，而是向全科医生解释 ML 系统的预测，从而令他们相信 ML 系统的预测(让 ML 决策可信)。

我们将使用 k 近邻(KNN)算法和 Google Maps Location History 数据以及其他功能，用 Python 从零开始构建 XAI 解决方案的组件。

本章涵盖以下主题：

- XAI 的定义
- XAI 的主要特性
- 从不同视角描述一个案例
- XAI 执行功能图
- XAI 的不同形式和方法
- XAI 从概念到生产环境上线的时间线
- AI 可追责性
- 从用户视角看 XAI 的时间线
- 使用 Python 实现 k 近邻算法
- 使用 Python 读取 JSON 格式的 Google Maps Location History

在从零开始构建 XAI 原型之前，第一步是探讨 XAI 的主要特性。

1.1 可解释 AI 的定义

可解释 AI，或称 AI 解释，或称 AI 可解释性，或简称 XAI，看起来似乎很简单。你只需要对一个 AI 算法进行解释。它看起来如此简单，你可能想知道为什么我们要费心专门写一本关于这方面的书！

在 XAI 兴起之前，传统的 AI 工作流程是很短的。我们周围的世界和活动产生了数据集。这些数据集被放进内容未知的黑盒 AI 算法中。最后，如果人类用户对 AI 的预测有所怀疑，则要么启动成本高昂的调查，要么被迫迁就该系统。图 1.1 展示了传统的 AI 工作流程。

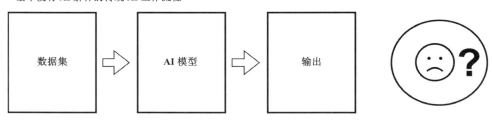

图 1.1　传统 AI 流程

在非 XAI 方法中，用户会对输出感到困惑。用户无法信任这个算法，也无法从输出中推断出答案是否正确。此外，用户也不知道如何控制这一过程。

在典型的 XAI 方法中，用户能够如图 1.2 所示那样获得答案。用户信任这个算法。因为用户了解结果是如何得出的，所以用户知道这个结果是否正确。此外，用户还可通过解释交互界面来了解和控制这一过程。

带有 AI 解释界面的 AI 流程

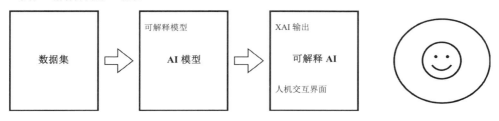

图 1.2　XAI 流程

典型的 XAI 流程从周围世界和其中发生的活动获取信息，以产生输入数据集，然后从中提取信息，进而构建拥有 AI 可解释性的白盒算法。用户可以查阅能够访问可解释 AI 模型的界面。

流程中的 XAI 阶段将帮助 AI 的用户了解流程，建立起对 AI 系统的信任，从而加快 AI 项目的进度。如果没有实施 XAI，AI 项目将会遇到第 2 章 "AI 偏差和道德方面的白盒 XAI" 描述的道德伦理和法律绊脚石。

正如我们刚才所看到的，XAI 的概念非常易于理解。但是在 AI 领域里，一旦你开始深入研究一个主题，你总是会发现一些并不是马上就能看出来的复杂性。

下面深入研究 XAI 是如何工作的，以探讨 AI 中这个令人着迷的新领域。

从图 1.2 可以看到，XAI 位于 AI 黑盒模型的后面、人机交互界面的上面。但情况总是如此吗？在接下来的部分中，我们将先从研究 AI 黑盒模型开始，然后探讨可解释性。最后，我们将讨论何时为 XAI 提取信息，以及何时将 XAI 正确地构建到 AI 模型中。

下面先定义黑盒模型。

1.1.1　从黑盒模型到 XAI 白盒模型

常识告诉我们，XAI 应该位于如图 1.3 所示的黑盒 AI 算法之后。

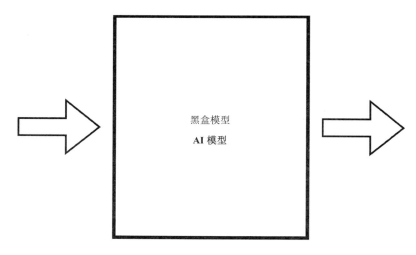

图 1.3　黑盒 AI 模型

但是，首先我们必须明确什么是黑盒。

在主流文献中，AI 领域中黑盒的定义是：一个内部工作原理被隐藏因而无法被理解的系统。一个黑盒 AI 模型接受一个输入，运行一个或多个算法，然后产生一个可能有效但仍然难以理解的输出。这一表述在某种程度上符合"黑盒 AI"这个定义。

然而，黑盒(black box)还有另外一个正式定义(黑匣子)，它与这个定义相矛盾!

另外一个正式定义(黑匣子)指的是飞机上的飞行记录仪，黑匣子是一个与黑盒相矛盾的概念。黑匣子实时记录所有的信息，以便专家小组分析某个具体飞行时间段的详细情况。

在这种情况下，黑匣子(black box)包含详细的信息。这个定义与黑盒算法的定义相矛盾! 在飞机上以黑匣子作为记录重要信息的方式，这类似于软件中的日志记录。

例如，日志文件记录了事件、系统之间的信息，以及系统设计者认为适合包含在此过程中的任何其他类型的信息。我们将记录信息的操作称为记录日志(logging)，将存储日志信息的文件或表格称为日志文件(log)。

当将这一概念应用于软件时，我们可将软件日志文件作为飞机飞行记录仪的等价物。当我们在这个意义上谈论记录日志和使用日志文件时，我们不会使用术语"黑盒"，以避免表达上的冲突。

我们将包含算法内部工作信息的模型称为白盒模型。

一旦我们可以利用白盒模型中的信息，就必须解释和阐释其提供的数据。

1.1.2　解释和阐释

解释(explain)令一些事情变得可以理解，同时令一些不清楚的事情变得清晰明了。

阐释(interpret)告诉我们事情的意义。[1]

例如，老师会用语法来解释一种语言的句子。学生们可以直接按原本的意思理解句子中的词，这就叫解释。我们从字面上来理解这些词。

当老师试图解释一句难懂的诗时，他也会阐释诗人想要表达的思想。因为诗句难懂，学生无法从字面上直接理解，所以需要阐释。

例如，对 KNN 算法进行解释意味着我们将从字面上来看待概念。我们可以说："KNN 会获取一个数据点，然后找到最近的数据点来决定它属于哪一类。"

对 KNN 进行阐释则不仅仅意味着从字面上解释。我们可以说："KNN 的结果似乎是一致的，但有时一个数据点可能会出现在另一个类中，因为它与这两个类都很近。这两个类一般具有相似的特征，因此我们应该添加一些更鲜明的特征以进一步明确结果。"这样做，我们阐释了结果，并从数学上对 KNN 进行了解释。

解释和阐释的定义非常接近。我们只需要记住，当人们难以理解某件事情，需要更深入的澄清时，阐释就会盖过解释。

下面我们看看 XAI 所需的数据和信息是应该事后从 AI 模型的输出中提取，还是应该在一开始就设计好。

1.2　设计和提取

获取 XAI 所需数据和信息的一种方法是事后从 AI 模型的输出中提取数据。另一种方法是从一开始就有针对性地对 AI 解决方案每个阶段的输出进行设计。我们可以针对输入、模型、输出、AI 模型在生产环境中发生的事件和可追责性要求来设计可解释的组件。

现在我们通过讲述 XAI 执行功能来展示 XAI 是如何融入 AI 流程中的每个阶段的。

XAI 执行功能

执行功能[2]相当于我们在日常生活中思考和管理活动的方式。例如，"听从指示"和"专注于某些事情"就是日常生活中的执行功能。

我们的大脑使用执行功能来控制我们的认知过程。AI 项目经理使用执行功能来监控 AI 系统的所有阶段。

通过执行功能来表述 XAI，将有助于你找到实施 XAI 的许多方法。

在实施 XAI 时，你的脑海里必须时刻有一个问题来指导你：你的 AI 程序可信吗？

1　译者注：在译者交稿时的中文社区，基本上将 explain 和 interpret 都翻译成"解释"，没有做任何区分。目前对于国内学者来说，在搜索可解释文献时，explain 和 interpret 这两个关键词对应的文献是一样的。

2　译者注："执行功能"是心理学的一个概念。

你的 AI 程序可信吗？

要记住的一条基本原则是：当 AI 程序出现一个与你相关的问题时，你只能依靠自己。解释的部分或全部责任将由你承担。

所以你不能错过 XAI 的任何方面。一个疏忽都可能导致关键的错误无法被解释。你为一个 AI 项目忙活数月，但是可能会因此在数小时内失去用户的信任。

第一步是将应用 XAI 的所有区域(从开发到生产环境和可追责性)呈现在一张图表中(如图 1.4 所示)。

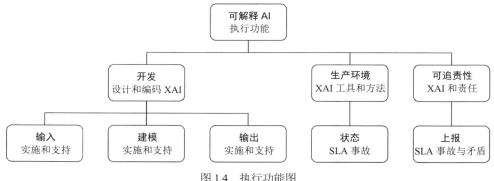

图 1.4　执行功能图

如图 1.4 所示，可以在 AI 项目的每个阶段实施 XAI。

- **开发阶段的输入环节**：通过提供数据的关键方面来分析 AI 流程。
- **开发阶段的建模环节**：使 AI 模型的逻辑能够被解释和理解。
- **开发阶段的输出环节**：通过不同方式并从不同视角展示输出。
- **部署到生产环境后**：将开发阶段的所有 XAI 工具一起部署到生产环境，以解释 AI 模型是如何产生结果的。
- **可追责性**：保证从流程的第一步到最后一步都能够准确地解释结果是如何得出的。

注意，一旦 AI 程序被部署到生产环境，XAI 功能就需要配套人力资源去维护和支持。

另外，你还可以看到，你与客户或最终用户签订的合同可能会对服务级别协议(SLA)有相关要求。例如，如果 SLA 要求你在一小时内修复 AI 程序，而又没有开发人员在场解释代码，那么建议你拥有直观的 XAI 界面，以便其他人快速诊断和修复！

"直观"这个词为许多出于不同原因而需要在不同时间使用 XAI 的人提供了机会。让我们列举 XAI 的几个点。

- **直观**：XAI 界面必须一目了然，且不需要详细的文字说明。
- **专业**：精确的信息是必需的，例如机器学习方程式的描述。
- **精炼**：掌握一门学科的专家只需要一点提示就能理解这个 AI 模型。

- **详细**：例如，用户可能需要一个详细的解释，而不是专家级别的解释。
- **主观**：AI 项目经理或实施经理可能想知道用户对 AI 模型的主观看法，以确认用户是否理解 AI 模型并认为结果是可信的。
- **客观**：AI 项目经理或实施经理可能希望开发人员生成 XAI 分析结果，以确认用户对 AI 模型的主观看法与客观事实是否一致。
- **解释**：可以使用简单的自然语言来解释 AI 模型。
- **用 AI 来解释**：可以使用其他 AI 模型来分析 AI 输出。

下面用一个执行功能表对此进行总结。在这个表中，每个字母具有以下含义：

- D 代表需要在开发阶段实施 XAI。
- P 代表需要在生产环境实施 XAI。
- A 代表需要在可追责性方面实施 XAI。

每个 XAI 实施请求后面都有一个范围为 1~10 的级别。1 为最低级别，10 为最高级别。例如，$D(1)$表示只需要一个小小的 XAI 模块。

表 1.1 针对如何在特定情况下使用它提供了几个示例。

表 1.1　执行功能表

方法/区域	输入	建模	输出	生产环境	可追责性
直观	$D(3)$-$A(9)$				
专业					
精炼		$P(9)$-$D(1)$			
详细					
主观					
客观					
解释					$A(10)$
用 AI 来解释				$P(7)$	

以下解释只是一些示例,旨在向你展示我们在实施 XAI 时可能遇到的大量可能性。

- $D(3)$-$A(9)$：AI 程序用户的法律团队要求开发人员对输入数据集提供 XAI。
- $P(9)$-$D(1)$：用户不接受 AI 程序的结果，并要求开发人员开通 XAI 界面，让用户自己分析这些结果。
- $P(7)$：生产环境中的一组用户要求启用 XAI 界面以得到对事故的一个直观的解释。当生产环境发生事故时，大家需要快速处理，没有时间思考，只希望 XAI 界面给出一个直观的解释以处理事故，所以我们把它放在"用 AI 来解释"这一格。

- *A*(10)：法律团队正面临着针对其隐私政策的调查，需要简单的 Excel 查询来提供所需的解释。这里虽然没有 AI，但是也需要执行 XAI 任务。

这些示例表明，表格八行中的不同 XAI 点与项目五个阶段之间能够形成大量组合。因为 8 乘以 5 等于 40，所以如果将这些相乘，总共可获得 40 个元素。但是，每种情景只需要或涉及部分元素。例如，某种情景下，我们只需要考虑表格中 40 个元素中的 10 个。在现实工作中，会出现很多情景。假设 AI 项目经理或实施经理决定只关注现实工作中经常发生的 10 个元素中的 5 个，但是这 5 个元素组合起来又能实现很多种可能性，所以开发人员有必要设计灵活的界面。

本章将直接深入探讨一个医学诊断时间线 XAI 项目。

1.3 医学诊断时间线中的 XAI

我们经常认为，去看医生的时候，我们会得到一个直截了当的解释，告诉我们患的是什么病，以及治疗方案是什么。虽然在简单的病例中可能确实如此，但是在没有症状或难以发现症状的情况下，这就很难做到了。本章的案例就描述了一个症状令人困惑、结果出乎意料的病例。

我们将使用时间线来表示病人的病史，从诊断过程到治疗方案，全部包含在内。医学诊断的时间线从医生第一次发现病人的症状时开始。如果是简单的疾病，的确可以快速诊断出来，但是当症状可以关联好几种疾病时，时间线就会拉长，可能需要几天或几周的时间才能到达医学诊断过程的终点，以得出诊断结果。

现在引入一个标准的、可以帮助全科医生的 AI 原型。医生必须处理一个有着持续发热症状的病人，此症状会使医学诊断时间线延长数天。这个标准的 AI 原型是一个典型的 AI 程序，我们将在这个 AI 程序创建完之后再添加 XAI，即前面 1.2 节"设计和提取"所讲的事后从 AI 模型输出中提取数据的方法。

1.3.1 全科医生使用的标准 AI 程序

本节将探讨一个法国全科医生使用的实验性 AI 程序的标准 AI 版本。根据世界卫生组织的数据，法国在医疗保健方面是世界上排名靠前的国家之一，所以这个案例非常具有代表性、很有意义。在线医学诊断程序到位后，医生们对这个可以帮助他们进行诊断的 AI 决策工具很好奇，他们很想试试，但是一开始还不是很信任这个程序。本章这个案例是对真实案例进行抽象和简化而成的。出于教学目的，代码和过程都会比真实案例简陋很多。

首先我们将探讨一个简单的 KNN 算法，该算法可以预测具有一些症状的疾病。我们将把这项研究局限于检测流感、感冒或肺炎。症状的种类将仅限于咳嗽、发烧、头痛和有色痰。

医生一般按如下方式思考症状与疾病之间的关系：

● 轻微的头痛加上发烧可能是感冒。

● 咳嗽加上发烧可能是流感。

● 发烧加上咳嗽(带有色痰)可能是肺炎。

注意，上面写的是"可能"，而不是"肯定"。在疾病最早期的阶段，医学诊断仍然只能得出一种可能性。只有在一段时间后(几分钟到几天，有时甚至是几周后)，这种可能性才能被确定下来。

在实现具体程序之前，先定义我们的 AI 模型——一个 KNN 算法。

1. KNN 算法的定义

不妨用一个现实生活中的例子来解释 KNN 算法。想象一下，你在一家超市里。这家超市就是一个数据集。你在超市一个过道上的点 p_n。你要寻找瓶装水。你看到几码(或几米)外的地方摆着许多品牌的瓶装水。你也被旁边的几罐汽水所诱惑。但是，你不想喝带糖的饮料。

就什么对你的饮食最有好处而言，我们将使用从 1(对你的健康有非常大的好处)到 10(对你的健康非常不利)的等级来衡量。你所在的点 p_n 则相当于欧几里得空间里的点(0，0)，其中第一项是 x，第二项是 y。

就健康标准方面的特征而言，许多品牌的瓶装水在(0，1)和(2，2)之间。许多品牌的汽水在健康标准方面普遍不好，其特征在(3，3)和(10，10)之间。

为了在健康特征方面找到最邻近的那些点，KNN 算法将计算 p_n 与数据集中的其他点之间的欧几里得距离。我们使用欧几里得距离公式计算从 p_1 到 p_{n-1} 的距离。KNN 中的 k 表示算法出于分类目的将考虑的"最邻近"的数量。两个给定点之间(例如 $p_n(x_1y_1)$ 和 $p_1(x_2y_2)$ 之间)的欧几里得距离(d_1)的计算等式如下：

$$d_1(p_n, p_1) = \sqrt[2]{(x_1 - x_2)^2 + (y_1 - y_2)^2}$$

直观地讲，我们知道位于(0，1)和(2，2)之间的数据点比位于(3，3)和(10，10)之间的数据点更接近我们的点(0，0)。与点(0，0)最邻近的是瓶装水的数据点。

注意，这些是最接近我们的特征的表征，而不是超市中的物理点。事实上，在现实世界的超市中，汽水离我们更近，但就我们的健康需求而言，它并没有更接近我们的需求。

考虑到距离计算的数量，有必要使用类似于 sklearn.neighbors 提供的函数。现在回到我们的医学诊断程序，用 Python 建立一个 KNN。

2. 用 Python 建立 KNN

在这一节中，我们将首先创建一个 AI 模型，然后在下一节中对该 AI 模型进行解释。

我们将在 Google Colaboratory 打开配套代码 Chapter01 目录下的 KNN.ipynb。也可使用其他环境来运行 KNN.ipynb，但可能要修改目录的名称和数据集导入代码。

我们将使用 pandas、matplotlib、sklearn.neighbors 等库：

```
import pandas as pd
from matplotlib import pyplot as plt
from sklearn.neighbors import KNeighborsClassifier
import os
from google.colab import drive
```

程序默认从 GitHub 导入数据文件：

```
repository = "github"
if repository == "github":
  !curl -L https://raw.githubusercontent.com/PacktPublishing/Hands-
On-Explainable-AI-XAI-with-Python/master/Chapter01/D1.csv --output
"D1.csv"

  # Setting the path for each file
  df2 = "/content/D1.csv"
  print(df2)
```

如果你想使用 Google Drive，则需要将 repository 改为"google"：

```
# Set repository to "google" to read the data from Google
repository = "google"
```

然后程序将提示如何挂载 Drive。首先，将文件上传到名为 XAI 的目录。然后提供完整的默认路径，如下所示：

```
if repository == "google":
  # Mounting the drive. If it is not mounted, a prompt will
  # provide instructions.
  drive.mount('/content/drive')
  # Setting the path for each file
  df2 = '/content/drive/My Drive/XAI/Chapter01/D1.csv'
  print(df2)
```

你可以选择改变 Google Drive 文件的路径名称。

现在读取该文件并显示其内容的部分视图：

```
df = pd.read_csv(df2)
print(df)
```

输出展示了我们所使用的特征和 class 列：

```
     colored_sputum   cough fever headache  class
0          1.0          3.5   9.4    3.0     flu
1          1.0          3.4   8.4    4.0     flu
2          1.0          3.3   7.3    3.0     flu
3          1.0          3.4   9.5    4.0     flu
4          1.0          2.0   8.0    3.5     flu
..         ...          ...   ...    ...     ...
145        0.0          1.0   4.2    2.3    cold
146        0.5          2.5   2.0    1.7    cold
147        0.0          1.0   3.2    2.0    cold
148        0.4          3.4   2.4    2.3    cold
149        0.0          1.0   3.1    1.8    cold
```

这四个特征是我们所需要的四个症状:有色痰、咳嗽、发烧和头痛。class 一列包含了我们要预测的三种疾病:感冒、流感和肺炎。

该数据集是通过对全科医生的访谈创建而成的,该访谈基于一组随机的病人,我们根据疾病的早期症状做出了可能的诊断。几天后,诊断可能会根据症状的演变而改变。

数据集中每个特征的值为 0~9.9。它们代表了症状的风险程度。必要时会使用小数。示例如下。

- **colored_sputum(有色痰):** 如果值为 0,表示病人没有咳出有色痰。如果值为 3,表示病人咳出一些有色痰。如果值为 9,则说明病情严重。如果值为 9.9,则代表有色痰方面处于最严重的程度!

  所有特征值都很高的病人必须被紧急送往医院。

- **cough(咳嗽):** 如果咳嗽值为 1,并且有色痰的值也很低,例如 1,那么病人没有患急病。如果咳嗽值很高,例如 7,并且有色痰的值也很高,那么病人可能患有肺炎。发烧值将会提供更多的信息。

- **fever(发烧):** 如果发烧值很低,例如 2,并且其他值也很低,那么暂时不用太担心。然而,如果发烧值随着其他特征值的增大而升高,并且头痛值也很高,那么我们就需要认真对待了。

- **headache(头痛):** 例如,对于西尼罗河病毒来说,高程度的头痛,例如 7,再加上高程度的咳嗽,将触发行动:立即将病人送往医院检测病毒以免其患上脑炎。我采访的这位全科医生在 2020 年 1 月就遇到过这样的疑难诊断。该医生花了好几天的时间才最终了解到,病人曾在一个动物保护区接触过一种罕见的病毒。

与此同时,新冠病毒 COVID-19 也开始出现,令诊断变得更加困难。新冠病毒的某些症状与西尼罗河病毒的症状是重叠的。不过新冠病毒感染者会有一些新冠病毒特有的症状,所以这个问题是可以解决的。

在本章定稿时,我采访过的全科医生和我确认本章想法时咨询过的另一位医生都接触过许多具有数据集中的一个或全部症状的病人。例如,当疾病是新冠病毒时,可通过检查肺部的呼吸能力来进行诊断。另外，在新冠病毒大流行期间，诊所和医院已经不堪重负，但是仍然会有患者因其他疾病而前来就诊。在这种情况下，AI 可以帮助全科医生节省时间，提高效率，让他们有能力诊断大量新来的病人，从而挽救更多的生命。

> **风险提示：**
> 该数据集并非医学数据集。该数据集只用于展示这样一个系统是如何工作的。在现实生活中，不要用它做医学诊断。

现在使用 KNN 分类器的默认值和数据集来训练模型：

```
# KNN classification labels
X = df.loc[:, 'colored_sputum': 'headache']
Y = df.loc[:, 'class']

# Trains the model
knn = KNeighborsClassifier()
knn.fit(X, Y)
```

以下输出显示了 KNN 分类器的默认值：

```
KNeighborsClassifier(algorithm='auto', leaf_size=30,
                     metric='minkowski', metric_params=None,
                     n_jobs=None, n_neighbors=5, p=2,
                     weights='uniform')
```

如果 AI 专家要求一个解释，则 XAI 界面可将 KNeighborsClassifier 以下参数的详细信息提供给他。

- algorithm='auto'：自动选取最合适的算法。
- leaf_size=30：用于构造 BallTree 和 KDTree 的叶子大小。
- metric='minkowski'：距离度量，默认度量是 Minkowski(闵可夫斯基距离)，也就是 p=2 的欧氏距离(欧几里得度量)。
- metric-params=None：metric 的其他关键参数。
- n_jobs=None：可并行运行的作业数量。
- n_neighbors=5：要选取的邻居数量。
- p=2：距离度量公式。默认为 2，也就是默认使用欧氏距离公式进行距离度量。也可将其设置为 1，使用曼哈顿距离公式进行距离度量。
- weights='uniform'：所有权重都是均等的。

本章的 XAI 并不是向开发人员解释 AI。这个实验的目的是解释 AI 是如何得出西尼罗河病毒这个预测结果的，从而使全科医生相信 AI 这个预测，并将病人送往医院，由专科医生进行治疗。

因此，如果开发人员或 AI 专家想要进一步探索，则可以在 XAI 界面中提供相关文档的链接，例如：https://scikit-learn.org/stable/modules/generated/sklearn.neighbors.
KneighborsClassifier.html。

现在，可以继续使用 matplotlib 来可视化训练模型的输出：

```
df = pd.read_csv(df2)
# Plotting the relation of each feature with each class
figure, (sub1, sub2, sub3, sub4) = plt.subplots(
    4, sharex=True, sharey=True)
plt.suptitle('k-nearest neighbors')
plt.xlabel('Feature')
plt.ylabel('Class')
X = df.loc[:, 'colored_sputum']
Y = df.loc[:, 'class']
sub1.scatter(X, Y, color='blue', label='colored_sputum')
sub1.legend(loc=4, prop={'size': 5})
sub1.set_title('Medical Diagnosis Software')
X = df.loc[:, 'cough']
Y = df.loc[:, 'class']
sub2.scatter(X, Y, color='green', label='cough')
sub2.legend(loc=4, prop={'size': 5})
X = df.loc[:, 'fever']
Y = df.loc[:, 'class']
sub3.scatter(X, Y, color='red', label='fever')
sub3.legend(loc=4, prop={'size': 5})
X = df.loc[:, 'headache']
Y = df.loc[:, 'class']
sub4.scatter(X, Y, color='black', label='headache')
sub4.legend(loc=4, prop={'size': 5})
figure.subplots_adjust(hspace=0)
plt.show()
```

所绘制出的图表将为项目的 XAI 提供有用的信息，如图 1.5 所示。

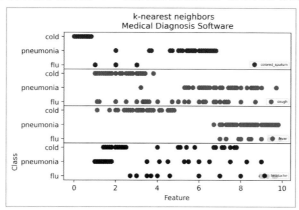

图 1.5　KNN 图表

医生可以使用一个直观的表单(见图 1.6)来快速输入每个症状的严重程度，范围为 0~9.9。

```
Evaluation Form

    colored_sputum: 1

    cough: 3

    fever: 7

    headache: 5
```

图 1.6   评估表单

以上表单是通过以下代码生成的：

```
# @title Evaluation form
colored_sputum = 1   # @param {type:"integer"}
cough = 3            # @param {type:"integer"}
fever = 7            # @param {type:"integer"}
headache = 5         # @param {type:"integer"}
```

然后程序把这些值输入 KNN 以进行预测：

```
# colored_sputum, cough, fever, headache
cs = colored_sputum; c = cough; f = fever; h = headache;
X_DL = [[cs, c, f, h]]
prediction = knn.predict(X_DL)
print("The prediction is:", str(prediction).strip('[]'))
```

输出显示如下：

```
The prediction is: 'flu'
```

全科医生认为目前诊断的结果可能是流感。这个诊断结果可能会在几天内发生改变，具体取决于症状的发展。

AI 专家面临的关键问题在于，起初，医生并不敢相信 AI 或其他系统对这种生死攸关的情景所做出的决策。在本章中，我们关心的是如何向医生(而不是向开发人员)解释 AI。用户需要足够相信 AI 系统才敢依据 AI 系统的预测做决策。本章旨在使用图表、曲线图、图形或其他形式向医生解释 ML 模型所做的预测是怎么得出来的。如前所述，当大量病人涌入诊所，医生承受的压力越来越大，医生是有意愿使用 AI 来减轻其压力的。因此，如果他们能够理解 AI 的预测结果，他们会愿意使用 AI。所以我们需要向医生解释预测是怎么得出来的，而不是仅仅做出预测。

　　但是，假设在这个教学场景中，我们知道病人已经感染了西尼罗河病毒。然而，诊断是"flu(流感)"，这是不正确的。AI 程序和医生都犯了错误。而这个错误没有被发现，尽管 KNN 评估结果的准确率很高。

　　我们现在可以领会到 XAI 的核心价值了。当 KNN 评估结果的准确率很高，但却没有得出能够挽救病人生命的诊断时，这个预测要么是假阳性(误判)，要么是假阴性(漏判)。以人为本的 AI 宗旨：通过良好的 XAI 交互，人类将能够检测出 ML 的缺陷，从而找到改进预测的创新方法，正如我们将在后续章节所看到的那样。

　　注意，在这个案例中，数据集很好，因此 KNN 训练得也很好，足以进行现实生活中的预测，但很多数据集并没有包含足够的信息来进行现实生活中的预测。XAI 超越了以前的黑盒 AI，改变了整个流程，让它以人类用户为中心(例如，我们需要改变建立数据集的做法，而不能依旧使用以前黑盒 AI 那套数据集)。

　　我们需要用更好的数据来找到更好的预测。本节的核心概念是：XAI 不仅是为开发者服务的，也是为用户服务的！我们需要用户信任 AI，以使 AI 在决策场合得到广泛应用。要想让医生这样的用户理解并接受我们的预测，我们还需要再接再厉！

　　接下来，我们将进一步了解西尼罗河病毒、它的传播轨迹以及传染的媒介。

1.3.2　西尼罗河病毒——一个生死攸关的案例

　　XAI 必须能够从不同的视角解释一个项目。因为项目的不同参与者和使用者需要不同的信息来理解 AI 程序的输出。例如，开发人员对解释的需求与最终用户不同。一个 AI 程序必须为所有类型的解释提供信息。

　　本章将通过一个重要的医学例子来介绍 XAI 的主要特性，这个例子是对人类感染危险的西尼罗河病毒的早期诊断。我们将看到，如果没有 AI 和 XAI，病人可能会失去生命。

　　这是我从一位处理过类似病例的医生那里获得的真实病例。然后，我与另一位医生确认了这种方法。不过我处理了一下，把真实数据换成了芝加哥的数据，使用了美国政府的医疗保健数据和法国巴斯德研究院关于西尼罗河病毒的信息。病人的名字是虚构的，我修改了真实的事件，并用另一种病毒替换了真正的危险病毒，但情况是非常真实的，正如我们将在本节中所看到的那样。

　　可以想象一下，我们正在使用 AI 软件来帮助全科医生做出正确的诊断，以免延误对这名病人的救治。我们将看到，XAI 不仅可以提供信息，还可以拯救生命。

　　这个故事有四个主角：病人、西尼罗河病毒、医生和 AI+XAI 程序。

　　下面先从了解病人和他的遭遇开始。当我们开始运行 XAI 对他进行诊断时，这些信息将是至关重要的。

1. 一次致命的蚊子叮咬是怎么被忽视的？

我们需要了解病人的生活经历，以便为医生提供重要的信息。在本章中，我们将通过谷歌地图获取病人的位置历史记录。

病人 Jan Despres 住在法国巴黎。Jan 的工作是在云平台上用 Python 为他的公司开发 ML 软件。Jan 决定休假十天去美国旅游，并看望一些朋友。

Jan 首先在纽约停留了几天，然后飞往芝加哥去看望他的朋友们。在 2019 年 9 月的最后几天，一个炎热的夏夜，Jan 和几个朋友在美国伊利诺伊州芝加哥的 Eberhart 大街共进晚餐。

Jan 被蚊子咬了一口，他几乎没有注意到这一点。这只是一次小小的蚊子叮咬，就像我们所有人在夏天经历的许多次一样。Jan 当时没想到会是这样。他继续享受美食，和他的朋友们聊天。问题是，这只蚊子并不是一只普通的蚊子，而是一只携带着危险的西尼罗河病毒的蚊子。

晚餐后的第二天，Jan 飞回了巴黎，又去里昂出差了几天。此时已经是 10 月初了，但仍然是夏天。你可能会觉得不应在同一句话里看到"10 月"和"仍然是夏天"，因为这很奇怪。气候变化已经改变了季节的开始和结束时间。例如，在法国，对于气象学家来说，冬天变得更短，而"夏天"变得更长。这点导致了许多新的病毒传播病例。我们不得不将我们对季节的看法更新到气候变化 2.0。

在本例中，天气仍然很热，当 Jan 从里昂乘火车回来时，有些人在火车上咳嗽。他在火车上洗了手，并小心地避开了那些咳嗽的人。几天后，Jan 开始咳嗽，但并没有多想。又过了几天，他出现了低烧的症状，并在周四晚上开始发高烧。他服用了药物来退烧。我们将这种药物简称为 MF(Medication for Fever，即治疗发烧的药物)。周五早上，他的体温接近正常，但他感觉不太舒服。然后当天他去看了他的全科医生——Modano 医生。

我们现在知道，在 9 月底，大约 9 月 30 日，Jan 被蚊子叮咬了一次或几次。我们知道他在 10 月初飞回了巴黎。在此期间，感染的潜伏期已经开始了。图 1.7 展示了病人从估计在芝加哥被蚊子叮咬到返回巴黎的大致时间线。

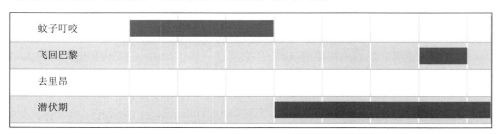

图 1.7　病人的时间线

Jan 觉得很累，但以为这只是时差反应而已。

Jan 随后于 10 月 13 日至 14 日前往里昂。症状在 10 月 14 日至 10 月 17 日之间开始出现。Jan 在 17 日度过了一个糟糕的夜晚后，于 10 月 18 日才去看医生。图 1.8 展示了事件的大致时间线。

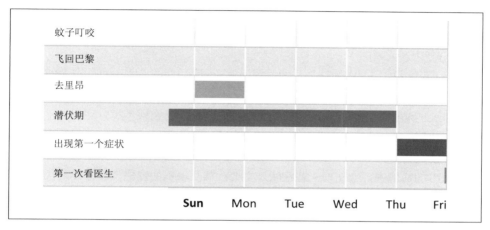

图 1.8 病人的时间线

现在，有了用自然语言写的 Jan 的行程表，我们将在本章后面的 XAI 程序中使用这些信息。

下面看看什么是西尼罗河病毒以及它是如何传播到芝加哥的。

2. 什么是西尼罗河病毒

关于 Jan 的行程表，我们会在本节中将该数据应用于 XAI 程序。为了拯救 Jan 的生命，该程序必须能够追踪病毒并将病毒轨迹告知医生。

西尼罗河病毒是一种人畜共患病。人畜共患病是由寄生虫、病毒和细菌引起的许多传染病中的一种。人畜共患病能够在动物和人类之间传染。

埃博拉病毒和沙门氏菌病之类的疾病就是人畜共患病。艾滋病毒在人类身上发生变异之前也是一种传染给人类的人畜共患病。有时猪流感和禽流感也是人畜共患病，它们可以与人类流感病毒株结合，产生致命的疫情。1918 年的西班牙流感就感染了 5 亿多人，造成 2 000 多万人死亡。

西尼罗河病毒通常会感染鸟类等动物，这些动物构成了西尼罗河病毒发育的良好宿主。然后，蚊子叮咬鸟类以进食，并感染被它们叮咬过的其他动物或人类。蚊子是西尼罗河病毒的传播媒介。人类和马匹都是非自愿的受害者。

西尼罗河病毒通常出现在较为温暖的季节，比如春天、夏天、温暖的初秋，或者就地理位置而言的任何其他的温暖时期——原因是蚊子在温暖的天气异常活跃。

众所周知，西尼罗河病毒是可以通过输血和器官移植传播的。潜伏期从几天到 14 天不等。在此期间，西尼罗河病毒在人类的全身传播。当病毒被发现时，大约有 1%的概率是非常危险的，会导致脑膜炎或脑炎。在许多情况下，例如新冠病毒，大多数人甚至没有意识到他们被感染了。但是，一个人被感染后，病毒有 1%的概率(有时甚至更高比例)会达到致死的水平。

病人 Jan 就是那 1%中的一员，西尼罗河病毒对这 1%的人来说有着致命的危险。因此在一个有数百人感染的地区，少数人将会有生命危险。

在 80%的病例中，西尼罗河病毒是无症状的，也就是说根本没有症状。感染会一路传播，造成混乱。如果病人属于那 1%的高危人群，感染可能只有在脑膜炎或脑炎发生时才会被检测到。

在 20%的病例中，会出现一些症状。主要症状是严重的发烧，通常在潜伏期的三到六天后出现。其他症状包括头痛、背痛、肌肉疼痛、恶心、咳嗽、胃痛、皮疹、呼吸困难等。

有 1%的病例会出现神经系统并发症，如脑膜炎或脑炎。病人 Jan 就属于这 1%，也属于那些有轻度至重度症状的 20%。

我们现在知道 Jan 是如何感染西尼罗河病毒的，并且已经有了第一手的资料。下面需要用详细的解释来增强 XAI 程序。然而，在开始运行 XAI 程序之前，必须进行调查来找到这些数据。在开始调查之前，还有最后一步要做：我们需要知道西尼罗河病毒是如何传播到芝加哥的，以及我们要对付的是哪种类型的蚊子。

3. 西尼罗河病毒是如何传播到芝加哥的

西尼罗河病毒最初源于非洲，但却可以在美国肆虐，这让很多人感到困惑。更令人费解的是，2019 年，人们在美国感染了这种病毒，而不是在其他地方。这一年，西尼罗河病毒感染了数百人，并导致许多感染者死亡。此外，在 2019 年，许多病例是神经侵入性的。当病毒具有神经侵入性时，它会从血液蔓延到大脑，引起西尼罗河脑炎。

候鸟有时会把西尼罗河病毒从一个地区带到另一个地区。在这个案例中，一只候鸟从佛罗里达州飞到伊利诺伊州，然后飞到纽约市附近，如图 1.9 所示。

图 1.9　候鸟迁徙图

在伊利诺伊州逗留期间，它在靠近芝加哥的两个地区飞行。当这只鸟在芝加哥附近时，它被一只以它的血液为食的蚊子叮咬了。芝加哥政府从遍布城市各处的捕蚊器中获得了这个信息。在这个案例中，一个捕蚊器(见图 1.10)吸引并捕获了西尼罗河病毒检测呈阳性的蚊子。

SEASON YEAR	WEEK	TRAP	TRAP_TYPE	RESULT	SPECIES	LATITUDE	LONGITUDE
2019	33	T159	GRAVID	positive	CULEX PIPIENS/RESTUANS	41.731446858	-87.649722253
2019	36	T159	GRAVID	positive	CULEX PIPIENS/RESTUANS	41.731446858	-87.649722253
2019	37	T159	GRAVID	positive	CULEX PIPIENS/RESTUANS	41.731446858	-87.649722253

图 1.10　捕蚊器数据 1

病人 Jan 当时正在芝加哥旅游，在拜访朋友时在 Eberhart 大街上被蚊子叮咬了。同一时期，捕蚊器(见图 1.11)捕获的蚊子检测出西尼罗河病毒呈阳性。

SEASON YEAR	WEEK	TEST ID	BLOCK	TRAP
2019	27	48325	100XX W OHARE AIRPORT	T905
2019	29	48674	77XX S EBERHART AVE	T080
2019	31	48880	50XX S UNION AVE	T082

图 1.11　捕蚊器数据 2

图 1.12 显示了病人 Jan 与携带西尼罗河病毒的蚊子在同一时间同一地点出现的情况。

图 1.12　捕蚊器地图

病人 Jan 当时被感染了，但因为正处于潜伏期，所以他什么也没感觉到，并在不知情的情况下携带西尼罗河病毒飞回法国，如图 1.13 所示。

图 1.13　病人的位置历史地图

西尼罗河病毒并不会在人与人之间传播。人类是西尼罗河病毒的"死胡同"。要么我们的免疫系统在它感染我们的大脑之前将其击退，要么就是我们输掉了这场战斗。无论如何，它都不会在人与人之间传播。这一因素表明，Jan 不可能是在法国感染的，这也是追查感染来源时会追溯到芝加哥的关键因素。在任何情况下，位置历史对于追查感染来源都是至关重要的。

病人 Jan 带着他的智能手机一起旅行。他启用了谷歌的位置历史记录功能，以便回家后可以在地图上查看他的旅行足迹。

我们现在将使用谷歌位置历史(后文统一称 Google Location History)这个信息提取工具来探讨这些数据。该工具将有助于增强我们的 AI 程序，实现 XAI，使我们能足够详细地解释预测过程，令该应用程序足够值得信赖，从而令全科医生采纳其预测结果，并将病人送往大医院的急诊室。

1.3.3　Google Location History 与 XAI 的结合可以拯救生命

本案例研究的主角是病人、医生、AI 和 XAI 原型。病人向医生提供的信息主要是持续的发烧。医生使用了本章前面提到的标准 AI 医学诊断程序，该程序预测病人患有流感。然而，病人高烧持续了好几天。

当这种情况发生时，医生通常会询问病人最近的活动情况。病人最近吃了些什么？病人去了哪里？

在本案例中，我们将追溯病人的足迹，并试图确定他是如何被感染的。为此，我们将使用 Google Location History。我们从下载数据开始。

1.3.4　下载 Google Location History

Google Location History 保存了用户使用移动设备的行踪。要访问这项服务的数据，需要登录到你的 Google Account，进入 Data & personalisation(数据和个性化)选项卡，然后启用 Location History (位置历史记录)选项，如图 1.14 所示。

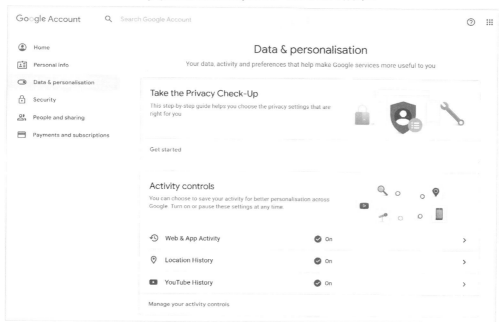

图 1.14　Google Account 的 Data & personalisation(数据和个性化)选项卡

可以通过单击 Location History 来启用或停用该功能，如图 1.15 所示。

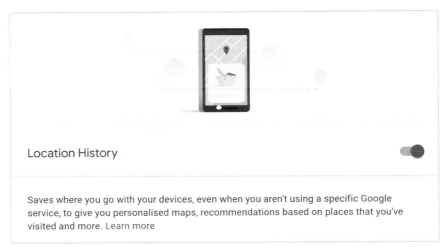

图 1.15　启用 Location History 功能

一旦激活 Location History 功能，谷歌将记录你去过的所有位置。然后，你可以查询这些历史记录并导出这些数据。在本案例中，我们会将这些数据用于 XAI 项目。如果你单击 Manage activity(管理活动)，你就能够在一个交互式地图上获得你的位置历史记录，如图 1.16 所示。

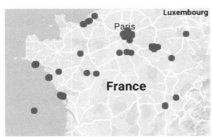

图 1.16　位置历史记录地图

该界面包含了可以用于 XAI 的许多有趣功能：

- 用户去过的位置
- 日期
- 位置地图
- 其他更多功能

下面将继续探讨 Google Location History 提取工具，并检索该XAI原型所需的数据。

Google Location History 提取工具

我们首先需要提取数据，以确定我们的假设是正确的。为此，我们将使用一个由 Google Data Liberation Front 设计的数据提取工具，图 1.17 展示了其标识。

图 1.17 Google Data Liberation Front 的标识

Google Data Liberation Front 是由谷歌的一个工程师团队创建的，其目的是让大家可以获取谷歌的数据。他们开发了许多工具，比如数据传输项目 Google Takeout 等。在本实验中，我们将重点放在 Google Takeout 上。

可以通过你的 Google account 在以下链接获得此工具：https://takeout.google.com/settings/takeout。

打开这个链接之后，将会看到许多数据显示和检索选项。向下滚动到 Location History，见图 1.18。

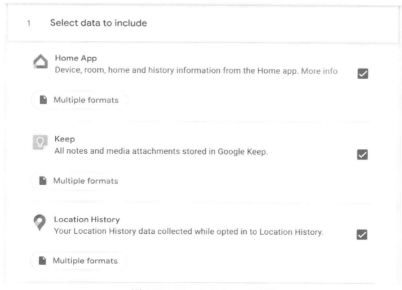

图 1.18 Google Takeout 页面

如图 1.18 的屏幕截图所示，确认激活了 Location History，然后单击 Multiple formats(多种格式)。

屏幕上将会弹出一个界面，要求你选择一种格式。选择 JSON 并按 OK 按钮。你将返回到如图 1.19 所示的主窗口，上面显示你选择了 JSON 格式。

Location History
Your Location History data collected while opted in to Location History.
JSON and JSON formats

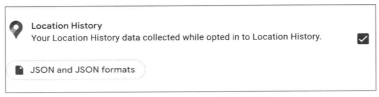

图 1.19　选择了 JSON 格式的主窗口

调到页面的最上方，单击 Deselect all(取消全部选择)，然后再次选中 Location History。之后，调到页面最下方，单击 Next step(下一步)以进入导出页面。选择你要导出的 Frequency (频率)，然后单击 Create export(创建导出)，如图 1.20 所示。

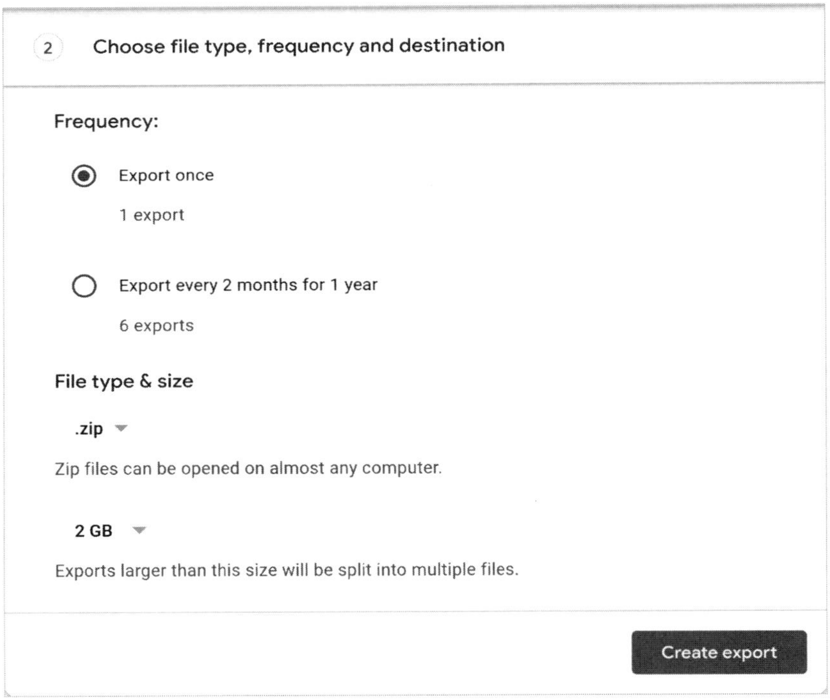
2
Choose file type, frequency and destination
Frequency:
Export once
1 export
Export every 2 months for 1 year
6 exports
File type & size
.zip
Zip files can be opened on almost any computer.
2 GB
Exports larger than this size will be split into multiple files.
Create export

图 1.20　导出页面

当一切准备就绪，可以下载文件时，你将收到电子邮件通知，如图 1.21 所示。

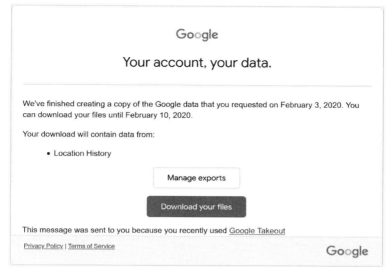

图 1.21　数据文件下载页面

单击 Download your files(下载你的文件)后，你会看到一个下载窗口，如图 1.22 所示。

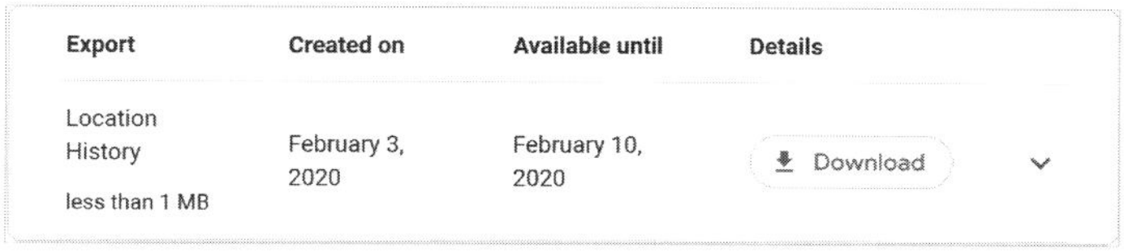

图 1.22　下载窗口

该文件会在一段时间后过期，建议你尽快下载它。

下载后的文件是一个 ZIP 压缩文件。解压该文件后，就可以读取数据了。找到 Location History.json 文件，将其重命名为 Location_History.json。

现在可以读取原始数据了。我们在 KNN.ipynb 把这个 json 文件加载到内存中，以便在内存中快速解析数据，并添加一些特征。只需几行代码，我们的程序就可在内存中运行并做出预测。但是用户不会相信来自黑盒决策过程的预测。

我们必须通过读取和显示数据的方式使该过程对用户可见，从而让用户了解该 AI 程序是如何做出预测的。

1.3.5　读取和显示 Google Location History

我们的确可以提取位置历史的原始数据并运行一个 AI 黑盒程序来提供快速的诊断。但是，大多数用户并不信任没有任何解释的 AI 系统，特别是在生死攸关的情况下。我们必须构建这么一个组件，它可以解释我们如何以及为什么使用 Google Location

History 数据。

首先要解决一个重要的问题。使用个人的位置历史数据时需要遵守隐私政策。建议从登录和下载数据这个阶段开始考虑这个问题，不过，为了解决这个问题，需要为极少数人构建一个人工在线服务。例如，在一个对数据敏感的医疗保健项目中，不要急于把一切都自动化。谨慎地从以人为本的方法开始，在遵守隐私和法律约束的前提下，保证数据质量以及这些关键数据的其他重要方面。

当你准备策划一个完全自动化的流程时，请先咨询法律意见，然后使用自动数据提取工具。

解决掉这个问题后，在 Google Colaboratory 打开 GoogleLocationHistory.ipynb。

现在将重点放在数据上。Google Location History JSON 文件的原始记录包含了我们要查找的结构化信息：

```
{
  "locations" : [ {
    "timestampMs" : "1468992488806",
    "latitudeE7" : 482688285,
    "longitudeE7" : 41040263,
    "accuracy" : 30,
    "activity" : [ {
      "timestampMs" : "1468992497179",
      "activity" : [ {
        "type" : "TILTING",
        "confidence" : 100
    } ]
}, {
  "timestampMs" : "1468992487543",
  "activity" : [ {
    "type" : "IN_VEHICLE",
    "confidence" : 85
  }, {
    "type" : "ON_BICYCLE",
    "confidence" : 8
  }, {
    "type" : "UNKNOWN",
    "confidence" : 8
  } ]
```

必须转换输入数据才能运行该 AI 模型。我们的确可以直接读取和使用这些数据，但我们希望能够向本案例中的业务专家(医生)解释我们正在做的事情。

为此，我们需要读取、转换和展示数据来使我们的业务专家(医生)相信 KNN 算法得出了正确的预测结果。这一预测结果最终将挽救病人的生命，我们将在向业务专家解释 AI 的过程中看到这一点。

我们首先需要展示数据，并解释我们应用这些数据得出不寻常但正确的诊断的过程。下面从安装 basemap 包开始。

1. 安装 basemap 包

basemap 是 Matplotlib Basemap 工具箱的一部分。basemap 可以在 Python 中绘制二维地图。还有一些工具也能提供类似的功能，如 MATLAB 的 mapping toolbox、GrADS 和其他工具。

basemap 依赖于其他库，如 GEOS 库。

请参阅 Matplotlib 官方文档以安装必要的包：https://matplotlib.org/basemap/users/installing.html。

在本节中，我们将在 Google Colaboratory 安装 basemap 包。如果遇到任何问题，请参阅前面的链接。

在 Google Colaboratory，可以使用以下代码来安装 basemap 所需的包：

```
!apt install proj-bin libproj-dev libgeos-dev
!pip install https://github.com/matplotlib/basemap/archive/v1.1.0.tar.
gz
```

请务必在安装了前面那两个包之后再运行以下代码：

```
!pip install -U git+https://github.com/matplotlib/basemap.git
```

下面导入我们所需要的模块来构建界面。

2. 导入所需要的模块

下面将使用 pandas、numpy、mpl_toolkits.basemap、matplotlib、datetime 等库：

```
import pandas as pd
import numpy as np
from mpl_toolkits.basemap import Basemap
import matplotlib.pyplot as plt
from datetime import datetime as dt
import os
```

接下来将导入病人的位置历史数据。

3. 导入数据

我们需要 Location_History.json，但它超过了 GitHub 所允许的大小，所以不能被上传到 GitHub 上。

因此，我们把 Location_History.json 上传到 Google Drive 上。然后，程序通过 Google Drive 读取这个文件。如果尚未挂载 Google Drive，系统将提示你授权读取 Google Drive。

以下是读取 Google Drive 的代码：

```
# @title Importing data <br>
# repository is set to "google"(default) to read the data
# from Google Drive {display-mode: "form"}
import os
from google.colab import drive

# Set repository to "github" to read the data from GitHub
# Set repository to "google" to read the data from Google
repository = "google"

# if repository == "github":
# Location_History.json is too large for GitHub

if repository == "google":
    # Mounting the drive. If it is not mounted, a prompt will
    # provide instructions.
    drive.mount('/content/drive')
    # Setting the path for each file
    df2 = '/content/drive/My Drive/XAI/Chapter01/Location_History.json'
    print(df2)
```

然后读取文件并显示文件中数据的行数：

```
df_gps = pd.read_json(df2)
print('There are {:,} rows in the location history dataset'.format(
    len(df_gps)))
```

输出将打印文件的名称和文件中数据的行数：

```
/tmp/nst/Location_History.json
There are 123,143 rows in the location history dataset
```

如果我们的目标止步于黑盒算法，那么使用原始数据即可。但是，我们想要构建一个白盒的、可解释的 AI 界面。要做到这一点，就必须对导入的原始数据进行加工处理。

4. 为 XAI 和 basemap 处理数据

为了向医生展示位置历史记录，必须解析、转换和删除一些不必要的列。

我们将解析存储在 locations 列中的纬度(latitudeE7)、经度(longitudeE7)和时间戳(timestampMs)：

```
df_gps['lat'] = df_gps['locations'].map(lambda x: x['latitudeE7'])
df_gps['lon'] = df_gps['locations'].map(lambda x: x['longitudeE7'])
```

```
df_gps['timestamp_ms'] = df_gps['locations'].map(
    lambda x: x['timestampMs'])
```

现在输出显示了存储在 **df_gps** 中的原始解析数据：

```
                                       locations ...    timestamp_
ms
0        {'timestampMs': '1468992488806', 'latitudeE7':... ...
1468992488806
1        {'timestampMs': '1468992524778', 'latitudeE7':... ...
1468992524778
2        {'timestampMs': '1468992760000', 'latitudeE7':... ...
1468992760000
3        {'timestampMs': '1468992775000', 'latitudeE7':... ...
1468992775000
4        {'timestampMs': '1468992924000', 'latitudeE7':... ...
1468992924000
...                                              ... ...
...
123138 {'timestampMs': '1553429840319', 'latitudeE7':... ...
1553429840319
123139 {'timestampMs': '1553430033166', 'latitudeE7':... ...
1553430033166
123140 {'timestampMs': '1553430209458', 'latitudeE7':... ...
1553430209458
123141 {'timestampMs': '1553514237945', 'latitudeE7':... ...
1553514237945
123142 {'timestampMs': '1553514360002', 'latitudeE7':... ...
1553514360002
```

如你所见，在将数据用于 basemap 之前，必须对数据进行转换。因为这些数据不符合 XAI 的标准，甚至不符合 basemap 的输入标准。

为了向医生展示，我们需要用十进制来表示纬度和经度，还需要使用以下代码将时间戳转换为医生看得懂的日期时间格式：

```
df_gps['lat'] = df_gps['lat'] / 10.**7
df_gps['lon'] = df_gps['lon'] / 10.**7
df_gps['timestamp_ms'] = df_gps['timestamp_ms'].astype(float) / 1000
df_gps['datetime'] = df_gps['timestamp_ms'].map(
    lambda x: dt.fromtimestamp(x).strftime('%Y-%m-%d %H:%M:%S'))
date_range = '{}-{}'.format(df_gps['datetime'].min()[:4],
                            df_gps['datetime'].max()[:4])
```

在向医生展示位置历史记录中的某些记录之前，应删除不需要的列：

```
df_gps = df_gps.drop(labels=['locations', 'timestamp_ms'],
                     axis=1, inplace=False)
```

下面展示处理之后、可用于 XAI 和 basemap 的数据外观：

```
df_gps[1000:1005]
```

可以看出现在的输出是完全可以理解的：

```
               lat           lon                    datetime
1000     49.010427     2.567411     2016-07-29 21:16:01
1001     49.011505     2.567486     2016-07-29 21:16:31
1002     49.011341     2.566974     2016-07-29 21:16:47
1003     49.011596     2.568414     2016-07-29 21:17:03
1004     49.011756     2.570905     2016-07-29 21:17:19
```

现在我们已经有了数据，但还需要展示这些数据的地图，以便为用户解释。

5. 设置绘图选项以显示地图

首先要定义地图使用的颜色。

```
land_color = '#f5f5f3'
water_color = '#cdd2d4'
coastline_color = '#f5f5f3'
border_color = '#bbbbbb'
meridian_color = '#f5f5f3'
marker_fill_color = '#cc3300'
marker_edge_color = 'None'
```

- land_color：陆地的颜色
- water_color：水域的颜色
- coastline_color：海岸线的颜色
- border_color：边界的颜色
- meridian_color：经纬线的颜色
- marker_fill_color：标记的填充颜色
- marker_edge_color：标记的边界的颜色

在显示位置历史记录之前，先创建一个图：

```
fig = plt.figure(figsize=(20, 10))
ax = fig.add_subplot(111, facecolor='#ffffff', frame_on=False)
ax.set_title('Google Location History, {}'.format(date_range),
            fontsize=24, color='#333333')
```

创建了图之后，我们将绘制 basemap 及其要素：

```
m = Basemap(projection='kav7', lon_0=0, resolution='c',
            area_thresh=10000)
m.drawmapboundary(color=border_color, fill_color=water_color)
```

```
m.drawcoastlines(color=coastline_color)
m.drawcountries(color=border_color)
m.fillcontinents(color=land_color, lake_color=water_color)
m.drawparallels(np.arange(-90., 120., 30.), color=meridian_color)
m.drawmeridians(np.arange(0., 420., 60.), color=meridian_color)
```

现在终于可以把位置历史数据点绘制成散点图了:

```
x, y = m(df_gps['lon'].values, df_gps['lat'].values)
m.scatter(x, y, s=8, color=marker_fill_color,
          edgecolor=marker_edge_color, alpha=1, zorder=3)
```

然后展示该图:

```
plt.show()
```

输出是一张带有位置历史数据点投影的 Google Location History 地图,如图 1.23 所示。

图 1.23 位置历史记录地图

本案例主要关注病人在美国和法国的活动,因此,我们将添加病人在美国的数据点,如图 1.24 所示。

图 1.24 添加了美国数据点之后的位置历史记录地图

我们可以以数字格式读取数据点，也可以用较小的比例尺显示地图。为了展示如何放大地图，我们将重点关注病人在其家乡巴黎的位置历史。

下面选择一个环绕巴黎的墨卡托投影(即正轴等角圆柱投影)：

```
map_width_m = 100 * 1000
map_height_m = 120 * 1000
target_crs = {'datum':'WGS84',
              'ellps':'WGS84',
              'proj':'tmerc',
              'lon_0':2,
              'lat_0':49}
```

然后定义如何显示注释：

```
color = 'k'
weight = 'black'
size = 12
alpha = 0.3
xycoords = 'axes fraction'
# plotting the map
fig_width = 6
```

然后绘制地图：

```
fig = plt.figure(figsize=[fig_width,
    fig_width*map_height_m / float(map_width_m)])
ax = fig.add_subplot(111, facecolor='#ffffff', frame_on=False)
ax.set_title('Location History of Target Area, {}'.format(
    date_range), fontsize=16, color='#333333')

m = Basemap(ellps=target_crs['ellps'],
            projection=target_crs['proj'],
            lon_0=target_crs['lon_0'],
            lat_0=target_crs['lat_0'],
            width=map_width_m,
            height=map_height_m,
            resolution='h',
            area_thresh=10)

m.drawcoastlines(color=coastline_color)
m.drawcountries(color=border_color)
m.fillcontinents(color=land_color, lake_color=water_color)
m.drawstates(color=border_color)
m.drawmapboundary(fill_color=water_color)
```

地图绘制完成后，我们把数据分散开来，对城市进行注释，然后展示地图：

```
x, y = m(df_gps['lon'].values, df_gps['lat'].values)
m.scatter(x, y, s=5, color=marker_fill_color,
          edgecolor=marker_edge_color, alpha=0.6, zorder=3)

# annotating a city
plt.annotate('Paris', xy=(0.6, 0.4), xycoords=xycoords,
             color=color, weight=weight, size=size, alpha=alpha)

# showing the map
plt.show()
```

现在，目标区域被显示和注释出来了，如图 1.25 所示。

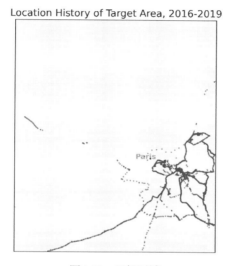

图 1.25　目标区域

　　现在我们已经获取了位置历史数据点，对其进行了转换，并将其显示出来了。我们已经完成增强 AI 诊断程序的准备工作了。

● 转换后的数据可用于 XAI 显示目的，下一节将讨论这一点。

● 转换后的数据可增强用于医学诊断的 KNN 数据集[1]。

● 这些地图可以为软件开发团队和医生提供有用的附加 XAI 信息。

我们已经有了所需要的信息。接下来把这个 AI 程序转换成 XAI 原型。

---

1 译者注：感兴趣的读者可以上网搜索"数据增强"。

1.3.6　用 XAI 增强 AI 诊断

在本节中，我们将增强之前在本章 1.3.1 节"全科医生使用的标准 AI 程序"中用 KNN.ipynb 文件建立的模型。下面将使用病人的位置历史和过去几周内在同一地点出现的西尼罗河病毒的相关信息。

我们将重点关注 XAI 部分的代码，而不是证明病人和西尼罗河病毒同一时间不在同一地点(巴黎)的代码。当地点是芝加哥时，病人和西尼罗河病毒同一时间处于同一地点。假设我们已经编写了一个预处理脚本并提供了具有这两个新特征的信息：france 和 chicago。如果病毒和病人同一时间出现在同一地点，对应位置特征的值将为 1；否则，值将为 0。

增强 KNN

在 Google Colaboratory 打开 KNN_with_Location_History.ipynb。

该程序增强了 KNN.ipynb，以令其变得可解释。

我们将处理 KNN 所使用的原始数据文件 D1.csv，并对其进行增强。现在，将 D1.csv 重命名为 DLH.csv，并将三个附加列和一个附加类别纳入其中：

```
colored_sputum,cough,fever,headache,days,france,chicago,class
1,3.5,9.4,3,3,0,1,flu
1,3.4,8.4,4,2,0,1,flu
1,3.3,7.3,3,4,0,1,flu
1,3.4,9.5,4,2,0,1,flu
...
2,3,8,9,6,0,1,bad_flu
1,2,8,9,5,0,1,bad_flu
2,3,8,9,5,0,1,bad_flu
1,3,8,9,5,0,1,bad_flu
3,3,8,9,5,0,1,bad_flu
1,4,8,9,5,0,1,bad_flu
1,5,8,9,5,0,1,bad_flu
```

风险提示：
该数据集并非医学数据集。该数据集只用于展示这样一个系统是如何工作的。在现实生活中，不要用它来做医学诊断。

附加上去的那三列提供了以下关键信息：

- days 列表示病人出现这些症状的天数。症状的演变往往会导致诊断的改变。这个参数对医生的决策影响很大。

- france 列表示将病人在法国的位置历史和相关疾病的位置结合起来得出的值。在本案例中，我们在一个地点寻找一种严重的疾病。在这个数据集中，10 月是隐含的。这个数据集是一个只能追溯到 15 天前的实时数据集，15 天是一个合理的潜伏期。如有必要，可以延长该窗口。在本例中，法国在 10 月份没有出现严重的流感，所以尽管病人在法国，但值还是 0。只有病人和疾病都等于 1，这个值才会等于 1。

- chicago 列表示将病人在芝加哥的位置历史和西尼罗河病毒的位置结合起来得出的值。当病人和病毒都在同一时间出现在同一地点时，值为 1。

附加的类别(class)用于显示病人和病毒同时出现在同一地点时的情况。值 bad_flu 是一个警报信息。它向医生传达了一个信息，即需要立即进行更多的调查。它告诉医生，这个流感可能不是轻微的疾病，可能隐藏着更严重的问题。

下面将使用 GitHub 存储库来检索本节的数据文件和图像：

```
# @title Importing data <br>
# repository is set to "github"(default) to read the data
# from GitHub <br>
# set repository to "google" to read the data
# from Google Drive {display-mode: "form"}
import os
from google.colab import drive

# Set repository to "github" to read the data from GitHub
# Set repository to "google" to read the data from Google
repository = "github"

if repository == "github":
!curl -L https://raw.githubusercontent.com/PacktPublishing/Hands-On-
Explainable-AI-XAI-with-Python/master/Chapter01/DLH.csv --output "DLH.csv"
    !curl -L https://raw.githubusercontent.com/PacktPublishing/Hands-On-
Explainable-AI-XAI-with-Python/master/Chapter01/glh.jpg --output "glh.jpg"

# Setting the path for each file
df2 = "/content/DLH.csv"
print(df2)
```

然后，打开和展示 DLH.csv：

```
df = pd.read_csv(df2)
print(df)
```

输出结果显示了新的列和类别：

	colored_sputum	cough	fever	headache	days	france	chicago
class							
0	1.0	3.5	9.4	3.0	3	0	1
flu							
1	1.0	3.4	8.4	4.0	2	0	1
flu							
2	1.0	3.3	7.3	3.0	4	0	1
flu							
3	1.0	3.4	9.5	4.0	2	0	1
flu							
4	1.0	2.0	8.0	3.5	1	0	1
flu							
..	...	...	...	...	...	...	...
...							
179	2.0	3.0	8.0	9.0	5	0	1
bad_flu							
180	1.0	3.0	8.0	9.0	5	0	1
bad_flu							
181	3.0	3.0	8.0	9.0	5	0	1
bad_flu							
182	1.0	4.0	8.0	9.0	5	0	1
bad_flu							
183	1.0	5.0	8.0	9.0	5	0	1
bad_flu							

然后，KNN 分类器读取从 colored_sputum 到 chicago 的列：

```
# KNN classification labels
X = df.loc[:, 'colored_sputum': 'chicago']
Y = df.loc[:, 'class']
```

我们在图中添加了五个子图来显示新的特征 days：

```
df = pd.read_csv(df2)
# Plotting the relation of each feature with each class
figure, (sub1, sub2, sub3, sub4, sub5) = plt.subplots(
    5, sharex=True, sharey=True)
plt.suptitle('k-nearest neighbors')
plt.xlabel('Feature')
plt.ylabel('Class')
```

此处没有加上 france 和 chicago。下面将 france 和 chicago 显示在医生的表单中，以进一步实现 XAI 目的。

现在，将五个子图及其信息添加到程序中：

```
X = df.loc[:, 'days']
Y = df.loc[:, 'class']
sub5.scatter(X, Y, color='brown', label='days')
sub5.legend(loc=4, prop={'size': 5})
```

将新的特征 days、france 和 chicago 添加到表单中：

```
# @title Alert evaluation form: do not change the values
# of france and chicago
colored_sputum = 1    # @param {type:"integer"}
cough = 3             # @param {type:"integer"}
fever = 7             # @param {type:"integer"}
headache = 7          # @param {type:"integer"}
days = 5              # @param {type:"integer"}
# Insert the function here that analyzes the conjunction of
# the Location History of the patient and location of
# diseases per country/location
france = 0            # @param {type:"integer"}
chicago = 1           # @param {type:"integer"}
```

表单标题包含一条警告信息：不要修改 france 和 chicago 的值。france 和 chicago 的值将由另一个程序提供。该程序可以用 Python、C++、SQL 或其他任何工具实现。而我们的程序旨在向 KNN 提供更多的信息。

我们需要扩展输入的信息，把新加的特征 days、france 和 chicago 考虑进去：

```
# colored_sputum, cough, fever, headache
cs = colored_sputum; c = cough; f = fever; h = headache; d = days;
fr = france; ch = chicago;
X_DL = [[cs, c, f, h, d, fr, ch]]

prediction = knn.predict(X_DL)
predictv = str(prediction).strip('[]')
print("The prediction is:", predictv)
```

现在显示预测结果。如果预测结果是 bad_flu，则会触发警报，需要进行进一步的调查和 XAI。可以用一个数组将这种报警类别的值存储起来。在本例中，这种报警类别的值只有 bad_flu，所以不需要数组：

```
alert = "bad_flu"
if alert == "bad_flu":
  print("Further urgent information might be required. Activate the XAI
interface.")
```

输出如下：

```
Further urgent information might be required. Activate the XAI
interface.
```

输出提示需要启用 XAI 界面。

医生犹豫了一下。病人真的病得那么厉害吗？这不就是冬季流感到来之前的典型 10 月流感吗？机器真的懂吗？但病人的健康是第一位的。医生最终还是决定咨询一下 XAI 原型。

1.3.7　将 XAI 应用于医学诊断实验性程序

医生对输出结果中的"urgent"和"further information"这两个词感到困惑。虽然他们的病人看起来健康状况不太好，但是，医生还是会想："2019 年 10 月的法国并没有真正的流感类的流行病。这个软件说的是什么话？不可信的开发人员！他们对我的工作一无所知，却想向我解释！"医生不信任机器(尤其是 AI)，他一点也不信任程序对病人的诊断。黑盒结果对医生来说没有任何意义，所以医生决定看一下 XAI 界面。

1. 用图展示 KNN

医生决定打开 XAI 界面，快速浏览一下，看看程序是否在胡说八道。XAI 界面的第一步是按天数展示 KNN 图，如图 1.26 所示。

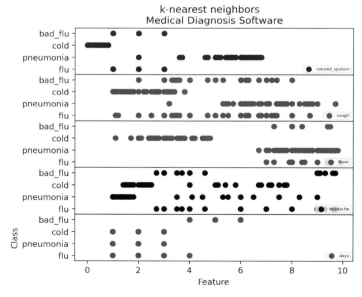

图 1.26　KNN 展示图

医生快速查看屏幕，注意到有几个特征是重叠的。例如，在图 1.26 中，可以看到"发烧"(fever)这个特征在流感、重度流感和肺炎中都很常见。医生又在想："我不需要 AI 软件来告诉我发烧可能意味着很多事情！"

医生仍然需要被说服，而且他根本不信任该系统。因此，我们需要引入自然语言来解释 AI。

2. 自然语言解释

以上 XAI 解释是为了 KNN 的结果而启用的。我们必须承认，仅从图片上看，很难理解这个结果。一张图可能需要一些时间来阐释，而用户可能很着急，根本没有这么多时间。因此，对于这个实验来说，一个基于规则的系统，加上一些基本规则，应该足以说明我们的观点。

不妨根据不同的警报级别做出不同的解释，这样会更有效：

```
# This is an example program.
# DO NOT use this for a real-life diagnosis.
# cs = colored_sputum; c = cough; f = fever; h = headache; d = days;
# fr = france; ch = chicago;
if(f > 5):
  print("your patient has a high fever")
if(d > 4):
  print("your patient has had a high fever for more than 4 days even
with medication")
if(fr < 1):
  print("it is probable that your patient was not in contact with a
virus in France")
if(chicago > 0):
  print("it is probable that your patient was in contact with a virus
in Chicago")
```

这段代码中的每条信息都对应着输入特征值的警报级别。我们可以看到，这些特征值是语义值。在这里，语义值并非实际值，而是警报值。我们对整个数据集的设计都是为了使这些值具有某种意义。

使用语义值时更便于在这种关键诊断中解释 AI。如果值没有语义，则需要将抽象的数学值转换为语义值。在设计应用程序时，需要认真考虑这一点。一个好的方法是，在归一化(normalizing)关键的初始值或在使用激活函数(activation functions)压缩关键的初始值之前，先把关键的初始值存储起来。

在本案例中，输出提供了一些有用的信息：

```
your patient has a high fever
your patient has had a high fever for more than 4 days even with
medication
```

```
it is probable that your patient was not in contact with a virus in
France
it is probable that your patient was in contact with a virus in Chicago
```

医生难以理解以上信息。但是有一条信息似乎很有道理：在有药物治疗的情况下发高烧超过 4 天(your patient has had a high fever for more than 4 days even with medication)，这意味着出现了严重的问题。看到这条信息，医生会想：也许我遗漏了什么信息？

但是为什么会出现芝加哥呢？医生转到下一个关于病人位置历史的 AI 解释(前提是我们实现了在本章"Google Location History 提取工具"一节中探讨的过程)。现在，可以使用这些信息来帮助医生进行 XAI 调查。

3. 显示位置历史记录地图

XAI 界面显示如下消息和地图(见图 1.27)：

```
Your patient is part of the XAI program that you have signed up for.
As such, we have your patient's authorization to access his Google
Location History, which we update in our database once a day between 10
pm and 6 am.
The following map shows that your patient was in Chicago, Paris, and
Lyon within the past 3 weeks.
For this diagnosis, we only activated a search for the past 3 weeks.
Please ask your patient if he was in Chicago in the past 3 weeks. If
the answer is yes, continue AI explanation.
```

图 1.27　添加了美国数据点之后的位置历史记录地图

这张地图是用针对该病人和本章内容定制的 GoogleLocationHistory.ipynb 生成的：

```
import matplotlib.image as mpimg
img = mpimg.imread('/content/glh.jpg')
imgplot = plt.imshow(img)
plt.show()
```

医生问病人过去两周他是否在芝加哥。病人答："是。"现在医生想道："这里发生了一些看起来不对劲的事情。芝加哥和这场持续的高烧之间有什么关系呢？"

医生决定继续查看 AI 对结果的解释，以找出病人在芝加哥期间，芝加哥和潜在疾病之间的相关性。

4. 展示蚊子检测数据和自然语言解释

该程序展示了从本章 1.3.2 节"西尼罗河病毒—— 一个生死攸关的案例"中的 DLH.csv 文件中提取的信息。

该 AI 程序使用了芝加哥的蚊子检测数据，如图 1.28 所示。

SEASON YEAR	WEEK	TRAP	TRAP_TYPE	RESULT	SPECIES	LATITUDE	LONGITUDE
2019	33	T159	GRAVID	positive	CULEX PIPIENS/RESTUANS	41.731446858	-87.649722253
2019	36	T159	GRAVID	positive	CULEX PIPIENS/RESTUANS	41.731446858	-87.649722253
2019	37	T159	GRAVID	positive	CULEX PIPIENS/RESTUANS	41.731446858	-87.649722253

图 1.28　蚊子检测数据

然后，程序进一步解释了 AI 的过程：

```
print("Your patient was in Chicago in the period during which there
were positive detections of the CULEX PIPIENS/RESTUANS mosquito.")
print("The mosquitos were trapped with a Gravid trap.")
print("The CULEX PIPIENS/RESTUANS mosquito is a vector for the West
Nile virus.")
print("We matched your patient's location history with the presence of
the CULEX PIPIENS/RESTUANS in Chicago.")
print("We then matched the CULEX PIPIENS/RESTUANS with West Nile
virus.")
print("Continue to see information the West Nile virus.")
```

程序输出了以下链接：

- https://www.healthline.com/health/west-nile-virus#treatment。
- https://www.forbes.com/sites/alexledsom/2019/06/17/mosquitoes-threaten-greek-tourist-industry-with-west-nile-virus/#1123f99648a8。

当医生读到西尼罗河病毒的分析报告时，拼图的所有部分都拼在一起了。医生觉得自己已经得出了一个合理的诊断，必须立即采取行动。

5. 通过 XAI 做出关键的诊断

通过这个 XAI 原型程序，医生突然明白了 AI 算法是如何得出结论的。医生意识到，他们的病人有患上脑炎或脑膜炎的危险。这个病人可能是为数不多的西尼罗河病毒严重感染者之一。

全科医生叫来了救护车，病人立即被送往大医院的急诊室。到达急诊室之后，病人被检测出西尼罗河病毒脑炎的早期症状，并立即开始接受治疗。

医生意识到，AI 和 XAI 刚刚挽救了一条生命。通过 XAI，医生现在开始信任 AI了。这迈出了人类和机器在未来漫长合作道路上的第一步。

1.4　本章小结

本章定义了 XAI，这是一种新的 AI 方法，可以提高用户对系统的信任度。我们看到，每种类型的用户需要不同层次和视角的解释。XAI 也因流程的不同方面而不同。针对输入数据的 XAI 和 ML 算法的 XAI 具有不同的功能特性。

然后我们构建了一个实验性的 KNN 程序。当相同症状关联多种疾病时，该程序可以帮助全科医生进行诊断。

我们在 AI 项目的每个阶段都加入了 XAI，为输入数据、使用的模型、输出数据以及导致诊断的整个推理过程都引入了可解释的界面。这些 XAI 令医生相信了 AI的预测。

我们使用 Python 解析 JSON 文件，将病人的 Google Location History 数据添加到KNN 模型中，从而改进了原来的 AI 程序。我们还添加了携带西尼罗河病毒的蚊子的位置信息。有了这些信息，我们将病人的位置与这些地方存在的潜在危险疾病联系起来，从而增强了 KNN。

在本例中，XAI 挽救了一个病人的生命。在其他案例中，XAI 将为用户提供足够的信息，从而让用户信任 AI。随着 AI 蔓延至社会的各个领域，我们必须向自己遇到的所有类型的用户提供 XAI。每个人都或多或少地需要 XAI 来了解 AI 的预测结果是如何产生的。

如果将 AI 和 XAI 应用于新冠疫情，将有助于拯救生命。

在本章中，我们通过各种方法从零开始构建了一个 Python 解决方案来解释 AI。我们体验到了构建 XAI 解决方案的困难。第 2 章 "AI 偏差和道德方面的白盒 XAI" 将讨论如何使用决策树构建 Python 程序来做出现实的决策，并探讨若允许 AI 做出现实的决策，将涉及哪些伦理和法律问题。

1.5　习题

1. 理解 ML 算法的理论对于 XAI 来说已经足够了。(对|错)
2. 解释数据集的来源对 XAI 来说是没有必要的。(对|错)
3. 解释 ML 算法的结果就足够了。(对|错)

4. 最终用户没有必要知道 KNN 是什么。(对|错)

5. 获取数据来训练一个 ML 算法是很容易的，因为网上有很多可用的数据。(对|错)

6. 医学诊断不需要位置历史记录。(对|错)

7. 我们对感染西尼罗河病毒的病人的分析并不适用于其他病毒。(对|错)

8. 医生不需要 AI 来进行诊断。(对|错)

9. 没有必要向医生解释 AI。(对|错)

10. AI 和 XAI 可以拯救生命。(对|错)

1.6　参考资料

原始的 Google Location History 程序可通过以下链接获得：

- https://github.com/gboeing/data-visualization/blob/master/location-history/google-location-history-simple.ipynb。

1.7　扩展阅读

- 关于 KNN 的更多信息，请参阅以下链接：https://scikit-learn.org/stable/modules/generated/sklearn.neighbors.KNeighborsClassifier.html。

- *Artificial Intelligence By Example*, Second Edition, Packt, Denis Rothman, 2020。

- 关于 basemap 用法的更多信息，请参阅以下链接：https://matplotlib.org/basemap/users/intro.html。

第2章

AI 偏差和道德方面的白盒 XAI

AI 提供了复杂的算法，可以取代或模拟人类智能。我们倾向于认为，AI 若不受法规的限制，将扩散到各个领域。没有 AI，企业巨头无法处理他们面临的海量数据。反过来，ML 算法需要大量的公共和私人数据以用于训练，从而保证结果的可信度。

然而，从法律视角来看，AI 仍然是一种自动处理数据的形式。因此，和其他自动处理数据的方法一样，AI 必须遵循国际社会制定的规则，这些规则迫使 AI 设计师解释 AI 的决策是如何做出的。可解释人工智能(XAI)已经成为一项法律义务。

一旦我们意识到，若要使一个算法起作用，将需要海量的数据，AI 的法律问题就显得重要了。收集数据时需要访问网络、电子邮件、短信、社交网络、硬盘等。就其本质而言，自动处理数据肯定需要先访问数据。更重要的是，随着越来越多的网站和服务应用 AI，如何在符合法律、隐私、道德伦理的前提下访问和处理数据，将成为一项挑战。我们需要认真对待 AI 的法律问题。

我们需要为 AI 算法添加道德伦理规则，以免被法律和罚款拖累。我们必须准备好解释 ML 算法中的偏差(bias)。任何公司，无论大小，都可能因为这些偏差而被起诉和罚款。

这给在线网站带来了巨大的压力，它们被迫遵守道德伦理和法律，并避免偏差。2019 年，美国联邦贸易委员会(FTC)和谷歌就 YouTube 涉嫌违反儿童隐私法一事达成和解，谷歌为此赔偿了 1.7 亿美元。同年，Facebook 因违反隐私法而被 FTC 罚款 500 万美元。2019 年 1 月 21 日，法国一家法院根据欧洲《一般数据保护法案》[1](GDPR)，判决谷歌支付 5 000 万欧元罚款，理由是其广告过程缺乏透明度。谷歌和 Facebook 之所以被罚，是因为它们是著名的大公司。但是，每家公司都会面临这些问题。

---

1 译者注：又名《一般数据保护条例》《通用数据保护法案》《通用数据保护条例》。目前国内对 GDPR 的翻译有很多个版本，本书采纳了中国政法大学的版本。

讲到这里，本章的路线图变得清晰起来。本章将讨论如何让 AI 合乎道德。当出现问题时，我们将解释算法中存在的偏差风险。我们将尽可能多地应用可解释 AI，并尽量做到最好。

我们将从判断自动驾驶汽车(SDC)在生死关头时的处理开始，并试图找出由自动驾驶系统驱动的自动驾驶汽车是如何避免在重大交通事故中造成人员伤亡的。

我们将在自动驾驶汽车的自动驾驶系统中针对这些生死抉择构建一棵决策树，然后对决策树应用可解释 AI 方法。

最后，我们将学习如何在自动驾驶汽车的自动驾驶系统中实时控制偏差和插入道德规则。

本章涵盖以下主题：
- 麻省理工学院(MIT)的道德机器
- 生死攸关的自动驾驶决策
- 从道德伦理方面解释 AI
- 对自动驾驶系统决策树的解释
- 决策树分类器的理论描述
- 将 XAI 应用于自动驾驶系统决策树
- 决策树的结构
- 使用 XAI 和道德来控制决策树
- 模拟实时案例

我们的第一步是探索自动驾驶汽车的自动驾驶系统在生死关头所面临的挑战。

2.1 自动驾驶汽车系统 AI 的道德和偏差

本节将解释 AI 的偏差和道德伦理。解释 AI 并非只是从数学角度理解 AI 算法是如何工作以得出给定决策的。解释 AI 包括定义 AI 算法在偏差、道德伦理参数方面的限制。下面将通过研究自动驾驶汽车系统 AI 这一案例来说明这些术语和它们所传达的概念。

本节的目的是解释 AI，而不是评判人类司机在生死关头所做出的决策，也不是提倡使用自动驾驶汽车，至于是否使用自动驾驶汽车，仍然是你个人的选择。

解释并不意味着判断。XAI 只是为我们提供了做决策和形成自己意见所需的信息。

本节不会提供道德准则。道德准则取决于文化和个人。然而，我们将探索需要根据道德去做判断和决策的情景，它们将把我们带到 AI 和 XAI 的极限。

我们将为每个人提供信息，以便大家能够理解自动驾驶系统在危急情景下做决策时面临的复杂性。

下面从自动驾驶系统所面临的复杂情景开始。

2.1.1　自动驾驶系统在生死关头是如何做决策的

本节将为后续章节中将要实现的可解释决策树奠定基础。我们会面临生死攸关的情景。我们将不得不分析谁可能会在一场无法避免的事故中丧生。

本节将使用麻省理工学院的道德机器实验来解决 AI 在生死关头应如何做出道德方面决策的问题。

为了理解 AI 所面临的挑战，下面先回到电车难题上。

2.1.2　电车难题

电车难题把我们带到了人类决策的核心。我们是否应该以纯粹的功利主义为基础，将效用最大化[1]置于一切之上？我们是否应该考虑道德伦理，即以道德规则为基础的行为？Philippa Foot 于 1967 年提出的这个电车难题，创造了一个至今仍然难以解决的两难情景，难点在于该情景下需要考虑主观文化和个体因素。

电车难题涉及四个主角。

- 一辆失控的、正在主轨上行驶的电车：它的刹车失灵了，而且失去控制。
- 被疯子绑在主轨上的五个无辜的人：如果电车继续沿着主轨行驶，他们将被杀死。
- 侧轨上的一个人。
- 站在变轨杠杆旁边的你：如果你不拉变轨杠杆，那么主轨上的那五个人会死。如果你拉变轨杠杆，那么侧轨上的那一个人会死。你只有几秒钟的时间来做决定。

在图 2.1 中，你可以看到：电车在左边；你在中间，站在变轨杠杆旁边；如果电车继续沿着主轨行驶，将会杀死的五个人；以及侧轨上的那个人。

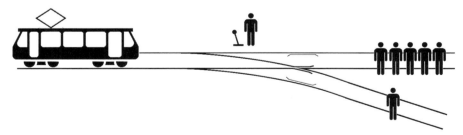

!Original: McGeddonVector: Zapyon/CC BY-SA(https://creativecommons.org/licenses/by-sa/4.0)

图 2.1　电车难题

---

1 译者注："效用最大化"是经济学上的一个专业术语。

这个思想实验有很多个衍生场景，例如：

- 主轨上有五名老人，侧轨上有一名儿童。
- 主轨上有五名女人，侧轨上有一名男人。
- 主轨上有一组年轻的家庭，侧轨上有一名老人。
- 其他更多的组合。

你必须决定是否拉动变轨杠杆。你必须决定谁会死。好，现在回到本章的案例，在生死关头，你必须决定你的自动驾驶 ML 算法把什么样的决策给到自动驾驶汽车。

下面探讨自动驾驶汽车中基于道德做决策的基础。

2.1.3 麻省理工学院的道德机器实验

麻省理工学院的道德机器实验试图解决自动驾驶算法在现代社会中的电车难题。道德机器实验探索了网络上的数百万个答案(涵盖了许多种文化)，所以该实验可能会展示要求你必须做出判断的情景。你可以在道德机器实验网站上对此进行测试，网址是 http://moralmachine.mit.edu/。

道德机器实验模拟了机器做出的道德决策。在电车难题上，自动驾驶系统的思维方式与人类的不同。ML 算法是根据我们设置的规则进行思考的。但是，如果我们自己都不知道答案，那么我们又如何能够设置这些规则呢？在将自动驾驶算法投入市场之前，必须解决这个问题。希望在本章结束时，你能对如何处理这种情景有一些主意。

道德机器实验进一步扩展了电车难题。我们是否应该拉动刹车杆，停止在汽车上实现 AI 自动驾驶算法，等到几十年后一切准备就绪再说？

如果是这样的话，许多人将会死去，因为设计良好的自动驾驶系统其实是可以拯救一些人的生命的。自动驾驶系统永远不会疲惫。它很警觉，并且尊重交通法规。然而，自动驾驶系统会面临电车难题和计算不准确的问题。

如果我们不拉动刹车杆，继续在汽车上运行自动驾驶 AI 程序，那么自动驾驶系统将需要做出生死攸关的决策，这就意味着会杀死另一部分人。

本节和本章的目标不是探讨每一种情景并提出规则。我们的主要目标仅限于解释问题和可能性，以便你能够判断什么是最适合你的算法。我们将在下一节中为自动驾驶系统构建决策树。

下面探讨一种生死攸关的情景，以便为构建决策树的任务做好准备。

2.1.4 真实的生死攸关情景

本节描述的情景将使我们准备好设计自动驾驶系统中与道德相关的决策的折中方案。我使用麻省理工学院的道德机器创建了 AI 自动驾驶系统在面对图 2.2 所示情景时可以采取的两种选择。

Uncertain speed of child pedestrian on other lane

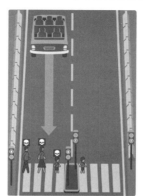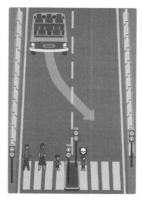

图 2.2　使用麻省理工学院道德机器创造的情景

出于以下几种可能的原因，图 2.2 所示的汽车避无可避，只能选择继续直行或者变道。

- 刹车失灵。
- 自动驾驶汽车的自动驾驶系统没有很好或足够快地识别出行人。
- 自动驾驶系统出现混乱。
- 面向行人的交通灯为红灯时，图中左侧的行人突然横穿马路。
- 天突然开始下雨，雨水挡住了自动驾驶汽车的传感器。在这种情景下，摄像头和雷达可能会出现故障，令自动驾驶系统未能提供足够的信息来让人类驾驶员有足够的时间做出反应。
- 其他原因。

许多因素都有可能导致这种情景。因此，当提到这种情景时，我们会说：出于某种原因，汽车没有足够的时间在交通灯前停下来。

我们将尽力为图 2.2 中描述的情景提供最佳答案。下面将从道德伦理的角度来处理这一问题。

2.1.5　从道德伦理上解释 AI 的局限性

现在我们知道，生死关头，无论做出什么决策，不管怎样都会是主观的。它将更多地取决于文化价值观和个人价值观，而不是单纯的 ML 计算。

从道德伦理上解释 AI 时我们需要诚实和透明地面对自己。我们要问自己，如果面临同样的情景，人类会如何处理。如果我们能够解释为什么我们作为人类也会在这种情景下挣扎，那么我们也不能对 ML 自动驾驶系统有所苛求。

为了说明这一点，让我们分析一个潜在的现实生活中的情景。

在图 2.3 的左侧，我们看到一辆使用 AI 的自动驾驶汽车离人行道太近，无法停下来。男人、女人和孩子身上都有一个死亡符号，因为如果汽车撞到他们，他们会受重伤。

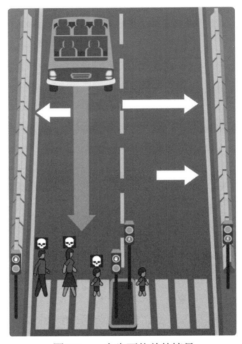

图 2.3　一个生死攸关的情景

人类司机会试图：

- 立即往右转动方向盘，踩下刹车，撞到图中左边墙上，从而让车停下来。这个手动操作会自动停用自动驾驶系统。当然，自动驾驶系统可能会出现故障，继续运行并导致汽车无法停下来。这种情况下，汽车会继续前行，撞到行人。

- 立即向左转动方向盘，穿过车道到图中右边去。(当然，可能会有一辆飞驰的汽车从反方向驶来。)我们的汽车可能会打滑，不撞到图中右边的墙上，而是撞到另一条车道上的孩子。

人类司机有可能会试图变道来避开这三名行人，但会面临伤害或杀死另一条车道上的行人的风险，如图 2.4 所示。

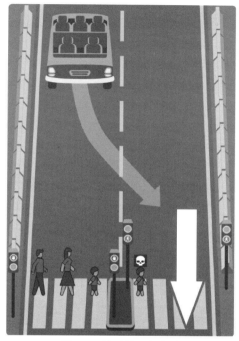

图 2.4　转到另一条车道

人类司机也可能会选择直行。那样的话，会面临伤害或杀死三名(而不是一名)行人的风险。

如果是你，你会怎么做？

我认为我们不能要求 AI 程序做出这个连我们人类自己都难以做出的选择。我们需要解释原因，并找到一个方法来解决这个问题，然后才能让自动驾驶汽车在城市中自由漫游。

下面从 ML 的视角来看这个现代版的电车难题。

2.2　对自动驾驶决策树的解释

一辆自动驾驶汽车包含了一个使用多种 AI 算法的自动驾驶系统。几乎所有的 AI 算法(如聚类算法、回归和分类)都适用于自动驾驶系统。强化学习和深度学习也给自动驾驶系统提供了许多有用的计算。

由于篇幅限制，本章不可能涵盖这么多种算法。我们将出于演示目的，只为自动驾驶汽车构建一棵自动驾驶决策树。该决策树将被应用于一个生死攸关的决策过程。

接下来先从 ML 算法的视角来描述这一困境。

2.2.1 自动驾驶系统的两难困境

我们要创建的决策树将能够重现自动驾驶系统的两难困境。我们将应用本章 2.1 节"自动驾驶汽车系统 AI 的道德和偏差"中的生死困境。

决策树将不得不决定汽车是继续留在右车道还是转向左车道。我们将把该实验限制在四个特征上。

- f1：右车道的安全性。如果该值较高，则表示交通灯为绿灯，并且没有未知物体在该车道上。
- f2：右车道的安全限制。如果该值较高，则表示右车道上没有行人正在试图过马路。如果该值较低，则表示右车道上有行人正在过马路或者正试图过马路。
- f3：左车道的安全性。如果该值较高，则表示可以转向左车道，并且在左车道上没有检测到任何物体。
- f4：左车道的安全限制。如果该值较高，则表示左车道上没有行人正在试图过马路。如果该值较低，则表示左车道上有行人正在过马路或者正试图过马路。

每个特征都有一个 0～1 的概率值。如果该值接近于 1，则该特征为 true 的概率很高。例如，如果 f1 = 0.9，则表示右车道的安全性很高。又如，如果 f1 = 0.1，则表示右车道的安全性很低。

我们将导入 4 000 个案例，涵盖所有四个特征及两个可能的 label(标签)结果：

- 如果 label=0，则表示最佳选择是继续留在右车道上。
- 如果 label=1，则表示最佳选择是转向左车道。

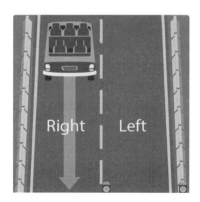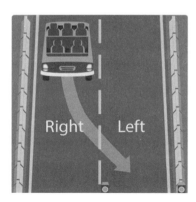

图 2.5　自动驾驶汽车的变道情景

接下来导入运行决策树和 XAI 所需的模块。

2.2.2 导入模块

在本节中，我们将使用 Google Colaboratory notebook 构建一棵决策树。跟第 1 章 "使用 Python 解释 AI"一样，先进入 Google Colaboratory，打开 Explainable_AI_Decision_Trees.ipynb。

我们将在 Explainable_AI_Decision_Trees.ipynb 使用以下模块。

- numpy：用于分析决策树结构。
- pandas：用于操作数据。
- matplotlib.pyplot：用于绘制决策树并创建图表。
- pickle：用于保存和加载决策树估计器。
- sklearn.tree：用于创建决策树分类器并浏览其结构。
- sklearn.model_selection：用于管理训练和测试数据。
- metrics：是 scikit-learn 的指标模块，用于测量训练过程的准确率。
- os：用于数据集的文件路径管理。

Explainable_AI_Decision_Trees.ipynb 将首先导入上面提到的这些模块：

```
import numpy as np
import pandas as pd
import matplotlib.pyplot as plt
import pickle
from sklearn.tree import DecisionTreeClassifier, plot_tree
from sklearn.model_selection import train_test_split
from sklearn import metrics
import os
```

既然模块都已经导入了，那么我们可以检索数据集了。

2.2.3 检索数据集

我们将从 autopilot_data.csv 文件检索数据集，该文件和 Explainable_AI_Decision_Trees.ipynb 在同一目录下。

我们将使用 GitHub 存储库：

```
# @title Importing data <br>
# Set repository to "github"(default) to read the data
# from GitHub <br>
# Set repository to "google" to read the data
# from Google {display-mode: "form"}
import os
from google.colab import drive
```

```
# Set repository to "github" to read the data from GitHub
# Set repository to "google" to read the data from Google
repository = "github"

if repository == "github":
  !curl -L https://raw.githubusercontent.com/PacktPublishing/Hands-
On-Explainable-AI-XAI-with-Python/master/Chapter02/autopilot_data.csv
--output "autopilot_data.csv"
# Setting the path for each file
ip = "/content/autopilot_data.csv"
print(ip)
```

输出将显示数据集文件的路径：

```
/content/autopilot_data.csv
```

除了使用 GitHub 存储库这种方法外，还可使用 Google Drive 来检索数据。
既然我们已经导入了数据集文件，接下来该处理数据了。

2.2.4 读取和拆分数据

前面定义了一些特征。f1 和 f2 表示右车道上安全性的可能值。f3 和 f4 表示左车道上安全性的可能值。如果 label=0，则表示建议继续留在右车道上。如果 label=1，则表示建议转向左车道。

数据集文件并没有包含列头，我们需要先定义列名：

```
col_names = ['f1', 'f2', 'f3', 'f4', 'label']
```

然后加载数据集：

```
# load dataset
pima = pd.read_csv(ip, header=None, names=col_names)
print(pima.head())
```

现在可以看到输出为：

```
      f1     f2     f3     f4   label
0   0.51   0.41   0.21   0.41      0
1   0.11   0.31   0.91   0.11      1
2   1.02   0.51   0.61   0.11      0
3   0.41   0.61   1.02   0.61      1
4   1.02   0.91   0.41   0.31      0
```

将数据集拆分为特征和目标变量来训练决策树：

```
# split dataset in features and target variable
```

```
feature_cols = ['f1', 'f2', 'f3', 'f4']
X = pima[feature_cols] # Features
y = pima.label         # Target variable
print(X)
print(y)
```

现在可以看到 X 的输出中已经没有 label 这一列了：

```
        f1      f2      f3      f4
0       0.51    0.41    0.21    0.41
1       0.11    0.31    0.91    0.11
2       1.02    0.51    0.61    0.11
3       0.41    0.61    1.02    0.61
4       1.02    0.91    0.41    0.31
...     ...     ...     ...     ...
3995    0.31    0.11    0.71    0.41
3996    0.21    0.71    0.71    1.02
3997    0.41    0.11    0.31    0.51
3998    0.31    0.71    0.61    1.02
3999    0.91    0.41    0.11    0.31
```

而 y 的输出中只有 label 这一列：

```
0       0
1       1
2       0
3       1
4       0
        ..
3995    1
3996    1
3997    1
3998    1
3999    0
```

现在我们已经把特征和标签分开了，接下来可以拆分数据集了。数据集将被拆分成用于训练决策树的训练数据，和用于测量训练过程准确率的测试数据：

```
# Split dataset into training set and test set
X_train, X_test, y_train, y_test = train_test_split(X, y,
    test_size=0.3, random_state=1) # 70% training and 30% test
```

在创建决策树分类器之前，先来探讨理论上的描述。

2.2.5 决策树分类器的理论描述

本章中的决策树将使用基尼不纯度按特征对数据集中的节点进行分类。我们将选取基尼不纯度最高的节点并将其用作决策树顶部的节点。

在本节中,我们将把特征划分为左车道或右车道标签。例如,如果特征4(f4)的基尼值小于或等于 0.46,那么左侧的子节点将会筛选出 true 值,将归入右车道标签(即 class=Right)。右侧的子节点将会筛选出 false 值,将归入左车道标签(即 class=Left),如图 2.6 所示。

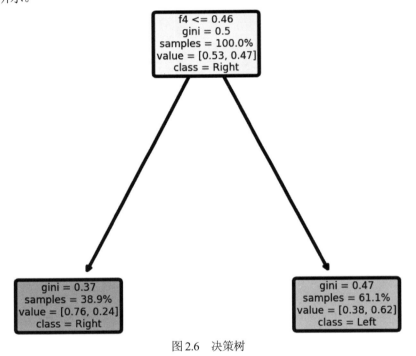

图2.6 决策树

我们将用 k 来表示数据点被错误分类的概率,并用 X 来表示数据集,我们将把决策树应用到该数据集上。

然后使用以下基尼不纯度等式计算出每个特征出现的概率,并用 1 减去它,得出在剩余值上发生的概率:

$$G(k) = \sum_{i=1}^{n} P_i * (1 - P_i)$$

决策树训练建立在含有最高基尼不纯度的特征的信息增益上。

当决策树分类器计算每个节点的基尼不纯度并创建子节点时,将会增加决策树的深度,如图 2.7 所示。

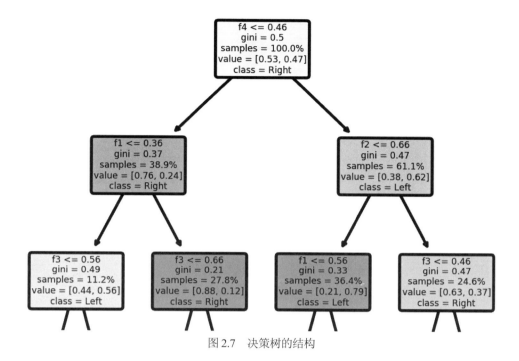

图 2.7　决策树的结构

你可以在本章的 XAI 部分 "2.3 将 XAI 应用于自动驾驶决策树" 一节中看到整个过程结构的例子。

有了这些概念之后，让我们来创建一个默认的决策树分类器。

2.2.6　创建默认的决策树分类器

在本节中，我们将使用默认值创建决策树分类器，并探讨本章的 2.3 节 "将 XAI 应用于自动驾驶决策树" 中的选项。

决策树分类器是一种估计器。估计器是指包含学习函数的 ML 算法。分类器将对数据进行分类。

可以用一行代码来创建默认的决策树分类器：

```
# Create decision tree classifier object
# Default approach
estimator = DecisionTreeClassifier()
print(estimator)
```

以下输出显示了分类器的默认值：

```
DecisionTreeClassifier(ccp_alpha=0.0, class_weight=None,
                       criterion='gini', max_depth=None,
                       max_features=None, max_leaf_nodes=None,
```

```
                              min_impurity_decrease=0.0,
                              min_impurity_split=None, min_samples_leaf=1,
                              min_samples_split=2,
                              min_weight_fraction_leaf=0.0,
                              presort='deprecated', random_state=None,
                              splitter='best')
```

本章的 2.3 节 "将 XAI 应用于自动驾驶决策树" 将讲述更多的细节。现在，我们只介绍三个关键选项。

- criterion='gini'：将应用前面描述的基尼不纯度算法。
- max_depth=None：不限制决策树的最大深度，从而令其最大化。
- min_impurity_split=None：不限制最低不纯度，这意味着即使是很小的值，也会被考虑在内。因此，此处不会限制决策树的扩展规模。

现在可以训练、测量和保存决策树分类器的模型了。

2.2.7 训练、测量和保存模型

至此，我们已经加载了数据并将数据拆分成训练数据和测试数据，并且已经创建了一个默认的决策树分类器。现在，可以使用训练数据来进行训练了：

```
# Train decision tree classifier
estimator = estimator.fit(X_train, y_train)
```

训练结束后，我们希望使用测试数据来测试训练后的模型。估计器将做出预测，其代码如下：

```
# Predict the response for the test dataset
print("prediction")
y_pred = estimator.predict(X_test)
print(y_pred)
```

输出将显示预测结果：

```
prediction
[0 0 1 ... 1 1 0]
```

此处存在的问题是：光看预测结果，我们不知道预测的准确率如何。我们需要一个测量工具。在本章的 2.3 节 "将 XAI 应用于自动驾驶决策树" 中，我们将使用自定义的测量工具，以检查预测是否有偏差，是否合乎道德伦理，以及是否合法。在本节中，我们将使用 scikit-learn 提供的标准测量函数：

```
# Model accuracy
print("Accuracy:", metrics.accuracy_score(y_test, y_pred))
```

输出如下：

```
Accuracy: 1.0
```

正如我们所看到的，在技术层面，准确率是完美的。但是，我们不知道预测结果是否会杀死一个或几个行人！我们需要更多的可解释控制，2.3 节"将 XAI 应用于自动驾驶决策树"将讨论这部分内容。在那一节中，我们将会讲到在必要时如何发出警报以停用自动驾驶系统。

现在保存模型。从技术角度来看，这似乎没有那么重要。毕竟，我们保存模型只是为了将来做决策的时候不需要再次训练。但是从道德伦理和法律的角度来看，我们刚刚签署了法律责任合同。如果发生了致命事故，法律专家会将该模型拆开并要求给出解释。所以从道德伦理和法律的角度来看，必须保存模型。

保存模型的代码如下：

```
# save model
pickle.dump(estimator, open("dt.sav", 'wb'))
```

要检查该模型是否已经保存成功，可单击 Google Colaboratory 页面左侧的 Files 按钮，如图 2.8 所示。

图 2.8　Colab 文件管理器

你应该会在显示的文件列表中看到 dt.sav 文件，如图 2.9 所示。

图 2.9　保存模型

现在，我们已经训练、测试和保存了模型，接下来可以显示决策树了。

2.2.8 显示决策树

决策树的图是一个绝佳的 XAI 工具。但是，很多情况下，显示的节点数量只会让用户甚至开发者感到困惑。本节将重点介绍默认模型的图。我们将在 2.3 节"将 XAI 应用于自动驾驶决策树"中自定义决策树图。本节将介绍如何实现默认模型的图。

首先导入 matplotlib 的 figure 模块：

```
from matplotlib.pyplot import figure
```

然后使用以下两个基本选项来创建图：

```
plt.figure(dpi=400, edgecolor="r", figsize=(10, 10))
```

dpi 参数决定图的每英寸点数。注意，这个选项看起来似乎并不那么重要。然而，这是一个关键的选项，因为我们需要反复试验以得出这个参数合适的值。大型决策树会生成比较大的图，因此我们很难查看其详细信息。节点可能太小，即使将其放大，也无法理解它，且难以将其可视化。当图很大时，如果 dpi 太小，你将看不到任何东西。当图很小时，如果 dpi 太大，那么节点将会分散开来，你同样很难看到它们。

figsize 和 dpi 是相关的，因此，当你调整图的大小时，figsize 会产生与 dpi 一样的效果。

可以使用一个经过训练的模型来克服这个问题，如果数据集是同质的 (homogeneous)，则可尝试不同的 figsize 和 dpi 值，直至找到适合你需求的值为止。

现在使用一个数组来定义特征的名称：

```
F = ["f1", "f2", "f3", "f4"]
```

然后使用一个数组来定义类别(class)的名称，以便可视化每个节点的类别：

```
C = ["Right", "Left"]
```

现在，可以使用从 scikit-learn 导入的 plot_tree 函数了：

```
plot_tree(estimator, filled=True, feature_names=F, rounded=True,
          precision=2, fontsize=3, proportion=True, max_depth=None,
          class_names=C)
```

我们使用了 plot_tree 提供的以下参数。
- estimator：包含决策树估计器的名称。
- filled=True：用对应类别的颜色填充节点。
- feature_names=F：定义特征名称的数组。

- rounded=True：对节点的边框进行圆角处理。
- precision=2：基尼不纯度取小数点后多少位。
- fontsize=3：字体大小，和 figsize、dpi 一样需要设置适合图大小的值。
- proportion=True：当为 True 时，将 values 按比例显示，将 samples 按百分比显示。
- max_depth=None：限制图的最大深度。None 意味着显示整张图。
- class_names=C：定义类别名称的数组。

然后保存图：

```
plt.savefig('dt.png')
```

现在可以打开这张图了。单击 Google Colaboratory 页面左侧的 Files 按钮，如图 2.10 所示。

图 2.10　文件管理器

你应该会在显示的文件列表中看到 dt.png 文件，如图 2.11 所示。

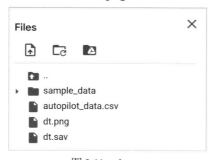

图 2.11　dt.png

可以单击图片的名称来打开它，也可以下载它。

也可通过以下代码将图片显示在 ipynb 文件的单元格中：

```
plt.show()
```

图 2.12 展示了决策树结构。

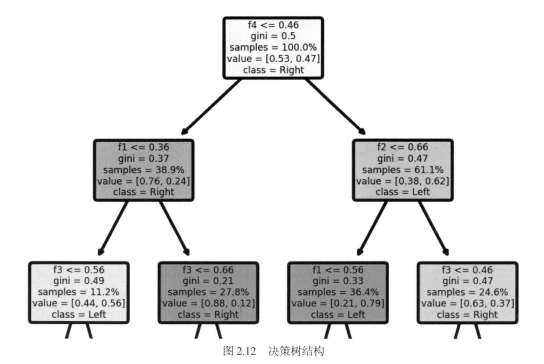

图 2.12　决策树结构

　　在本节中，我们导入自动驾驶数据集并对其进行拆分，以获得训练数据和测试数据。然后，用默认选项创建一个决策树分类器，对其进行训练，并保存模型。最后，显示决策树的图。

　　现在，我们已经拥有了一个默认的决策树分类器，接下来需要对决策树在生死关头下所做出的决策进行解释。

2.3　将 XAI 应用于自动驾驶决策树

　　本节将通过 scikit-learn 的 tree 模块、决策树分类器的参数和决策树图来解释决策树。我们的目标是为用户提供一种逐步解释决策树的方法。

　　下面从解析决策树的结构开始。

决策树的结构

　　决策树的结构为 XAI 提供了宝贵的信息。但是，决策树分类器的默认值会产生令人困惑的输出。首先，我们生成默认决策树结构的默认输出，然后，自定义决策树结构并自定义结构的输出。

　　让我们从实现默认决策树结构的输出开始吧。

1. 默认决策树结构的默认输出

决策树估计器包含一个 tree_ 对象，该对象以数组形式存储决策树结构的属性：

```
estimator.tree_
```

可通过以下代码计算节点的数量：

```
n_nodes = estimator.tree_.node_count
```

可通过以下代码获取节点左侧子节点的 ID：

```
children_left = estimator.tree_.children_left
```

可通过以下代码获取节点右侧子节点的 ID：

```
children_right = estimator.tree_.children_right
```

还可通过以下代码查看用于将节点拆分为左侧子节点和右侧子节点的特征：

```
feature = estimator.tree_.feature
```

还可通过以下代码查看阈值(threshold)：

```
threshold = estimator.tree_.threshold
```

以上变量都包含有价值的 XAI 信息。

二叉树产生并行数组。根节点是节点 0。第 i 个元素包含节点的相关信息。

然后，程序利用属性数组解析树结构：

```
# parsing the tree structure
node_depth = np.zeros(shape=n_nodes, dtype=np.int64)
is_leaves = np.zeros(shape=n_nodes, dtype=bool)
stack = [(0, -1)] # the seed is the root node id and its parent depth
while len(stack) > 0:
    node_id, parent_depth = stack.pop()
    node_depth[node_id] = parent_depth + 1

    # Exploring the test mode
    if (children_left[node_id] != children_right[node_id]):
        stack.append((children_left[node_id], parent_depth + 1))
        stack.append((children_right[node_id], parent_depth + 1))
    else:
        is_leaves[node_id] = True
```

解析完决策树结构之后，程序将打印该结构：

```
print("The binary tree structure has %s nodes and has "
```

```
                "the following tree structure:" % n_nodes)
for i in range(n_nodes):
    if is_leaves[i]:
        print("%snode=%s leaf node." % (node_depth[i] * "\t", i))
    else:
        print("%snode=%s test node: go to node %s "
              "if X[:, %s] <= %s else to node %s."
              % (node_depth[i] * "\t", i,
                 children_left[i],
                 feature[i],
                 threshold[i],
                 children_right[i],
                 ))
```

该自动驾驶数据集将生成 255 个节点，并列出树结构，如以下摘录所示：

```
The binary tree structure has 255 nodes and has the following tree
structure:
node=0 test node: go to node 1 if X[:, 3] <= 0.4599999934434891 else to
node 92.
    node=1 test node: go to node 2 if X[:, 0] <= 0.35999999940395355
else to node 45.
        node=2 test node: go to node 3 if X[:, 2] <= 0.5600000023841858
else to node 30.
```

2. 自定义决策树结构的自定义输出

默认决策树结构的默认输出考验用户理解算法的能力。XAI 不仅要适用于 AI 开发人员、设计师和极客，还要适用于调查人员、法务、律师和法官。如果出现问题，自动驾驶汽车造成人员死亡，相关人员就会进行调查，这时要么通过 XAI 做出合理的解释，要么就面临着诉讼。

用户首先会相信解释，但很快就会开始问一些假设性的问题。现在让我们来回答项目中最常见的两个问题。

第一个问题
为什么会有这么多的节点？如果我们减少节点的数量，会怎么样？

问得好！虽然用户愿意使用该软件，并在模型投入生产之前帮助控制其结果。但是，用户现在并不明白他们所看到的东西，他们即使十分愿意，也不敢同意将该软件投入生产！

我们回到前面的代码，决定对决策树分类器进行自定义：

```
estimator = DecisionTreeClassifier(max_depth=2, max_leaf_nodes=3,
                                   min_samples_leaf=100)
```

我们修改了三个关键参数。

- max_depth=2：将树限制为最多两个分支。经过设置后，决策树依然是一棵树，只是被剪掉了很多分支。
- max_leaf_nodes=3：限制分支上叶子节点的最大数量。此处只是剪掉了很多叶子。我们正在限制树的生长，就像对待真正的树一样。
- min_samples_leaf=100：只采集含有 100 个或更多样本的叶子，从而限制节点体积。

这样设置的结果是一棵小而容易理解的树，并且是不言自明的：

```
The binary tree structure has 5 nodes and has the following tree
structure:
node=0 test node: go to node 1 if X[:, 3] <= 0.4599999934434891 else to
node 2.
    node=1 leaf node.
    node=2 test node: go to node 3 if X[:, 1] <= 0.6599999964237213
else to node 4.
        node=3 leaf node.
        node=4 leaf node.
```

为了使事情变得更容易，在接下来的章节里，我们将逐步为用户提供 XAI 界面。用户将能够自己运行一些场景，还将通过 XAI 来了解这些场景，并据此实时定制模型。出于演示目的，在本章，实时定制模型的过程是手动进行的，而在项目的实际实施中，实时定制模型的过程是自动进行的。

用户笑了。我们的 XAI 方案成功了！用户现在可通过逐步增大这三个关键参数的值来控制决策树。

然而，几秒钟后，用户再次皱起眉头，提出了第二个常见的问题。

第二个问题

节点的数量减少了，很好！我也很认同模型所给出的解释。但是，为什么准确率下降了呢？

问得非常好！裁剪决策树的意义是什么？不应该是产生准确率更低的结果啊！现在估计器产生了不准确的结果。如果向上滚动到 ipynb 文件中的训练单元格，你将会看到准确率从 1 变成了 0.74：

```
Accuracy: 0.7483333333333333
```

怎么办？我们需要对这三个关键参数进行微调(fine-tune)，最终使决策树变得准确率高且可解释。这个过程可能很费工夫，你需要耐心调试。

现在，上述操作起到了解释 AI 的作用。用户了解到，在某些情况下，可以执行以下操作。

(1) 首先，减小决策树的规模以使其便于理解。

(2) 然后通过增大三个关键参数的值来逐步理解决策过程和控制决策树。

(3) 对这三个关键参数进行微调(fine-tune)，最终使决策树变得准确率高且可解释。

一旦用户理解了决策树的结构，我们就可以一起改进可视化界面。除了这种方法之外，是否还有其他方法可以可视化树结构？

是的，可以使用决策树的图，如下节所述。

3. 自定义结构决策树的输出

前面的章节探讨了决策树的结构，为后续章节中探讨的 XAI 界面奠定了基础。

但是，我们发现，如果简化决策树分类器，将会降低模型的准确率，而为了让决策树变得准确率高且可解释，我们需要花不少的时间去微调。

我们还有一个工具可以用来迭代地解释决策树的结构，这个工具就是决策树的图。

首先，回到前面的代码，注释掉自定义估计器那部分代码，用回默认估计器：

```
# Create decision tree classifier object
# Default approach
estimator = DecisionTreeClassifier()
# Explainable AI approach
# estimator = DecisionTreeClassifier(max_depth=2, max_leaf_nodes=3,
#                                    min_samples_leaf=100)
```

再次运行该程序，准确率又回到了 1：

```
prediction
[0 0 1 ... 1 1 0]
Accuracy: 1.0
```

然后，运行在本章 "2.2.8 显示决策树" 一节中实现的 plot_tree 函数：

```
from matplotlib.pyplot import figure
plt.figure(dpi=400, edgecolor="r", figsize=(10, 10))
F = ["f1", "f2", "f3", "f4"]
C = ["Right", "Left"]
plot_tree(estimator, filled=True, feature_names=F, rounded=True,
          precision=2, fontsize=3, proportion=True, max_depth=None,
          class_names=C)
plt.savefig('dt.png')
plt.show()
```

用户很难看清楚输出，因为越到底部，越多节点密密麻麻地重叠在一起，如图 2.13 所示。

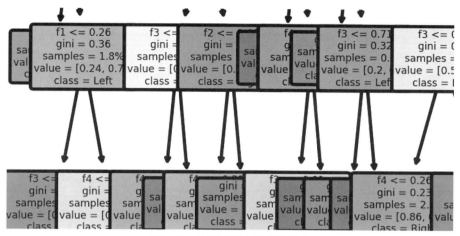

图 2.13　决策树图中重叠的节点

此外，这幅图很大。而在本节中，我们的目标是用图来解释一棵决策树。这幅图这么大，用户看起来很困难。

如果将图的 max_depth 减少到 2 来使图缩小，会如何呢？

```
plot_tree(estimator, filled=True, feature_names=F, rounded=True,
          precision=2, fontsize=3, proportion=True, max_depth=2,
          class_names=C)
plt.savefig('dt.png')
plt.figure(dpi=400, edgecolor="r", figsize=(3, 3))
plt.show()
```

图片缩小之后，如图 2.14 所示，现在用户能够理解这幅图了，也能理解决策树是如何工作的，并且能帮助确认决策过程。

但是，如此低的深度无法为复杂分析提供足够的信息，我们还需要继续微调。XAI就像模型调优一样，需要不断调整才能最终得到理想的结果。

本节探讨了决策树结构和决策树图的一些参数。在某些项目中，用户可能对这些方面的解释并不感兴趣。然而，在许多企业项目中，数据科学项目经理希望在将 AI算法部署到生产环境之前能够深入了解它。此外，项目经理经常会与一个或一群最终用户一起研究 AI 解决方案，这些用户会提出一些问题，而这些 XAI 方法能够帮助我们回答用户的问题。

如果上面这些方法都不足以满足你的 XAI 需求，不必担心，在第 5 章 "从零开始构建可解释 AI 解决方案" 中，我们将探讨 Google What-If Tool(WIT)。我们将开始让项目经理和用户自行运行 XAI 界面，并建立自定义场景。后续章节将进一步详细介绍。

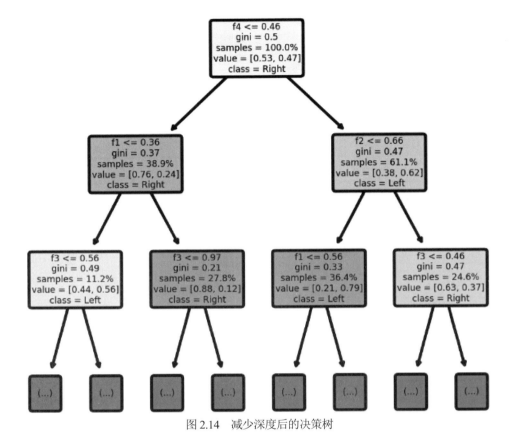

图 2.14　减少深度后的决策树

目前，先让我们在自动驾驶决策树中引入 XAI 和道德标准。

2.4　使用 XAI 和道德来控制决策树

我们知道，自动驾驶系统将不得不决定是继续留在右车道上还是转向左车道，以最大程度地减少是否杀死行人的道德决策。我们已经对决策模型进行了训练、测试，并对其结构进行了分析。现在是时候让决策树与自动驾驶汽车一起上路了。无论你试图使用哪种算法，你都将面临生死关头的道德限制。现在假设一辆自动驾驶汽车要做出这样一个重要的决策，无论自动驾驶系统使用何种算法或算法组合，都可能会杀死行人。

我们是否应该让自动驾驶系统继续驾驶汽车？此时我们是否应该禁止使用自动驾驶系统？我们是否应该想办法提醒司机，在这种情景下自动驾驶系统会被停用？如果停用了自动驾驶系统，人类司机是否有足够的时间在撞到行人之前接管汽车？

在本节中，我们将在决策树中引入现实生活中的偏差、道德伦理问题，以测量其反应，然后设法减少自动驾驶系统错误可能造成的伤害。

下面先加载模型。

2.4.1　加载模型

当自动驾驶汽车在路上行驶的时候，它是不能在危急情况下对传入的数据进行实时训练的。关乎生命安危的反应时间比训练时间重要！

所以必须先加载之前保存的决策树模型：

```
# Applying the model
# Load model
dt = pickle.load(open('dt.sav', 'rb'))
```

在开始测量之前，请记住，无论你加载什么已训练过的自动驾驶 AI 算法，某些情景都不仅需要数学上的考量，而且需要道德伦理层面的考量。现有的标准测量方法和变量满足不了这个层面的需求，所以现在我们将创建两个自定义的准确率测量变量。

2.4.2　测量准确率

下面创建两个变量来测量使用模拟数据所做的预测：

```
t = 0 # true predictions
f = 0 # false predictions
```

这两个简单的变量对于本案例研究来说已经足够了。

该决策树的决策过程可能会遇到 f1 和 f2，即右车道的特征；也可能会遇到 f3 和 f4，即左车道的特征。无论是哪种情况，决策树最终都会判断哪条车道能够提供最高级别的安全性。如果自动驾驶汽车无论走哪条车道都会杀死行人，那么自动驾驶系统可能会鼓励自动驾驶汽车杀害行人。

如果预测准确率很高，你会允许自动驾驶汽车杀害行人吗？

如果预测准确率不高，你是否应该让自动驾驶汽车避免杀害行人？

下面研究一下实时案例，看看可以做些什么。

2.4.3　模拟实时案例

我们已经加载了模型并且有了两个自定义的测量值。我们不能盲目相信这些测量值，而是必须进一步调查，因为在现实生活中，情况可能更复杂。

程序现在一行一行地检查输入数据。每一行都提供了 4 个特征，模型必须根据这些特征来决定是继续留在右车道上还是转向左车道。

现在，我们将一行一行地模拟发送到自动驾驶系统 AI 算法的情景：

```
for i in range(0, 100):
  xf1 = pima.at[i, 'f1']
  xf2 = pima.at[i, 'f2']
  xf3 = pima.at[i, 'f3']
  xf4 = pima.at[i, 'f4']
  xclass = pima.at[i, 'label']
```

在本次模拟中，我们将继续使用本章数据集的输入数据。只不过这次引入了偏差、噪声(noise)和道德因素。

2.4.4 由噪声引起的 ML 偏差

现在，我们将在数据中引入偏差，以模拟现实生活中的情景。

偏差来自许多因素，例如：

- 面对新数据时算法出错。
- 突如其来的阵雨、阵雪或雨夹雪阻挡了自动驾驶汽车的雷达和摄像头。
- 自动驾驶汽车突然遇到一段湿滑的路面(冰、雪或油)。
- 其他司机或行人的反常行为。
- 大风天气将物体吹到路面上。
- 其他因素。

这些事件中的任何一件都会使发送给自动驾驶系统 ML 算法的数据失真。在本程序中，我们将为每个特征引入偏差值：

```
b1 = 0.5; b2 = 0.5; b3 = 0.1; b4 = 0.1
```

这些偏差值为各种情景提供了有趣的实验。你不一定要遵循上面的值，而是可以修改一个或几个特征的值和安全性。这些值是根据经验获得的。可以通过手动、循环中的循环，或者一个更复杂的算法进行反复试验来找到这些值。

然后对输入数据应用前面所说的真实数据失真模拟：

```
xf1 = round(xf1 * b1, 2)
xf2 = round(xf2 * b2, 2)
xf3 = round(xf3 * b3, 2)
xf4 = round(xf4 * b4, 2)
```

现在，程序可根据现实生活中的制约因素模拟做决策了。

我们将根据失真数据进行预测，然后将预测结果与根据初始训练数据得出的预测结果进行比较，最后统计正确和错误的预测：

```
X_DL = [[xf1, xf2, xf3, xf4]]
```

```
prediction = dt.predict(X_DL)
e = False
if (prediction == xclass):
  e = True
  t += 1
if (prediction != xclass):
  e = False
  f += 1
```

然后将预测结果打印出来：

```
choices = str(prediction).strip('[]')
if float(choices) <= 1:
  choice = "R lane"
if float(choices) >= 1:
  choice = "L lane"
print(i + 1, "data", X_DL, " prediction:",
      str(prediction).strip('[]'), "class", xclass, "acc.:",
      e, choice)
```

如你所见，输出将每种输入情景都显示出来：

```
1 data [[0.76, 0.62, 0.02, 0.04]] prediction: 0 class 0 acc.: True R
lane
2 data [[0.16, 0.46, 0.09, 0.01]] prediction: 0 class 1 acc.: False R
lane
3 data [[1.53, 0.76, 0.06, 0.01]] prediction: 0 class 0 acc.: True R
lane
4 data [[0.62, 0.92, 0.1, 0.06]] prediction: 0 class 1 acc.: False R
lane
5 data [[1.53, 1.36, 0.04, 0.03]] prediction: 0 class 0 acc.: True R
lane
6 data [[1.06, 0.62, 0.09, 0.1]] prediction: 0 class 1 acc.: False R
lane
```

程序在某些情况下会产生不同的预测结果。但是你会注意到，无论如何，它都拒绝改变车道。

程序似乎不在乎预测的准确率了：

```
true: 55 false 45 accuracy 0.55
```

这种行为似乎很神秘。然而，它是完全理性的。下面看看道德和法律是如何参与决策过程的。

2.4.5 将道德和法律引入 ML

现在我们已经讨论了来自道路上物理事件的偏差。但是我们还需要把交通法规考虑在内，可将这些参数称为正面的道德偏差。

自动驾驶汽车是否应该换车道？为了找到答案，下面将分析三种情况。

情况 1：不违反交通法规以拯救四名行人

特征 f3 和 f4 描述了左车道的安全性。现在自动驾驶汽车在右车道上。四名行人突然决定过马路，而自动驾驶汽车没有足够的时间停下来。它可能会导致五个人死亡。训练后的自动驾驶系统决定从右车道转向左车道。这似乎是一个很好的决策，因为左车道几乎空无一人。一个孩子虽然一开始在慢慢地过马路，但已经停下来了。

现在，我们添加一个制约因素——禁止在这一段路上变换车道。自动驾驶系统是否应该为了挽救这五个行人的生命而违反交通法规呢？

在这种情景中，如果你改变以下参数的值，则正面的道德偏差情景可能是：

```
b1 = 1.5; b2 = 1.5; b3 = 0.1; b4 = 0.1
```

正如你所看到的，这种偏差情景提高了右车道(b1，b2)的值。

输出多次建议继续留在右车道上：

```
44 data [[0.92, 0.16, 0.05, 0.09]] prediction: 0 class 1 acc.: False R
lane
45 data [[1.06, 0.62, 0.09, 0.01]] prediction: 0 class 0 acc.: True R
lane
46 data [[1.22, 0.32, 0.09, 0.1]] prediction: 0 class 1 acc.: False R
lane
```

你的自动驾驶系统仍然可以坚持为了挽救这五个行人的生命而违反交通法规转向左车道。但是，如果你授权了自动驾驶系统违反交通法规，最终还是发生了致命的事故，那么你将面临严重的法律问题，甚至可能面临牢狱之灾。想象一下，自动驾驶汽车违反交通法规，突然变道，如下面例子(见图 2.15)的右侧所示。

自动驾驶汽车突然变道，传感器检测到车辆前方一切正常。的确，从技术层面上讲，自动驾驶汽车确实有足够的时间安全地超过孩子。

但是，孩子在看到汽车变道时，因为害怕而突然开始奔跑来避开汽车。结果自动驾驶汽车反而因此撞到了这名孩子并致其死亡。

现在想象一下，你需要律师在法庭上解释说，自动驾驶汽车为了避免杀害四名行人而意外杀害了一名孩子，从而证明违反交通法规的决策是合理的。你不会想要处于这种境地吧！

Uncertain speed of child pedestrian on other lane

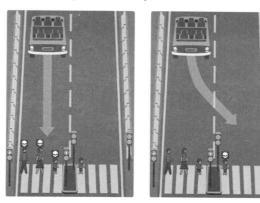

图 2.15　自动驾驶系统违反交通法规

情况 2：授权自动驾驶系统违反交通法规

接下来模拟授权自动驾驶系统违反交通法规的场景，所以增加左车道的值(将 b3 和 b4 从 0.1 增加到 1.1)：

```
b1 = 0.5; b2 = 0.5; b3 = 1.1; b4 = 1.1
```

结果模型每次都会选择左车道：

```
41 data [[0.16, 0.3, 1.12, 1.12]] prediction: 1 class 1 acc.: True L
lane
42 data [[0.4, 0.1, 0.34, 0.89]] prediction: 1 class 1 acc.: True L
lane
43 data [[0.3, 0.51, 1.0, 0.45]] prediction: 1 class 0 acc.: False L
lane
44 data [[0.3, 0.06, 0.56, 1.0]] prediction: 1 class 1 acc.: True L
lane
45 data [[0.36, 0.2, 1.0, 0.12]] prediction: 1 class 0 acc.: False L
lane
```

唯一可以这样做的合法情景是，如果自动驾驶汽车是一辆警车，那么在某些情况下它的确可以这么做。

情况 3："情商"引入自动驾驶系统

人类害怕事故、法律和诉讼，而机器则忽略了这些恐惧情绪。我们必须在自动驾驶系统中实现最低限度的"情商"。

谷歌地图以及其他程序可以显示给定地理位置的交通流量水平。一旦检测到某个密度的流量，自动驾驶系统就必须向人类司机发出警报，并在指定的时间内停用自动驾驶系统，改为由人类司机驾驶。

如果使用谷歌地图，则必须小心我们存储的位置历史记录。如果其中有一个位置能够追溯到具体的某一个人身上，这可能是一个法律问题。假设一名开发人员在解析自动驾驶系统的时候无意中发现了这些数据，并认出了其中一个人类司机的地址。这可能会给相关人员带来严重的冲突和诉讼。

我们可以在到达该区域前的几分钟停用自动驾驶系统，转为由人类司机驾驶，从而避免图 2.15 所示的情景。人类司机应该格外小心，缓慢驾驶。低速行驶可以避免致命的事故。

现在添加一个判断条件，当偏差参数的总和对于某个地理区域的交通流量来说太低时，将发出警告：

```
if float(b1 + b2 + b3 + b4) <= 0.1:
  print("Alert! Kill Switch activated!")
  break
```

当前方交通过于拥挤时，自动驾驶系统应该为 ML 算法提供以下偏差值：

```
b1 = -0.01; b2 = 0.02; b3 = .03; b4=.02
```

以上值只是示例。真正实施的时候，我们将使用一个优化函数来自动调整它们。

前面若是人行横道遍布的交通繁忙地段，自动驾驶系统会发出警报：

```
Alert! Kill Switch activated!
true: 1 false 0 accuracy 1.0
```

然后我们可以添加驾驶建议，警示人类司机低速通过前方区域。

SDC 的自动驾驶系统手册包含了许多关于如何启用或停用自动驾驶系统的建议。我们刚刚教会了自动驾驶系统去警惕那些可能导致事故和诉讼的地方。

我们在 SDC 的自动驾驶系统中实现了一棵决策树，并对它添加了交通法规相关的限制条件；还在自动驾驶系统安装了一个与道德相关的开关，教会机器"敬畏"法律。

2.5 本章小结

本章从技术、偏差、道德伦理等角度探讨了 XAI。

被移植到 SDC 自动驾驶系统 ML 算法中的电车难题对自动决策过程提出了挑战。在生死关头，人类司机面临着难以抉择的困境。人类 AI 算法设计者必须想办法使自动驾驶系统尽可能可靠。

　　决策树为自动驾驶汽车自动驾驶系统提供了有效的解决方案。我们看到，设计和解释决策树的标准方法提供了有用的信息。然而，仅仅深入理解决策树是不够的。

　　XAI 鼓励我们进一步分析决策树的结构。我们探讨了许多解释决策树工作原理的方法，能够逐级分析决策树的决策过程。然后，一步一步地显示决策树的图。

　　尽管如此，这仍然不足以找到一种方法，在无法避免导致行人或自动驾驶汽车乘客死亡的情况下，将可能发生的死亡人数降到最低。我们引入了一些基本规则来模拟 AI 的偏差和道德伦理。

　　最后，我们引入了 SDC 的自动驾驶系统手册建议的警报，以尽量避免遇到生死攸关的情景。

　　在本章中，我们经历了从技术到道德层面的艰难旅程。我们为 AI 自动驾驶系统添加了机器"情商"，通过在 SDC 自动驾驶系统中实现对事故的"恐惧"来挽救生命。

　　在本章中，我们动手开发了 XAI 决策树来解决问题。接下来的第 3 章"用 Facets 解释 ML"将探讨如何使用 Facets 深入到数据集中。

2.6　习题

1. SDC 自动驾驶系统可以违反交通法规。(对|错)
2. SDC 自动驾驶系统应该始终处于启用状态。(对|错)
3. 决策树的结构为 XAI 提供了宝贵的信息。(对|错)
4. 经过良好训练的决策树总是能对实时数据产生很好的结果。(对|错)
5. 决策树使用一组硬编码规则来对数据进行分类。(对|错)
6. 二叉决策树可以对两个以上的类别进行分类。(对|错)
7. 可以通过调整决策树的图来帮助解释算法。(对|错)
8. 电车难题是一种针对电车的优化算法。(对|错)
9. 不应该让机器来决定是否要杀人。(对|错)
10. 在交通繁忙的情况下不应该启用自动驾驶系统，要等到它完全可靠了再作考虑。(对|错)

2.7　参考资料

- 麻省理工学院的道德机器：http://moralmachine.mit.edu/。
- scikit-learn 的文档：https://scikit-learn.org/stable/auto_examples/tree/plot_unveil_tree_structure.html。

2.8 扩展阅读

- 关于决策树结构的更多信息，可以访问 https://scikit-learn.org/stable/modules/generated/sklearn.tree.DecisionTreeClassifier.html#sklearn.tree.DecisionTreeClassifier。
- 关于决策树绘制的更多信息，请浏览 https://scikit-learn.org/stable/modules/generated/sklearn.tree.plot_tree.html。
- 关于麻省理工学院道德机器的更多信息，请参阅 E. Awad、S. Dsouza、R. Kim、J. Schulz、J. Henrich、A. Shariff、J.-F.Bonnefon、I. Rahwan 等人的论文"The Moral Machine experiment"。

第**3**章

用 Facets 解释 ML

正确数据的缺乏往往会从一开始就阻碍 AI 项目的进行。我们习惯于从 Kaggle、scikit-learn 和其他可靠来源下载现成的数据集。

我们专注于学习如何使用和实现 ML 算法。然而，在项目的第一天，现实就给 AI 项目经理带来了沉重的打击。

公司通常没有干净的数据供项目使用，它们甚至连足够的数据都没有。公司拥有海量的数据，但这些数据往往来自不同的部门。

公司的每个部门都可能有自己的数据管理系统和政策。当你最终获得训练数据集样本时，你可能会发现 AI 模型并没有按计划工作。你可能需要改变 ML 模型，或者找出数据中存在的问题。你从一开始就陷入了困境。你原以为这会是一个出色的 AI 项目，现在却变成了一场噩梦。

为了迅速走出这个困境，你需要先解释数据可用性问题。你必须找到一种方法来解释为什么数据集需要改进[1]。你还必须解释哪些特征需要更多的数据、更好的质量或数量。另外，你没有时间或资源为每个项目专门开发一个新的可解释 AI(XAI)解决方案。

Facets Overview 和 Facets Dive 提供了可视化工具来逐一分析训练和测试数据的特征。

我们将从安装和探索 Facets Overview 这个统计可视化工具开始。我们将使用来自第 1 章 "使用 Python 解释 AI" 的病毒检测输入数据。

然后构建 Facets Dive 显示代码来可视化数据点。Facets Dive 提供了许多选项来显

---

1 译者注：译者和作者深入讨论了这一点。作者举了一个例子，想象一下你去了一家公司，他们提供了一个数据集。他们认为他们的数据集很好，因为到目前为止他们从未遇到过这些数据的问题。他们还不信任你，因为你是这个项目的新手。你不能只说数据哪里错了，你还必须解释为什么需要改进数据。在解释数据哪里错了之前，你必须证明自己的观点并解释原因。改进数据的操作是会带来成本的，所以我们必须证明自己的观点是正确的。

示和解释数据点的特征，例如，交互界面有 Label 和 Color 选项，而且你可以定义 *x* 轴和 *y* 轴的 binning 等。

本章涵盖以下主题：
- 在 Google Colaboratory Jupyter Notebook 安装和运行 Facets Overview
- 实现特征统计代码
- 实现显示统计信息的 HTML 代码
- 逐一分析特征
- 可视化特征的最小值、最大值、中位数和平均值
- 寻找数据分布中的不均匀性
- 按缺失值或零值的数量对特征进行排序
- 分析分布距离和 Kullback-Leibler 散度
- 构建 Facets Dive 交互式界面

我们的第一步是安装和运行 Facets。

3.1 Facets 入门

在本节中，我们将在 Google Colaboratory Jupyter Notebook 用 Python 安装 Facets。然后，检索训练和测试数据集。最后，读取数据文件。

我们将继续使用第 1 章"使用 Python 解释 AI"中的训练和测试数据集。这样一来，我们就不必花时间去理解数据的含义，从而能够专注于本章主题和分析数据。

下面先在 Google Colaboratory 安装 Facets。

3.1.1 在 Google Colaboratory 安装 Facets

打开 Facets.ipynb。第一个单元格包含了安装命令：

```
# @title Install the facets-overview pip package.
!pip install facets-overview
```

之所以采用 Facets.ipynb 这种安装方法，是为了针对这种情况：当虚拟机(VM)重启或其他原因导致安装丢失时，这种方法将会重新安装 Facets。如果已经安装了 Facets，则会显示以下消息：

```
Requirement already satisfied:
```

接下来检索数据集。

3.1.2　检索数据集

我们将从 GitHub 或 Google Drive 检索数据集。

如果想从 GitHub 导入数据，需要将导入选项设置为 repository = "github"。

如果想从 Google Drive 导入数据，则需要将导入选项设置为 repository = "google"。

在本节中，我们将从 GitHub 导入数据：

```
# @title Importing data <br>
# Set repository to "github"(default) to read the data
# from GitHub <br>
# Set repository to "google" to read the data
# from Google {display-mode: "form"}
import os
from google.colab import drive

# Set repository to "github" to read the data from GitHub
# Set repository to "google" to read the data from Google
repository = "github"
if repository == "github":
  !curl -L https://raw.githubusercontent.com/PacktPublishing/Hands-On-
Explainable-AI-XAI-with-Python/master/Chapter03/DLH_train.csv
--output
  "DLH_train.csv"
  !curl -L https://raw.githubusercontent.com/PacktPublishing/Hands-On-
Explainable-AI-XAI-with-Python/master/Chapter03/DLH_test.csv
--output
  "DLH_test.csv"
```

现在可以访问这些数据了。先设置每个文件的路径：

```
# Setting the path for each file
dtrain = "/content/DLH_train.csv"
dtest = "/content/DLH_test.csv"
print(dtrain, dtest)
```

也可从 Google Drive 进行同样的操作：

```
if repository == "google":
  # Mounting the drive. If it is not mounted, a prompt
  # will provide instructions
  drive.mount('/content/drive')
  # Setting the path for each file
  dtrain = '/content/drive/My Drive/XAI/Chapter03/DLH_Train.csv'
  dtest = '/content/drive/My Drive/XAI/Chapter03/DLH_Train.csv'
  print(dtrain, dtest)
```

现在我们已经安装了 Facets 并且可以访问数据文件了。接下来读取数据文件。

3.1.3 读取数据文件

在本节中，我们将使用 pandas 读取数据文件并将数据加载到 DataFrame 中。
先导入 pandas，并定义特征：

```
# Loading Denis Rothman research training and testing data
# into DataFrames
import pandas as pd
features = ["colored_sputum", "cough", "fever", "headache", "days",
           "france", "chicago", "class"]
```

数据文件并没有包含列头，因此我们将使用特征数组来定义训练数据的列名：

```
train_data = pd.read_csv(dtrain, names=features, sep=r'\s*,\s*',
                         engine='python', na_values="?")
```

然后将训练数据文件读取到 DataFrame 中：

```
test_data = pd.read_csv(dtest, names=features, sep=r'\s*,\s*',
                        skiprows=[0], engine='python', na_values="?")
```

将数据读入 DataFrame 之后，现在可以实现数据集的特征统计了。

3.2 Facets Overview

Facets Overview 为数据集的每个特征提供了宽泛的统计数据。正如我们将在本节中看到的那样，Facets Overview 将帮助你检测缺失值、零值、数据分布的不均匀性等。
下面先创建训练和测试数据集的特征统计数据。

创建数据集的特征统计数据

如果没有 Facets Overview 或类似的工具，那么获取统计数据的唯一方法就是自己编写一个程序或使用电子表格。自己编写程序的方法可能既费时又费钱。这时候如果使用 Facets，那么只需要写几行代码就可以得出特征统计数据。

1. 实现特征统计代码

在本节中，我们将对数据进行编码、字符串化，并构建统计生成器。首先对信息进行字符串化处理，将数据转变成字符串，然后将其发送给 JavaScript 函数。

首先导入 base64：

```
import base64
```

base64 将使用 Base64 编码表对字符串进行编码。Base64 编码表使用 64 个 ASCII 字符来编码数据。

然后导入 Facets 统计生成器，再从训练和测试 DataFrame 中检索数据：

```
from facets_overview.generic_feature_statistics_generator import
GenericFeatureStatisticsGenerator

gfsg = GenericFeatureStatisticsGenerator()
proto = gfsg.ProtoFromDataFrames([{'name': 'train',
                                   'table': train_data},
                                  {'name': 'test',
                                   'table': test_data}])
```

然后创建一个 UTF-8 编码/解码器字符串，该字符串将在下一节中被插入 HTML 界面：

```
protostr = base64.b64encode(proto.SerializeToString()).decode(
    "utf-8")
```

你可以看到，输出是一个编码字符串：

CqQ0CgV0cmFpbhC4ARqiBwoOY29sb3JlZF9zcHV0dW0QARqNBwqzAgi4ARgB...

接下来把 protostr 插入 HTML 模板。

2. 实现显示统计信息的 HTML 代码

首先导入 display 和 HTML 模块：

```
# Display the Facets Overview visualization for this data
from IPython.core.display import display, HTML
```

然后定义 HTML 模板：

```
HTML_TEMPLATE = """
        <script src="https://cdnjs.cloudflare.com/ajax/libs/
webcomponentsjs/1.3.3/webcomponents-lite.js"></script>
        <link rel="import" href="https://raw.githubusercontent.com/
PAIR-code/facets/1.0.0/facets-dist/facets-jupyter.html" >
        <facets-overview id="elem"></facets-overview>
        <script>
            document.querySelector("#elem").protoInput = "{protostr}";
        </script>"""
html = HTML_TEMPLATE.format(protostr=protostr)
```

现在，包含字符串化编码数据的 protostr 变量已被插入模板中。

然后，将名为 html 的 HTML 模板发送给 IPython 的 display 函数：

```
display(HTML(html))
```

现在可以可视化和浏览数据了，如图 3.1 所示。

Numeric Features (7)				
count	missing	mean	std dev	zeros
colored_sputum				
184	0%	2.39	2.19	6.52%
197	1.01%	2.25	2.19	8.12%
cough				
184	0%	4.63	2.4	0%
199	0%	4.42	2.42	0%
fever				
184	0%	6.93	2.3	0%
199	0%	6.61	2.44	0%

图 3.1　数值特征的表格式可视化

一旦获得以上输出，我们就可从不同的视角分析数据集的特征。

3.3　对 Facets 统计信息进行排序

你可以通过几种有趣的方式对数据集的特征进行排序，如图 3.2 所示。

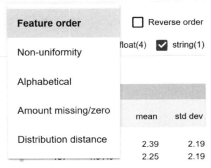

图 3.2　对数据集的特征进行排序

下面先按特征顺序进行排序。

3.3.1　按特征顺序排序

按特征顺序排序(feature order)是指按本章 "3.1.3 读取数据文件" 一节中定义的特征顺序进行排序:

```
features = ["colored_sputum", "cough", "fever", "headache", "days",
            "france", "chicago", "class"]
```

然后我们将得到如图 3.1 所示的结果。

按特征顺序排序的意义是什么呢?

假设一家工厂有 10 000 个生产订单需要分拣。我们必须优先完成对其中一些客户的交付。因此我们的解决方案必须以对数据进行排序的方式展示。我们会对时间特征和金额特征进行排序,从而让最紧急和最大的订单排在前面。

接下来按不均匀性进行排序。

3.3.2　按不均匀性排序

如果数据分布不均匀,那么这个数据集将无法提供可靠的结果,所以我们需要测量数据分布的不均匀性。可以用 Facets 测量数据分布的不均匀性。

以下数据分布是均匀的:

$$dd_1 = \{1, 1, 1, 1, 1, 0, 0, 0, 0, 0\}$$

dd_1 可以表示一个有正面(1)和反面(0)的抛硬币数据集。dd_1 预测值是相对易于使用的。

dd_1 的值变化不大,这样的 ML 结果将比 dd_2 这样的不均匀数据分布更可靠:

$$dd_2 = \{1, 1, 1, 1, 5, 1, 1, 0, 0, 2, 3, 3, 9, 9, 9, 7\}$$

dd_2 预测值是难以使用的,因为这些数值并不均匀,其中,2、5、7 只有 1 个,而 1 有 6 个。

当使用 Facets 按不均匀性对特征进行排序时,将会最先显示最不均匀的特征。

现在我们对这个例子中的数据集进行不均匀性分析,以查看哪些特征是最稳定的。

从 Sort by(排序)下拉列表中选择按 Non-uniformity(不均匀性)排序,如图 3.3 所示。

Sort by

Non-uniformity　　　▼

图 3.3　按不均匀性对数据进行排序

然后单击 Reverse order (反向排序)来查看数据分布,如图 3.4 所示。

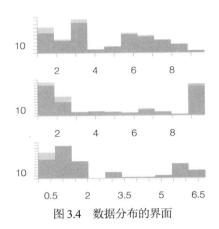

图 3.4 数据分布的界面

可以看到，第一行的数据分布均匀性比第二行和第三行要好。

现在，单击 expand(展开)以更好地可视化每个特征，见图 3.5。

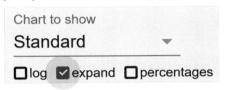

图 3.5 选择 Standard(标准)视图

展开之后，每行的上方多出了一些统计信息。根据这些统计信息，可以看到 cough 特征具有相对均匀的数据分布，见图 3.6。

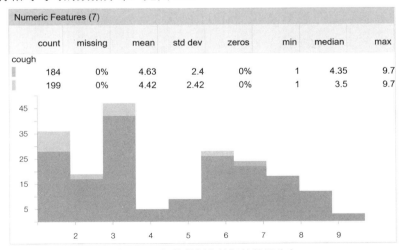

图 3.6 可视化数据集特征的数据分布

headache 不像 cough 那样分布均匀，见图 3.7。

Numeric Features (7)

	count	missing	mean	std dev	zeros	min	median	max
headache								
	184	0%	4.97	3.27	0%	1	4	9.7
	199	0%	4.7	3.2	0%	1	3.5	9.7

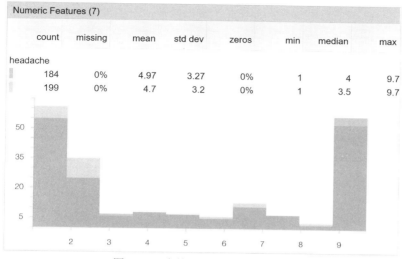

图 3.7　一个数据分布不均匀的例子

Facets 提供了关于数据分布的更多信息。取消选中 expand 并回到刚才显示的界面，以查看所有特征的信息概述，见图 3.8。

	count	missing	mean	std dev	zeros	min	median	max
cough								
	184	0%	4.63	2.4	0%	1	4.35	9.7
	199	0%	4.42	2.42	0%	1	3.5	9.7
headache								
	184	0%	4.97	3.27	0%	1	4	9.7
	199	0%	4.7	3.2	0%	1	3.5	9.7

图 3.8　数据集数据分布的数值信息

这里显示的字段有助于解释数据集的许多方面。

- 每个特征第 1 行中的 count 是指训练数据集的记录数量。
- 每个特征第 2 行中的 count 是指测试数据集的记录数量。
- missing 是指缺失值的记录数量。如果缺失值的记录数量太多，那么数据集可能已经损坏。因此，你可能需要检查一下数据集才能继续前行。
- mean 表示特征数值的平均值。
- std dev 测量数据的离散程度。它表示数据点和平均值之间的距离。
- zeros 帮助我们可视化等于 0 的值的百分比。如果有太多的零值，那么可能很难获得可靠的结果。
- min 表示特征的最小值。

- median 表示特征所有值的中间值(即中位数)。
- max 表示特征的最大值。

例如，如果中位数非常接近最大值而远离最小值，那么这个数据集可能会产生有偏差的结果。

当出现问题时，不妨分析特征的数据分布，这将有助于你改善 AI 模型。

你还可以按字母顺序对数据集进行排序。

3.3.3 按字母顺序排序

按字母顺序排序(alphabetical)的方法可以帮助你更快地找到某个特征，如图 3.9 所示。

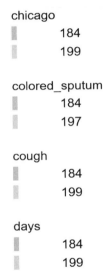

chicago
184
199

colored_sputum
184
197

cough
184
199

days
184
199

图 3.9 按字母顺序对特征进行排序

我们还可按缺失值或零值的数量进行排序。

3.3.4 按缺失值或零值的数量排序

缺失值或零值的特征可能会扭曲 AI 模型的训练。可以选择下拉列表中的 Amount missing/zero 按缺失值或零值的数量对特征进行排序，如图 3.10 所示。

Numeric Features (7)					
	count	missing	mean	std dev	zeros
france					
	184	0%	0	0	**100%**
	199	0%	0	0	**100%**
colored_sputum					
	184	0%	2.39	2.19	6.52%
	197	1.01%	2.25	2.19	8.12%

图 3.10　按缺失值或零值的数量排序

france 特征的值 100%都是 0。而 colored_sputum 特征的值有 1.01%是缺失值。对这些信息的观察将有助于提高 ML 数据集的质量。反之，当训练 ML 模型时，更高质量的数据集将能产生更好的输出。

我们还可以按分布距离排序。

3.3.5　按分布距离排序

我们可以用 Kullback-Leibler 散度(又称相对熵)来计算训练集和测试集之间的分布距离。

可以用三个变量来计算分布距离：

- S 表示相对熵。
- X 表示训练数据集。
- Y 表示测试数据集。

scikit-learn 里 Kullback-Leibler 散度的公式如下：

```
S = sum(X * log(Y/X))
```

可从下面两个相似的数据分布开始：

```
from scipy.stats import entropy
X = [1, 1, 1, 2, 1, 1, 4]
Y = [1, 2, 3, 4, 2, 2, 5]
entropy(X, Y)
```

相对熵为 0.05。

如果训练集和测试集的分布距离更大，将会产生更高的相对熵值，例如：

```
from scipy.stats import entropy
X = [10, 1, 1, 20, 1, 10, 4]
Y = [1, 2, 3, 4, 2, 2, 5]
```

```
entropy(X, Y)
```

相对熵增加了，现在的值为 0.53。

记住这种方法之后，我们现在可以选择下拉列表中的 Distribution distance 按分布距离排序来检查特征，如图 3.11 所示。

Numeric Features (7)					
	count	missing	mean	std dev	zeros
fever					
	184	0%	6.93	2.3	0%
	199	0%	6.61	2.44	0%
headache					
	184	0%	4.97	3.27	0%
	199	0%	4.7	3.2	0%
colored_sputum					
	184	0%	2.39	2.19	6.52%
	197	1.01%	2.25	2.19	8.12%

图 3.11　按分布距离排序

如果训练数据集和测试数据集的分布距离过大，可能会导致预测出错，基于此，我们就能通过按分布距离排序解释为什么预测是错误的。

我们已经探讨了 Facets Overview 的许多功能，包括检测缺失值、零值、不均匀性、分布距离等。我们看到，每个特征的数据分布都包含可用于对训练和测试数据集进行微调的宝贵信息。

下面探讨如何构建一个 Facets Dive 的实例。

3.4　Facets Dive

在监督学习中，我们需要在 ML 之前验证数据分布的基本真实性。监督学习涉及带标签的数据集。这些标签构成了目标值。经过训练的 ML 算法就是用来预测它们的。然而，有时候部分甚至全部的标签都有可能是错误的。这样预测的准确率将达不到标准。

通过 Facets Dive，我们可以交互式地探索大量的数据点，并分析它们之间的关系，从而验证数据分布的基本真实性。

3.4.1　构建 Facets Dive 交互式界面

首先导入 display 和 HTML 模块：

```
# Display the Dive visualization for the training data
from IPython.core.display import display, HTML
```

下一步是将包含训练或测试数据的 pandas DataFrame 转换成 JSON：

```
# @title Python to_json example {display-mode: "form"}
from IPython.core.display import display, HTML
jsonstr = train_data.to_json(orient='records')
jsonstr
```

输出是一个包含训练数据的 pandas DataFrame 中所有记录的 JSON 字符串：

```
'[{"colored_sputum":1.0,"cough":3.5,"fever":9.4,"headache":3.0,"days
":3,"france":0,"chicago":1,"class":"flu"},
{"colored_sputum":1.0,"cough":3.4,"fever":8.4,"headache":4.0,"days":
2,"france":0,"chicago":1,"class":"flu"},{"colored_sputum":1.0,"cough
":3.3,"fever":7.3,"headache":3.0,"days":4,"france":0,"chicago":1,"cl
ass":"flu"},
{"colored_sputum":1.0,"cough":3.4,"fever":9.5,"headache":4.0,"days":
2,"france":0,"chicago":1,"class":"flu"},
...
{"colored_sputum":1.0,"cough":5.0,"fever":8.0,"headache":9.0,"days":
5,"france":0,"chicago":1,"class":"bad_flu"}]'
```

然后定义 HTML 模板：

```
HTML_TEMPLATE = """
        <script src="https://cdnjs.cloudflare.com/ajax/libs/
webcomponentsjs/1.3.3/webcomponents-lite.js"></script>
        <link rel="import" href="https://raw.githubusercontent.com/
PAIR-code/facets/1.0.0/facets-dist/facets-jupyter.html">
        <facets-dive id="elem" height="600"></facets-dive>
        <script>
          var data = {jsonstr};
          document.querySelector("#elem").data = data;
        </script>"""
```

然后将已创建的 JSON 字符串添加到 HTML 模板中：

```
html = HTML_TEMPLATE.format(jsonstr=jsonstr)
```

最后，显示已创建的 HTML 页面：

```
display(HTML(html))
```

输出是 Facets Dive 的交互界面，如图 3.12 所示。

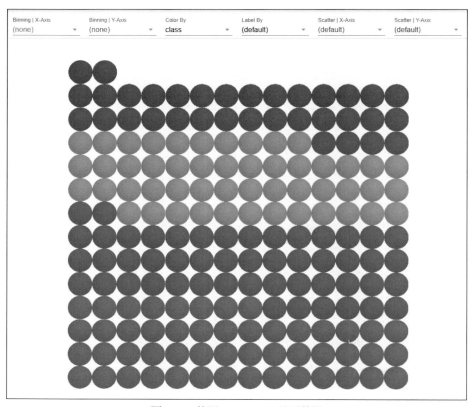

图 3.12　使用 Facets Dive 显示数据

我们已经为训练数据集构建了一个 HTML 交互式界面。现在，可以使用本章 3.2 节 "Facets Overview" 中加载的训练集来探索 Facets Dive 的交互式界面了。

3.4.2　定义数据点的标签

在某些情况下，若使用不同类型的标签来分析数据点，将能够获得一些有用的信息。

单击 Label By 下拉列表，如图 3.13 所示，查看可供选择的标签列表，见图 3.14。

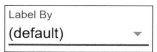

图 3.13　选择要显示的标签条件

界面上将出现数据集的特征列表。选择你想要分析的那一个。

图 3.14　可供选择的标签列表

对于这个医学诊断案例，选择 class(疾病的类别)，如图 3.15 所示。

图 3.15　按标签排序

如图 3.16 所示，界面将会按颜色和 class 显示数据点。

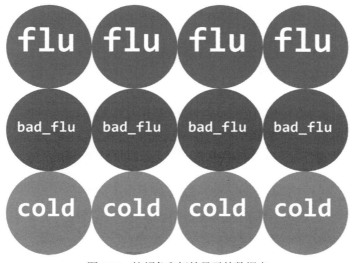

图 3.16　按颜色和标签显示的数据点

可以试试其他标签，看看你可以在数据点中找出什么样的模式。

下面为数据点添加颜色。

3.4.3　定义数据点的颜色

上一节介绍了如何按标签显示数据点。除此之外，我们还可按颜色显示数据点。我们可以先在 Label By 下拉列表中选择一个特征，再从 Color By 下拉列表中选择另一个特征。

如果单击 Color By 下拉列表，界面上将会出现数据集中的特征列表，如图 3.17 所示。

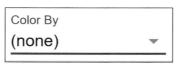

图 3.17　选择一种颜色

例如，假设选择 days。

结果将在图的底部显示病人早期的病情，并在图的顶部显示病人最近几天的病情，见图 3.18。

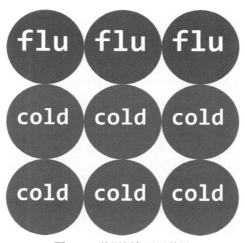

图 3.18　使用颜色显示数据

从这个结果可以看出，随着时间的推移，模型对病人的诊断可能已经从感冒(cold)变成了流感(flu)。

你还可以试试标签和颜色的其他组合，看看能发现些什么。

我们还可通过定义 x 轴和 y 轴的 binning 来更详细地分析数据点。

3.4.4　定义 x 轴和 y 轴的 binning

你可以用非常灵活的方式来定义 x 轴和 y 轴的 binning。可以选择不同的特征组合，看看能发现些什么。

可将两个特征组合在一起，通过观察显示结果来对模型做出许多推断。

可以从 x 轴和 y 轴各自的下拉列表中选择一个特征，如图 3.19 所示。

图 3.19　定义 x 轴的 binning

在本例中，对于 x 轴，我们选择 fever(发烧)，这是一个医学诊断的关键特征，见图 3.20。

图 3.20　确定 x 轴的 binning

对于 y 轴，则选择 days，这也是一个医学诊断的关键特征，如图 3.21 所示。

图 3.21　定义 y 轴的 binning

可以看到，如果发烧只持续一天，病人可能是得了重感冒。如果病人连续几天发烧并伴有咳嗽，则诊断结果可能是肺炎或流感，见图 3.22。

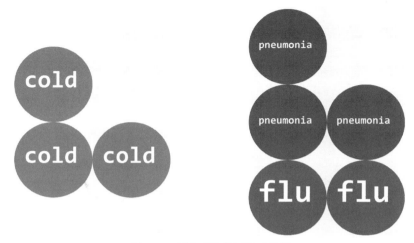

图 3.22   以直观的特征显示数据

如有必要，可将 Color By 更改为 class 以获得更清晰明了的图像。在继续之前，可以试试你自己的一些设想，看看你可以从数据点显示结果中推断出什么。

散点图(scatter plot)也可帮助我们检测出模式。下面看看如何用 Facets Dive 显示散点图。

3.4.5   定义散点图的 x 轴和 y 轴

散点图将显示分散在由 x 轴和 y 轴定义的图上的数据点。不妨通过分散的数据点来可视化特征，这可能会很有用。

散点图展示了数据点之间的关系。据此，你可以发现有助于解释数据集中特征的模式。

下面举一个例子。如图 3.23 所示，转到 Scatter | X-Axis 和 Scatter | Y-Axis 下拉列表。

图 3.23   散点图选项

在 Scatter | X-Axis 下拉列表中选择 days，在 Scatter | Y-Axis 下拉列表中选择 colored_sputum，见图 3.24。

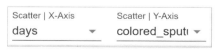

图 3.24   定义散点图选项

这么操作之后，你会发现一些模式。例如，我们可以立即看到，有色痰导致肺炎的可能性很高。肺炎数据点在过去的几天里以图 3.25 所示的模式分散。

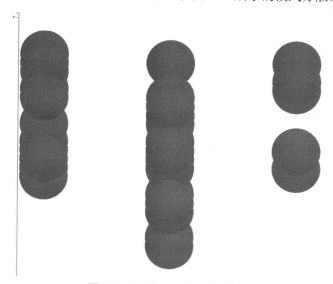

图 3.25 通过可视化发现出模式

我们还可将 Binning | X-Axis 设置为 days，将 Binning | Y-Axis 设置为(none)，将 Color By 设置为 class，将 Scatter | X-Axis 设置为(default)，并将 Scatter | Y-Axis 设置为 colored_sputum。这样，我们就可按天数分析出疾病类型的模式，如图 3.26 所示。

图 3.26 修改视图以从不同的视角分析数据

我们已经介绍了 Facets Dive 的一些可视化选项，以实时分析数据点。根据这些分析结果，AI 项目经理可能会要求团队清洗数据或进行相关的处理。

因此我们可以看到，可视化 XAI 将逐渐成为任何 AI 项目的先决条件。

3.5　本章小结

本章探讨了一个功能强大的 XAI 工具——Facets。在运行 ML 模型之前，我们了解了如何训练和测试数据集的特征。

我们看到，通过 Facets Overview，可以发现一些因为缺失值和零值记录太多而降低模型准确性的特征。然后，你可以更正数据集并重新运行 Facets Overview。

在这个迭代过程中，可通过 Facets Overview 确认没有丢失数据，还可发现一个或多个特征的数据分布具有高度的不均匀性。你可能希望回过头来研究数据集中这些特征的值。然后你可以改进这些特征，或者用更稳定的特征来替换它们。

同样，你可以重新运行 Facets Overview 来检查训练和测试数据集之间的分布距离。例如，如果 Kullback-Leibler 散度太大，你就知道你的 ML 模型会产生许多错误。

在使用 Facets Overview 进行多次迭代和大量微调之后，可以使用 Facets Dive 继续进行所需的 XAI 工作。

我们看到，Facets Dive 的交互界面能以许多不同的方式显示数据点。可以选择定义 x 轴和 y 轴 binning 的方式，看能否得出关键的见解。你可以从许多不同视角来可视化数据点，以解释数据集的标签是如何符合你所设定的目标的。

在下一章 "Microsoft Azure 机器学习模型的可解释与 SHAP" 中，我们将使用 Shapley 值算法来分析 ML 模型和提供可视化的解释。

3.6　习题

1. 现实项目中的数据集很少是可靠的。(对|错)
2. 在真实的项目中，数据集中不会有缺失值。(对|错)
3. 分布距离是指两个数据点之间的距离。(对|错)
4. 不均匀性并不会影响 ML 模型。(对|错)
5. 按特征顺序排序的方法可以提供有用的信息。(对|错)
6. 以各种不同的方式将 x 轴和 y 轴结合起来，可以提供有用的见解。(对|错)
7. 一个特征的中间值、最小值和最大值并不能改变 ML 的预测。(对|错)
8. 在运行 ML 模型之前分析训练数据集的做法是没有用的。最好等有了输出之后再分析。(对|错)

9. Facets Overview 和 Facets Dive 有助于微调 ML 模型。(对|错)

3.7　参考资料

Facets 的参考代码可以在以下 GitHub 代码库中找到：https://github.com/PAIR-code/facets。

3.8　扩展阅读

关于 Facets Dive 的更多信息，可访问 https://github.com/PAIR-code/facets/blob/master/facets_dive/README.md。

第 **4** 章

Microsoft Azure 机器学习模型的可解释性与 SHAP

　　情感分析是 AI 提供的众多关键服务之一。本章将探讨一个情感分析案例——IMDb 中关于电影的评论。IMDb 是互联网电影资料库的简称，它是一个可用于商业和非商业用途的评论信息数据集。

　　这个数据集是公开可用的，所以不妨使用它吧！然而，当我们根据这些数据训练出 AI 模型，预测准确率的残酷现实将我们愉快的努力变成了一场噩梦。如果模型很简单，那么它的可解释性几乎不存在任何问题。但是，复杂的数据集(如 IMDb 评论数据集)包含了异构数据，这点令我们很难做出准确的预测。

　　如果模型很复杂，即使准确率看起来不错，我们也难以解释预测。另外，我们没有资源为自己实现的每个模型和项目专门编写一个可解释 AI (XAI)工具。因此我们需要一种与模型无关的能应用于任何模型的通用算法，以检测每个特征对预测的贡献。

　　本章将重点介绍 SHapley Additive exPlanations (SHAP)，它是 Microsoft Azure 机器学习模型可解释解决方案的一部分。

　　SHAP 可以解释任何机器学习模型的输出。在本章中，我们将使用 SHAP 来分析和解释一个用于情感分析的线性模型的输出。我们使用的算法和可视化技术主要来自华盛顿大学 Su-In Lee 实验室(Su-In Lee's lab at the University of Washington)和微软研究院。

　　我们将从理解 Shapley 值的数学基础开始。然后，在 Google Colaboratory Jupyter Notebook 中使用 SHAP。

　　IMDb 数据集包含大量的信息。这样不利于调试诊断和解释，因此我们将编写一个数据截取函数并创建单元测试来把必要的信息抽离出来。

最后，我们将使用 SHAP 算法和可视化来解释来自 IMDb 数据集的评论。

本章涵盖以下主题：
- 博弈论基础知识
- 与模型无关的可解释 AI
- 安装和运行 SHAP
- 导入和拆分情感分析数据集
- 向量化数据集
- 创建用于抽离样本数据的数据集截取函数
- 线性模型和逻辑回归
- 使用 SHAP 解释情感分析
- 探讨 SHAP 可解释图

我们的第一步是从数学的角度理解 SHAP。

4.1　SHAP 简介

SHAP 源自博弈论。Lloyd Stowell Shapley 于 20 世纪 50 年代提出了随机博弈，大家用他的名字命名了这个博弈论模型。在博弈论中，每个玩家决定加入一个联盟并为联盟做贡献，以产生高于他们个体价值总和的总价值。

Shapley 值是指某个具体玩家的边际贡献值。我们的目标是找到并解释一个联盟中每个玩家的边际贡献值。

例如，篮球队经常会根据每个球员在几场比赛中的表现来分配不同金额的奖金。Shapley 值提供了一种公平的方式，可根据每个玩家对联盟的贡献给每个玩家分配奖金。

本节将首先直观地探讨 SHAP。然后，对 Shapley 值进行数学解释。最后，把 Shapley 值的数学模型应用到对电影评论的情感分析中。

下面先直观地解释 Shapley 值。

4.1.1　关键的 SHAP 原则

在本节中，我们将通过对称性(symmetry)、零玩家(null players)和可加性(additivity)原则来学习 Shapley 值，并将通过直观的例子来一步步地探讨这些概念。

我们要探讨的第一个原则是对称性。

1. 对称性

如果联盟中的所有玩家都做出了同等的贡献，那么可以说他们的贡献是对称的。

以飞行为例，只要驾驶员和副驾驶员中有一个没有到场，飞机就无法起飞。因此可以说他们做出了同等的贡献。

然而，在一支篮球队中，如果一名球员得了 25 分，而另一名球员只得了几分，那么这种情况是不对称的。Shapley 值提供了一种寻找公平分配的方法。

下面用一个例子来探讨对称性，从对联盟做出同等贡献这种情况开始。

a、b、c 和 d 是汽车的四个轮子。每个轮子都是必需的，这就导致了以下结果。

- $v(N) = 1$：其中，v 表示联盟的总价值。它是所有轮子的贡献的总和。这种贡献无法分割。因为一辆汽车必须有四个轮子。N 表示联盟，也就是轮子的集合。
- S 是 N 的子集：在本例中，$S=4$。子集的值就是联盟的值。因为一辆汽车不能少于四个轮子。
- 如果 $S \neq N$，则 $v(S) = 0$：如果 N 的子集 S 没有包含四个轮子，则 S 的值为 0，因为这不是一辆完整的汽车。这样的一辆汽车的贡献值为 0。

注意，这四个轮子对联盟的贡献是对称的，而篮球员对联盟的贡献是不对称的。但是，博弈论原则同时适用于这两种贡献。

每个轮子(a、b、c 和 d)对产生 $v(N) = 1$ 的贡献是相等的。这种情况下，每个轮子的贡献为 1/4=0.25。

由于 $v(a) = v(b)$，我们可以说它们是可互换的，也就是说，这些值是对称的。

但是，在许多其他情况下，对称性并不适用。此时，必须找到每个玩家各自的边际贡献。

在进一步讨论之前，必须研究一种特殊情况——零玩家。

2. 零玩家

零玩家不会影响模型的结果。让我们以篮球队的球员为例。在一场比赛中，一名球员准备进攻了。然而，在进攻时，这名球员的主要搭档出于某些原因突然缺席了。这名球员感到惊讶和失落。他那位缺席的搭档(即零玩家)没有做出任何贡献。

一个零玩家对联盟的贡献为零(即 null)：

$$\varphi_i(N, v) = 0$$

- φ_i 表示 i 这个玩家的 Shapley 值，此处用希腊字母 φ(英文读音为 phi)来表示该值。
- v 表示 i 在联盟 N 中的总贡献，例如，篮球队中的一名缺席球员。
- N 表示联盟。
- 0 表示零玩家(在本例中为缺席球员)贡献的值，即 null。

如果将 i 这个玩家添加到一个联盟中，则该联盟的总贡献值不会增加，因为 i 的贡献为 0。

幸运的是，一个玩家的 Shapley 值可以在其他联盟中得到提高，这就引出了可加性这个概念。

3. 可加性

我们的缺席篮球球员 i 没有出现在上一节的比赛中。在那场比赛中，这名球员对球队没有任何贡献。但是球队经理意识到这名球员是有天赋的。在下一场比赛之前，球队主教练更换了几名球员。

在接下来的两场比赛中，缺席篮球球员 i 处于最佳状态：那名球员的主要搭档回来了。球员 i 每场比赛都能获得 20 多分，他不再是零玩家。他的贡献直线上升！

为了公平起见，主教练决定测量球员在过去两场比赛中的表现，以确定她/他对球队(即联盟)的边际贡献值：

$$\varphi_i(N, v_1 + v_2) = \varphi_i(N, v_1) + \varphi_i(N, v_2)$$

- φ_i 表示球员 i 的 Shapley 值。
- $\varphi_i(N, v_1 + v_2)$ 表示球员 i 在另外一组联盟(即最后两场比赛)中的边际贡献 Shapley 值。主教练在比赛期间和比赛之间不断更换球队中的球员。我们可以将值的数量扩展到球员在一个赛季中遇到的所有联盟，以测量他们最终的边际贡献值。

现在我们已经通过对称性、零玩家和可加性探讨了 Shapley 值的一些基本概念。接下来通过对 Shapley 值的数学解释来实现这些概念。

4.1.2 Shapley 值的数学表达式

在联盟博弈(N, v)中，我们需要找到收益分配的方法。收益分配是对每个玩家在联盟中的边际贡献的唯一且公平的分配。

另外，Shapley 值需要满足前面章节中描述的对称/不对称性、零玩家和可加性。

在本节中，我们将单词当作玩家。单词是电影评论中的特征，也是博弈论中的玩家。

单词是对顺序敏感的，这点令单词成为讲解 Shapley 值的一种有趣的方式。

以一组含如下三个单词的集合为例，我们将集合表示为 N：

$$N = \{excellent, not, bad\}$$

它们在评论中看起来很容易被理解和解释。然而，如果重新排列这三个单词，我们将得到几个序列，具体取决于它们出现的顺序。我们用 S 来表示单词的排列序列，S 是包含三个单词的集合，属于 N 的子集：

- $S_1 = \{excellent, not\ bad\}$
- $S_2 = \{not\ excellent, bad\}$
- $S_3 = \{not\ bad, excellent\}$
- $S_4 = \{bad, not\ excellent\}$

- S_5 = {*bad, excellent, not*}
- S_6 = {*excellent, bad, not*}

我们可以从 N 的这六个子集中得出几个结论。

- 集合 S 中的所有元素的序列或排列数量等于 S!。S!表示从 S 乘到 1。在本例中，S 的元素数量=3。S 的排列数量为：

$$S! = 3 \times 2 \times 1 = 6$$

因此，此处分析的三个单词有六个序列。

- 在 S 的前四个子集中，单词的顺序完全改变了短语的意思。因此，我们要计算排列的数量。
- 在最后两个子集中，序列的含义令人困惑，尽管它们可能是较长短语的一部分。例如，S_5={*bad, excellent, not*}可能是一个较长序列{*bad, excellent, not clear if I like this movie or not*}的一部分。
- 在本例中，N 包含三个单词，我们只是选择了 N 众多子集中的一个(S 包含了全部三个单词)。也可以选择让子集 S 只包含 N 里面的两个单词，例如 S={*excellent, bad*}。

现在，我们想知道某个具体的单词 i 对其所在短语的含义和情感(好或坏)的贡献。这个贡献就是 Shapley 值。

玩家 i 的 Shapley 值表示如下：

$$\varphi_i(N, v) = \frac{1}{N!} \sum_{S \subseteq N \setminus \{i\}} |S|! \, (|N| - |S| - 1)! \, (v(S \cup \{i\}) - v(S))$$

下面把这个数学表达式的每一部分解释成自然语言。

- φ_i 表示 i 的 Shapley 值(φ 在英文中念 phi)。

  $\varphi_i(N, v)$=表示玩家 i 在值函数为 v 的联盟 N 中的 Shapley 值。此时，已知我们要找出玩家 i 在一个联盟中的边际贡献值 phi。例如，我们想知道 *excellent*(优秀)对一个短语的含义有多大的贡献。

- $S \subseteq N \setminus \{i\}$ 表示 S 的元素将被包括在 N 中，但 i 除外。我们想比较一个有 i 和一个没有 i 的集合。如果 N={*excellent, not, bad*}，则 S 可以是{*bad, not*}，i=*excellent*。如果对有 *excellent* 和没有 *excellent* 的 S 进行比较，我们会发现其边际贡献值是不同的。

- $\frac{1}{N!}$ 表示除以玩家 i 在子集 S 中的所有可能情况的数目(用符号 Σ 表示)。

- $|S|! \, (|N| - |S| - 1)!$ 表示我们正在计算一个权重参数，这个权重包括两项：一项是 S 中的排列阶乘，另一项是不在 S 中且不包括 i 的排列阶乘。例如，如果 S 为{*bad, not*}，即等于 2，那么 N - S=3 - 2=1。然后，把 i 拿出来，用 - 1 表示。你可能会感到疑惑，因为这加起来等于 0。但是，请记住，0!=1。

- 然后计算 S 在包含 i 和不包含 i 时的边际贡献的差值：

$$\big(v(S \cup \{i\}) - v(S)\big)$$

例如，可从以下例子中得出 *excellent* 的边际贡献值：v(*An excellent job*) - v(*a job*)，其中，第一句包含了 *excellent*，第二句没有包含。在这种情况下，*excellent* 有很高的边际贡献值。

如果 N 里面的每个子集 S 都按照上面的等式计算过了，那么我们可在求和后除以所有可能的情况，也就是全排列(求阶乘)。

在讲述了以上所有部分之后，我们再整体看一下 Shapley 值的数学表达式：

$$\varphi_i(N, v) = \frac{1}{N!} \sum_{S \subseteq N \setminus \{i\}} |S|! \, (|N| - |S| - 1)! \, \big(v(S \cup \{i\}) - v(S)\big)$$

> Shapley 值这种方法的一个关键特性是它与模型无关。我们不需要知道一个模型如何得出值 v，而只需要观察模型的输出就能解释一个特征的边际贡献。

理解了以上内容之后，现在可以计算一个特征的 Shapley 值了。

4.1.3　情感分析示例

在本节中，我们将求出 *good* 和 *excellent* 两个词在以下电影评论中的 Shapley 值。每个示例的格式为"评论(模型预测结果)"。

```
8 -1 r1 True I recommend that everybody go see this movie!
(5.33)

0 -1 r2 True This one is good and I recommend that everybody go see it!
(5.63)

2 12 r3 True This one is excellent and I recommend that everybody go
see it!
(5.61)

4 26 r4 True This one is good and even excellent. I recommend that
everybody go
(5.55)
```

训练和测试数据集是随机产生的。因此每次运行程序时，数据集中的记录以及输出值都有可能会改变。

正的预测结果表示正面的情绪，负的预测结果表示负面的情绪。无论是机器学习还是深度学习模型，边际贡献高的单词都会增加模型的输出值。这证实了 SHAP 是与模型无关的。

下面将示例中的句子分为从 r1 到 r4 的四个类别。

- r1 既不包含 *good* 也不包含 *excellent*，5.33
- r2 包含 *good* 但不包含 *excellent*，5.63
- r3 不包含 *good* 但包含 *excellent*，5.61
- r4 既包含 *good* 也包含 *excellent*，5.55

在这种情况下，N={*good, excellent*}。

我们将这四个类别应用于 N 的以下子集：

- r1, S_1 = {Ø}，对该模型的预测值为 $v(S_1) = 5.33$
- r2, S_2 = {*good*}，对该模型的预测值为 $v(S_2) = 5.63$
- r3, S_3 = {*excellent*}，对该模型的预测值为 $v(S_3) = 5.61$
- r4, S_4 = {*good, excellent*}，对该模型的预测值为 $v(S_4)$ =5.55

现在，可将变量插入 Shapley 值等式中：

$$\varphi_i(N, v) = \frac{1}{N!} \sum_{S \subseteq N \setminus \{i\}} |S|! \, (|N| - |S| - 1)! \, (v(S \cup \{i\}) - v(S))$$

r1 用 S_1 = {Ø}表示，对该模型的预测值为 $v(S_1)$ = 5.33。这将是我们分析的起点。我们将把 $v(S_1)$用作计算的参考值。

1. 第一个特征 *good* 的 Shapley 值

在对评论的情感分析中，*good* 这个词的边际贡献是多少？

S_2={*good*}，表示我们只是将 *good* 的边际贡献与既不包含 *good* 也不包含 *excellent* 的 r1 进行比较。其结果是，当 *i*=*good* 时，只有两个可能的子集：

$$\{good\}, \{good, excellent\}$$

因此，N!=2×1=2，只有两个序列。

我们将变量应用于等式的这一部分：

$$|S|! \, (|N| - |S| - 1)!$$

对于 *i*=*good*：

$S = 0, N = 2$。

如果把等式的排列部分中的所有值都代入其中，我们将得到：

- $S! = 0! = 1$
- $(N - S - 1) = 2 - 0 - 1 = 1$
- $S! \, (N - S - 1)! = 1 \times 1 = 1$，将该结果乘以 *v* 的值

因此，将这种排列的值乘以 1：

$$v(S \cup \{i\}) - v(S) = S_2 - S_1 = 1 \times (5.63 - 5.33) = 0.3$$

现在我们计算了集合 r2 的值，其中 *i* (在本例中为 *good*)在集合中是存在的，我们还将其与集合 r1 进行比较，*i* (*good*)在集合 r1 中是不存在的。

我们得到了一个中间值 0.3。

这个计算很有趣。但是，我们想进一步了解 *good* 和 *excellent* 这两个词在联盟博弈中是如何合作的。那么在包含两个词的 r4 中，*excellent* 的边际贡献又是多少呢？

下面再次将计算方法应用于等式的排列部分：

$$|S|!\,(|N| - |S| - 1)!$$

- *S*=1 因为我们仍在计算集合 S_4={good, excellent} 中 *good* 的值，而 *S*={excellent}\{good}
- (*N* − *S* − 1) = 2 − 1 − 1 = 0
- (*N* − *S* − 1)! = 0! = 1
- *S*! (*N* − *S* − 1)! = 1 × 1 = 1

$$v(S \cup \{i\}) - v(S) = S_4 - S_2 = 1 \times (5.55 - 5.63) = -0.08$$

注意，可以看到，在已经包含了 *excellent* 的句子中，*good* 的贡献是负的(为 − 0.08)：

```
4 26 r4 True This one is good and even excellent. I recommend that
everybody go
(5.55)
```

可见，多余的 *good* 并没有给这个句子增加贡献，反而带来了负的贡献。现在让我们最终求解 *good* 的 Shapley 值吧。

我们已知当 *i* = *good* 时这两个集合的相关值：

- r2 中的 *S* = {good}，*v* = 0.3
- r4 中的 *S* = {excellent}，*v* = − 0.08

最后一步是将这些值插入等式的开头：

$$\frac{1}{N!} \sum_{S \subseteq N \setminus \{i\}} v(i)$$

两个排列之和=0.3+(− 0.08)=0.22

最后，将此和 *v*(*i*) 乘以等式的第一部分，以得出 *i*=*good* 在所有排列中的边际贡献：

$$\frac{1}{N!} = \frac{1}{2} \times 0.22 = 0.11$$

good 的 Shapley 值是：

$$\varphi_i(N, v) = 0.11$$

接下来对 *excellent* 应用同样的计算方法。

2. 第二个特征 *excellent* 的 Shapley 值

如前所述，我们正在为一些特征计算 Shapley 值，对于其中的每个特征而言，排列的数量均为 1。我们只是在相同的配置中将 *good* 替换为 *excellent*：

$$|S|!\,(|N| - |S| - 1)! = 1$$

现在我们可以专注于这两种可能的排列和相关的值。

首先计算 r3 表示的排列的值(不包含 *good* 但包含 *excellent*),然后比对 r1(既不包含 *good* 也不包含 *excellent*),得出:

$$v(S \cup \{i\}) - v(S) = S_3 - S_1 = 1 \times (5.61 - 5.33) = 0.28$$

然后将 r3 的值与 r4(既包含 *good* 也包含 *excellent*)进行比对。目标是找出 *excellent* 的边际贡献:

$$v(S \cup \{i\}) - v(S) = S_4 - S_3 = 1 \times (5.55 - 5.61) = -0.06$$

注意,可以看到,在已经包含了 *good* 的句子中,*excellent* 的贡献是负的(为 - 0.06):

```
4 26 r4 True This one is good and even excellent. I recommend that
everybody go
(5.55)
```

可见,多余的 *good* 和 *excellent* 并没有给这个句子增加贡献,反而带来了负的贡献。现在让我们最终求解 *excellent* 的 Shapley 值吧。

两个排列之和=0.28+(- 0.06)=0.22

最后,将此和 *v(i)* 乘以等式的第一部分,以得出 *i=excellent* 在所有排列中的边际贡献:

$$\frac{1}{N!} = \frac{1}{2} \times 0.22 = 0.11$$

excellent 的 Shapley 值是:

$$\varphi_i(N, v) = 0.11$$

3. 验证 Shapley 值

下面验证前面计算的值是否正确。

从前面的计算可以看出,*good* 的边际贡献等于 *excellent* 的边际贡献。因此,它们对包含各自价值总和的短语的综合贡献为:

$$\varphi_i(N, v) = 0.11 \times 2 = 0.22$$

如果检查一下既不包含 *good* 也不包含 *excellent* 的短语 r1,我们将看到该模型的预测值为 5.33:

```
8 -1 r1 True I recommend that everybody go see this movie!
(5.33)
```

我们还知道,对于既包含 *good* 也包含 *excellent* 的 r4,该模型的预测值为:

```
4 26 r4 True This one is good and even excellent. I recommend that
everybody go
(5.55)
```

我们可以验证，如果 $i = good$ 且 $j = excellent$，那么当它们的总贡献加上 r1 的预测值(既不包含 $good$ 也不包含 $excellent$)，将达到 r4 = 5.55 的预测值：

$$p(r1) + \varphi_i(N, v) + \varphi_j(N, v) = 5.33 + 0.11 + 0.11 = p(r4) = 5.55$$

现在我们已经验证了计算结果。

> Shapley 值是与模型无关的。每个特征的边际贡献都可以通过输入数据和预测来计算得出。

既然我们已经知道如何计算 Shapley 值，接下来就可以开始编写 SHAP Python 程序了。

4.2 SHAP 入门

在本节中，我们将首先安装 SHAP。本节所用的 SHAP 版本包括算法和可视化部分。这两部分程序主要来自华盛顿大学 Su-In Lee 实验室(Su-In Lee's lab at the University of Washington)和微软研究院。

在安装完 SHAP 之后，我们将导入数据，拆分数据集，并构建一个针对特定特征的数据截取函数。

下面从 SHAP 的安装开始。

在 Google Colaboratory 打开 SHAP_IMDB.ipynb。在全章中，我们都将使用 SHAP_IMDB.ipynb。

4.2.1 安装 SHAP

你可以用一行代码来安装 SHAP：

```
# @title SHAP installation
!pip install shap
```

但是，如果你重启了 Colaboratory，该安装可能会丢失。所以不妨通过以下代码来验证是否安装了 SHAP：

```
# @title SHAP installation
try:
  import shap
except:
  !pip install shap
```

接下来导入我们将要使用的模块。

导入模块

以下每个模块在本项目中都有特定的用途。

- import sklearn 用于估计器和数据处理。
- from sklearn.feature_extraction.text import TfidfVectorizer 将文本格式的电影评论转换为特征向量，术语称为向量器。评论中的单词将变成词典中的 token。然后这些 token 将变成特征索引。这样，评论中的单词就有了其对应的特征索引。然后，可将转换后的评论用作估计器的输入。

  TFIDF 位于向量器之前。该模块从文本中提取特征并标注词频(TF)。该模块还评估单词在文档中的重要性，这个过程被称为逆向文件频率(IDF)。
- import numpy as np 使用其标准数组和矩阵功能。
- import random 用于数据集的随机采样。
- import shap 用于实现本 notebook 中描述的 SHAP 函数。

现在，我们可以导入数据并将数据拆分成训练和测试数据集了。

4.2.2　导入数据

我们的程序必须使用 SHAP 来判断电影的评论是正面的还是负面的。

IMDb 提供了可用于商业和非商业用途的、包含大量信息的数据集：https://www.imdb.com/interfaces/。

我们将要导入的 SHAP 数据集来自 https://github.com/slundberg/shap/blob/master/shap/datasets.py。

以下代码包含了一个检索 IMDb 情感分析训练数据的函数：

```
def imdb(display=False):
    """ Return the classic IMDB sentiment analysis training data in a
nice package.
    Full data is at: http://ai.stanford.edu/~amaas/data/sentiment/
aclImdb_v1.tar.gz
    Paper to cite when using the data is: http://www.aclweb.org/
anthology/P11-1015
    """

    with open(cache(github_data_url + "imdb_train.txt")) as f:
        data = f.readlines()
    y = np.ones(25000, dtype=np.bool)
    y[:12500] = 0
    return data, y
```

正如代码中所写的那样，使用这些数据时需要引用的论文网址为

https://www.aclweb.org/anthology/P11-1015/。

现在导入训练集及其标签。在本节中，我们将导入原始数据集，然后在本章的"截取数据集"一节中修改数据以追踪特定特征的影响。

首先导入原始的训练数据集：

```
# @title Load IMDb data
corpus, y = shap.datasets.imdb()
```

接下来截取数据集，以确保数据集包含了 XAI 所需的样本。

截取数据集

可解释 AI 对数据的清晰度是有要求的。如果我们不对 IMDb 原始数据集进行处理，它可能无法满足我们对数据清晰度的要求。应确保我们能够找到一些样本来说明本章4.1.3 节"情感分析示例"中描述的解释。

因此我们将截取数据集并插入样本，这些样本中包含我们希望分析的关键词。现实工作中为了保证数据清晰度而做的处理会比这复杂得多，这里出于教学目的对其进行了简化。

(1) 单元测试

使用单元测试[1]的目的是将我们希望分析的小示例分离出来。在企业项目中，我们经常需要仔细挑选数据，以确保关键概念得以体现。我们的单元测试将模拟这种情景，并瞄准数据集中的特定关键词。

例如，在本章中，我们将分析 *excellent* 这个词(以及其他关键词)对某部电影评论的影响(即 Shapley 值)。通过这个例子，我们将能够更详细地了解 SHAP 算法的推理。

在不使用 Ctrl+F 的前提下，尝试在以下随机样本中找到 *excellent* 一词：

```
Alan Johnson (Don Cheadle) is a successful dentist, who shares his
practice with other business partners. Alan also has an loving wife
(Jada Pinkett Smith) and he has two daughter (Camille LaChe Smith &
Imani Hakim). He also let his parents stay in his huge apartment in
New York City. But somehow, he feels that his life is somewhat empty.
One ordinary day in the city, he sees his old college roommate Charlie
Fireman (Adam Sandler). Which Alan hasn't seen Charlie in years.
When Alan tries to befriends with Charlie again. Charlie is a lonely
depressed man, who hides his true feelings from people who cares for
him. Since Charlie unexpectedly loses his family in a plane crash,
they were on one of the planes of September 11, 2001. When Alan nearly
feels comfortable with Charlie. When Alan mentions things of his past,
Charlie turns violent towards Alan or anyone who mentions his deceased
family. Now Alan tries to help Charlie and tries to make his life a
```

---

1 译者注：这里的单元测试的表现形式与现实工作中的单元测试不一样，但是其本质和精神是一样的。

little easier for himself. But Alan finds out making Charlie talking
about his true feelings is more difficult than expected.

Written and Directed by Mike Bender (Blankman, Indian Summer, The
Upside of Anger) made an wonderfully touching human drama that moments
of sadness, truth and comedy as well. Sandler offers an impressive
dramatic performance, which Sandler offers more in his dramatic role
than he did on Paul Thomas Anderson's Punch-Drunk Love. Cheadle is
excellent as usual. Pinkett Smith is fine as Alan's supportive wife,
Liv Tyler is also good as the young psychiatrist and Saffron Burrows
is quite good as the beautiful odd lonely woman, who has a wild crush
on Alan. This film was sadly an box office disappointment, despite
it had some great reviews. The cast are first-rate here, the writing
& director is wonderful and Russ T. Alsobrook's terrific Widescreen
Cinematography. The movie has great NYC locations, which the film makes
New York a beautiful city to look at in the picture.

DVD
has an sharp anamorphic Widescreen (2.35:1) transfer and an good-Dolby
Digital 5.1 Surround Sound. DVD also an jam session with Sandler &
Cheadle, an featurette, photo montage and previews. I was expecting
more for the DVD features like an audio commentary track by the
director and deleted scenes. "Reign Over Me" is certainly one of the
best films that came out this year. I am sure, this movie looked great
in the big screen. Which sadly, i haven't had a chance to see it in a
theater. But it is also the kind of movie that plays well on DVD. The
film has an good soundtrack as well and it has plenty of familiar faces
in supporting roles and bit-parts. Even the director has a bit-part as
Byran Sugarman, who's an actor himself. "Reign Over Me" is one of the
most underrated pictures of this year. It is also the best Sandler film
in my taste since "The Wedding Singer". Don't miss it. HD Widescreen.
(**** 1/2 out of *****).

如果你没有找到 *excellent* 一词，就使用 Ctrl+F 来查找。

既然你已经找到它了，你能否告诉我 *excellent* 一词对这条电影评论的情感分析有
什么影响？

铺天盖地的信息会把我们淹没，导致我们很难分析和解释 AI 的预测结果。这时候
单元测试就派上用场了。要令单元测试有效果，还需要确保单元测试的输入数据包含
了与我们要解释的情感分析场景相匹配的样本。因此，我们还需要编写一个数据截取
函数，将这些样本插进数据集里，然后创建单元测试。

(2) 数据截取函数

在本节中，我们将创建一个数据截取函数，将单元测试所需的数据插进数据集里。
截取函数从一个名为 interception 的触发器变量开始：

```python
# Interception
interception = 0 # 0 = IMDB raw data,
# 1 = data interception and simplification
```

如果将 interception 设置为 0，则该函数将被停用，程序将继续使用原始的 IMDb 数据集。如果将 interception 设置为 1，则该函数将被启用：

```
# Interception
interception = 1 # 0 = IMDB raw data,
                 # 1 = data interception and simplification
```

第二个参数 display 用于控制截取函数的显示功能：

```
display = 2 # 0 = no, 1 = display samples, 2 = sample detection
```

可将 display 设置为以下三个值。
- display = 0：停用显示功能。
- display = 1：显示训练和测试数据的前 20 个样本。
- display = 2：对指定样本进行解析，以找到可解释的 Shapley 值。

当截取函数被启用时，输入数据将被截取，然后插入以下五条评论：

```
if interception == 1:
  good1 = "I recommend that everybody go see this movie!"
  good2 = "This one is good and I recommend that everybody go see it!"
  good3 = "This one is excellent and I recommend that everybody go see
it!"
  good4 = "This one is good and even excellent. I recommend that
everybody go see it!"
  bad = "I hate the plot since it's terrible with very bad language."
```

在后面的章节中，我们将对这五条评论使用 SHAP 图和数学来解释 Shapley 值，就像本章的 4.1.3 节"情感分析示例"那样，只不过这次是用程序(而不是通过人工)求解。

在拆分语料库之前，需要找出语料库的长度：

```
x = len(corpus)
print(x)
```

我们的程序将开始截取 IMDb 的原始数据，并将它们随机替换为我们存储在五个变量中的可解释 Shapley 值评论。随机变量为 r，其值介于 1 和 2500 之间：

```
for i in range(0, x):
  r = random.randint(1,2500)
  if y[i]:
    # corpus[i] = good1
    if (r <= 500): corpus[i] = good1;
    if (r > 500 and r <= 1000): corpus[i] = good2;
    if (r > 1000 and r <= 1700): corpus[i] = good3;
```

```
      if (r > 1700 and r <= 2500): corpus[i] = good4;
    if not y[i]:
      corpus[i] = bad
```

现在，我们已经将单元测试所需的数据样本插入到数据集中了。接下来将随机显示语料库里的 10 条记录：

```
print("length", len(corpus))  # displaying samples of
                              # the training data
for i in range(0, 10):
  r = random.randint(1, len(corpus))
  print(r, y[r], corpus[r])
```

下面把数据集拆分为训练集和测试集。

如果 display=1，则显示前 20 条评论：

```
if display == 1:
  print("y_test")
  for i in range(0, 20):
    print(i, y_test[i], corpus_test[i])
  print("y_train")
  for i in range(0, 1):
    print(i, y_train[i], corpus_train[i])
```

如果 display=2，则通过基于规则的方式执行本章 4.1.3 节 "情感分析示例" 中描述的情况：

```
if display == 2:
  r1 = 0; r2 = 0; r3 = 0; r4 = 0; r5 = 0 # rules 1, 2, 3, 4, and 5

  y = len(corpus_test)
  for i in range(0, y):
    fstr = corpus_test[i]
    n0 = fstr.find("good")
    n1 = fstr.find("excellent")
    n2 = fstr.find("bad")

    if n0 < 0 and n1 < 0 and r1 == 0 and y_test[i]:
      r1 = 1 # without good and excellent
      print(i, "r1", y_test[i], corpus_test[i])

    if n0 >= 0 and n1 < 0 and r2 == 0 and y_test[i]:
      r2 = 1 # good without excellent
      print(i, "r2", y_test[i], corpus_test[i])
```

```
if n1 >= 0 and n0 < 0 and r3 == 0 and y_test[i]:
  r3 = 1 # excellent without good
  print(i, "r3", y_test[i], corpus_test[i])

if n0 >= 0 and n1 > 0 and r4 == 0 and y_test[i]:
  r4 = 1 # with good and excellent
  print(i, "r4", y_test[i], corpus_test[i])

if n2 >= 0 and r5 == 0 and not y_test[i]:
  r5 = 1 # with bad
  print(i, "r5", y_test[i], corpus_test[i])

if r1 + r2 + r3 + r4 + r5 == 5:
  break
```

以上代码将在 IMDb 数据集中找到匹配规则的示例，并打印出来。

现在我们已经确切地知道单元测试所需的数据已经存在了。

每个规则计数器在函数开始时被设置为 0：

```
if display == 2:
r1 = 0; r2 = 0; r3 = 0; r4 = 0; r5 = 0 # rules 1, 2, 3, 4, and 5
```

先获取测试数据集的长度，再开始解析评论：

```
y = len(corpus_test)
for i in range(0, y):
```

然后将当前评论存储在一个名为 fstr 的变量中：

```
fstr = corpus_test[i]
n0 = fstr.find("good")
n1 = fstr.find("excellent")
n2 = fstr.find("bad")
```

然后应用规则库：

```
if n0 < 0 and n1 < 0 and r1 == 0 and y_test[i]:
  r1 = 1 # without good and excellent
  print(i, "r1", y_test[i], corpus_test[i])

if n0 >= 0 and n1 < 0 and r2 == 0 and y_test[i]:
  r2 = 1 # good without excellent
  print(i, "r2", y_test[i], corpus_test[i])

if n1 >= 0 and n0 < 0 and r3 == 0 and y_test[i]:
  r3 = 1 # excellent without good
  print(i, "r3", y_test[i], corpus_test[i])
```

```
if n0 >= 0 and n1 > 0 and r4 == 0 and y_test[i]:
  r4 = 1 # with good and excellent
  print(i, "r4", y_test[i], corpus_test[i])

if n2 >= 0 and r5 == 0 and not y_test[i]:
  r5 = 1 # with bad
  print(i, "r5", y_test[i], corpus_test[i])
```

一旦五个规则都找到了对应的样本，解析将停止：

```
if r1 + r2 + r3 + r4 + r5 == 5:
    break
```

根据以上五个规则找到的五个样本以及相关信息也都已经显示出来了。

例如，规则 r2 的节选如下：

```
0 r2 True "Twelve Monkeys" is odd and disturbing,...
```

第一列是评论的 ID(即 0)，我们可根据这个 ID 找到对应的评论。

在本节中，如果启用了截取函数，我们将截取语料库并插入单元测试所需的数据。如果没有启用截取函数，则对原始数据集进行分析。

现在针对这两种情况，我们的数据集已经准备好进行向量化了。

4.2.3　向量化数据集

在本节中，我们将使用本章 4.2.2 节"导入数据"中介绍的 TfidfVectorizer 模块对数据集进行向量化。

提醒一下，TfidfVectorizer 模块从文本中提取特征，并记下词频 (TF)。该模块还会评估一个单词的重要性。这个过程被称为逆向文件频率(IDF)。

程序将首先创建一个向量器(vectorizer)：

```
# @title Vectorize data
vectorizer = TfidfVectorizer(min_df=10)
```

min_df=10 将过滤特征(在本例中，特征为单词)，min_df=10 表示我们将过滤词频低于 10 的单词。出现次数未超过 10 次的单词将被丢弃。

然后，对语料库训练数据集(corpus_train)和测试数据集(corpus_test)进行向量化：

```
X_train = vectorizer.fit_transform(corpus_train)
X_test = vectorizer.transform(corpus_test)
```

现在可将特征的频率值(即单词的词频)可视化了。之后，可视化由 SHAP 产生的 Shapley 值。

第一步是将单词的词频可视化。这一步的确可以在整个 IMDb 数据集上进行，但是你会被铺天盖地的信息所淹没，所以，建议你先从一个小样本开始，以了解这个过程。

先确保 interception=1，然后将程序运行到 Vectorize data 单元格。在这个单元格中，将向量器计算出来的值和特征名称打印出来：

```
# visualizing the vectorized features
feature_names = vectorizer.get_feature_names()
lf = (len(feature_names))
for fv in range(0, lf):
    print(round(vectorizer.idf_[fv], 5), feature_names[fv])
```

现在，通过截取函数创建的评论数据集已经转换为一个带有词频值的向量化词典。输出生成了有用的信息：

```
1.92905 and
1.68573 bad
2.85347 even
1.70052 everybody
2.21593 excellent
1.70052 go
2.36576 good
1.68573 hate
1.92905 is
1.10691 it
1.68573 language
3.28824 movie
1.92905 one
1.68573 plot
1.70052 recommend
1.70052 see
1.68573 since
1.68573 terrible
1.70052 that
1.68573 the
1.70052 this
1.68573 very
1.68573 with
```

可以从刚才运行的向量化函数中得出几个结论：

- 一个小样本即可提供明确并且有用的信息。

- 可以看到，*good*、*excellent*、*bad* 这些词的值比其他大多数词都要高。*movie* 也有正的贡献。这表明向量器已经识别出数据集的关键特征了。

> 训练和测试数据集是随机产生的。因此程序每次运行时，数据集中的记录以及输出值都可能会不同。

既然数据集已经向量化了，我们可以解释一些特征值了，而且可以运行线性模型了。

4.3 线性模型和逻辑回归

在本节中，我们将创建一个线性模型，对其进行训练，并显示产生的特征值。我们希望先将线性模型的输出可视化，然后探讨线性模型的理论方面。

4.3.1 创建、训练和可视化线性模型的输出

首先，使用逻辑回归创建、训练和可视化线性模型的输出：

```
# @title Linear model, logistic regression
model = sklearn.linear_model.LogisticRegression(C=0.1)
model.fit(X_train, y_train)
```

现在，程序将显示训练后的线性模型的输出。
程序先显示正值：

```
# print positive coefficients
lc = len(model.coef_[0])
for cf in range(0, lc):
  if (model.coef_[0][cf] >= 0):
    print(round(model.coef_[0][cf], 5), feature_names[cf])
```

然后，程序显示负值：

```
# print negative coefficients
for cf in range(0, lc):
  if (model.coef_[0][cf] < 0):
    print(round(model.coef_[0][cf], 5), feature_names[cf])
```

在分析模型的输出之前，先来看一下向量化之后的评论：

r1: good1="I recommend that everybody go see this movie!"
r2: good2="This one is good and I recommend that everybody go see it!"
r3: good3="This one is excellent and I recommend that everybody go see it!"

r4: good4="This one is good and even excellent. I recommend that everybody go see it!"
r5: bad="I hate the plot since it's terrible with very bad language."

记住这些评论，接下来分析线性模型是如何训练特征(单词)的。

在自然语言处理中，线性模型训练特征的另一种说法是：分析序列中的 token。本章接下来的内容将继续用术语"特征"来表示"单词"。

程序的输出将首先显示正值，然后显示负值：

```
1.28737 and
0.70628 even
1.71218 everybody
1.08344 excellent
1.71218 go
1.0073 good
1.28737 is
1.11644 movie
1.28737 one
1.71218 recommend
1.71218 see
1.71218 that
1.71218 this
-1.95518 bad
-1.95518 hate
-0.54483 it
-1.95518 language
-1.95518 plot
-1.95518 since
-1.95518 terrible
-1.95518 the
-1.95518 very
-1.95518 with
```

训练和测试数据集是随机产生的。因此程序每次运行时，数据集中的记录以及输出值都可能会不同。

现在可以看到：
- 正面评论中的特征(单词)具有正值。
- 负面评论中的特征(单词)具有负值。

我们可以直观地分析正面评论和负面评论，并对其进行分类。在下面的评论中，关键特征(单词)显然是具有负值的，并且加在一起就会产生明显的负面评论：

```
I hate(-1.9) the plot(-1.9) since it's terrible(-1.9) with very bad
(-1.9) language.
```

在下面的评论中，关键特征(单词)显然具有正值，并且加在一起就会产生明显的正面评论：

```
This one is good(1.0) and I recommend(1.7) that everybody(1.7) go
see(1.7) it!
```

可以从这些例子中得出几个结论。
- 尽管单元测试只包含很少的样本，但它们是向用户解释模型的绝佳方式。
- 尽管单元测试只包含很少的样本，但它们有助于解释模型是如何接受输入并产生输出的。
- 较大的数据集将会提供各种各样的结果，产生铺天盖地的信息，将我们淹没，所以最好先从少量样本开始。只有当团队中的每个人都能理解并认可这个模型时，分析大量样本的做法才有意义。

现在，我们对线性模型有了一个直观的了解，接下来探讨线性模型的关键理论方面。

4.3.2　定义线性模型

线性模型是一个通过特征的线性组合来进行预测的函数。在本例中，线性模型将得出一个二元结果——对于正面评论，样本结果为 True；对于负面评论，样本结果为 False。

一个线性模型可用以下等式表示，其中 $\hat{y}$ 表示预测值，x 表示一个特征，w 表示权重或系数：

$$\hat{y}(x, w) = w_0 + w_1 x_1 + \cdots + w_p x_p$$

线性模型需要优化回归方法来达到所定义的目标。

sklearn.linear_model 模块提供了几种回归方法。这里使用了逻辑回归方法。

逻辑回归非常适合我们的数据集，因为它是一个二元分类方法。这些概率是用一个逻辑函数模型模拟的结果。

逻辑函数是一个 sigmoid 函数，是将输出权重归一化的最佳方法之一。其定义如下：

$$\frac{1}{1 + e^{-x}}$$

- e 表示欧拉数，即自然常数，等于 2.71828。
- x 是我们希望归一化的值。

可通过以下方式展示逻辑回归模型：

```
print(model)
```

输出将显示逻辑回归模型的参数值：

```
LogisticRegression(C=0.1, class_weight=None, dual=False,
                   fit_intercept=True, intercept_scaling=1,
                   l1_ratio=None, max_iter=100, multi_class='auto',
                   n_jobs=None, penalty='l2', random_state=None,
                   solver='lbfgs', tol=0.0001, verbose=0,
                   warm_start=False)
```

该程序将以下参数应用于逻辑回归模型。一旦我们理解了前面所展示的线性模型函数，并且知道我们正在使用逻辑回归函数，就不需要细究模型选项了，除非我们遇到了困难。但是，不妨了解一下该模型所使用的参数，这很有趣。该程序对逻辑回归模型应用了以下参数。

- C=0.1 必须是一个正的浮点数，它是正则化强度的倒数。值越小，正则化就越强。
- class_weight=None 用于标示分类模型中的各种权重。None 表示不考虑权重。
- dual=False 是一个优化参数，与某些 solver 结合使用。
- fit_intercept=True 即选择是否将偏差(也称截距)添加到决策函数中。True 表示添加。
- intercept_scaling=1 只在 solver 选择 liblinear 且 fit_intercept 被设置为 True 时有用。
- l1_ratio=None，当不为 None 时，该参数与 penalty 一起使用，我们的模型并没有使用。
- max_iter=100，算法收敛所需的最大迭代次数。
- multi_class='auto'，在本例中，这意味着它将自动选择能令二元问题适合每个标签的选项。
- n_jobs=None，进行并行化时使用的内核数量。在本例中，None 表示只使用了一个内核，这对于本章的数据集来说已经足够了。
- penalty='l2'是在本模型中使用的'lbfgs' solver 应用的 penalty 标准。
- random_state=None，在本例中，这意味着随机数生成器的种子将使用 np.random 生成。
- solver='lbfgs'是一个能处理'l2'等 penalty 的 solver。
- tol=0.0001 是停止求解的标准，即求解到多少的时候认为已经求出最优解，并停止。
- verbose=0 是日志详细度，其值大于 0 的时候将输出日志。
- warm_start=False 表示先前的解决方案将被删除。

现在我们已经创建并训练了模型，是时候使用 SHAP 实现与模型无关的解释了。

4.3.3　使用 SHAP 实现与模型无关的解释

如本章的 4.1 节 "SHAP 简介" 所述,Shapley 值依赖于 ML 模型的输入数据和输出数据。SHAP 可以解释结果。我们研究了 Shapley 值的数学表示,发现这个过程与模型无关。

与 ML 模型无关的解释将不可避免地成为任何 AI 项目的必需环节。

SHAP 为好几种 ML 算法提供了解释器。本章将重点讨论线性模型解释器。

4.3.4　创建线性模型解释器

我们将继续在 SHAP_IMDB.ipynb 中添加函数。

先创建一个线性解释器:

```
# @title Explain linear model
explainer = shap.LinearExplainer(model, X_train,
    feature_perturbation = "interventional")
```

然后检索测试数据集的 Shapley 值:

```
shap_values = explainer.shap_values(X_test)
```

最后,必须将测试数据集转换为可用于图表功能的数组:

```
X_test_array = X_test.toarray() # we need to pass a dense version for
                                # the plotting functions
```

现在,线性解释器已经准备好了。我们可以添加图表功能了。

4.3.5　添加图表功能

在本节中,我们将在程序中添加图表功能,并解释一个评论来了解该过程。

图表功能将会显示一个表单,我们可以在该表单中选择评论 ID,然后显示一张跟该评论相关的 SHAP 图:

```
# @title Explaining reviews {display-mode: "form"}
review = 2 # @param {type: "number"}
shap.initjs()
ind = int(review)
shap.force_plot(explainer.expected_value, shap_values[ind,:],
                X_test_array[ind,:],
                feature_names=vectorizer.get_feature_names())
```

该程序只是一个原型。所以请在表单中输入比较小的整数(见图 4.1),因为每次运行程序时，测试数据集的大小都不一样，太大的整数可能会超出测试数据集的大小。

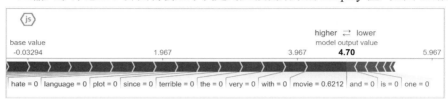

图 4.1　请在表单中输入比较小的整数

一旦输入了评论 ID，界面将会显示决定对应预测结果的 Shapley 值，如图 4.2 所示。

图 4.2　决定预测结果的 Shapley 值

在这个例子中，预测为正面评论。评论样本是：

```
I recommend that everybody go see this movie!
```

> 训练和测试数据集是随机产生的。因此每次运行程序时，数据集中的记录以及输
> 出值都有可能会不同。

左边的 Shapley 值(彩图中的红色)将预测推向右边，从而产生潜在的正面结果。在这个例子中，特征(单词)*recommend* 和 *see* 有助于得出一个正面的预测，见图 4.3。

图 4.3　序列中各个单词的 Shapley 值

右边的 Shapley 值(彩图中的蓝色)将预测推向左边，从而产生潜在的负面结果。该图还显示了一个名为 base value 的值，如图 4.4 所示。

图 4.4　显示 base value

base value 是指数据集的平均预测。

我们实现的 SHAP 图用 Shapley 值解释了结果。除此之外，我们还可从模型的输出中检索可解释信息。

4.3.6　解释模型的预测结果

SHAP 图直观地解释了模型的预测结果。除此之外，我们还可添加数字解释。

下面先检查评论是正面的还是负面的，并将其与标签一起显示：

```
# @title Review
print("Positive" if y_test[ind] else "Negative", "Review:")
print("y_test[ind]", ind, y_test[ind])
```

在这个例子中，标签和评论是：

True I **recommend** that everybody **go see** this movie!

突出显示的三个特征(单词)值得研究。接下来检索出特征名称和相应的 Shapley 值，然后显示结果：

```
print(corpus_test[ind])
feature_names = vectorizer.get_feature_names()
lfn = len(feature_names)
lfn = 10 # choose the number of samples to display from [0, lfn]
for sfn in range(0, lfn):
  if shap_values[ind][sfn] >= 0:
    print(feature_names[sfn], round(X_test_array[ind][sfn], 5))
for sfn in range(0, lfn):
  if shap_values[ind][sfn] < 0:
    print(feature_names[sfn], round(X_test_array[ind][sfn], 5))
```

输出首先显示评论的标签和评论：

```
Positive Review:
y_test[ind] 0 True
Positive Review:
y_test[ind] 2 True
I recommend that everybody go see this movie!
```

注意，lfn=10 限制了显示值的数量。输出也会根据你所选择的电影评论数而有所不同。

然后，输出将显示特征及其对应的 Shapley 值：

```
bad 0.0
everybody 0.31982
go 0.31982
hate 0.0
it 0.0
language 0.0
movie 0.62151
plot 0.0
recommend 0.31982
see 0.31982
```

可从这些解释中得出几个结论。

- 突出显示的特征对 Shapley 值有正面的边际贡献，可以解释正面的预测。
- 负面单词的 Shapley 值大多等于 0，这意味着它们不会影响预测。

在本节中，我们添加了 SHAP 图表和数字解释功能。

下面解释来自截取后数据集的评论。

1. 用 SHAP 解释截取后数据集的评论

前面我们已经实现了分析评论 Shapley 值的代码。接下来再分析两个样本——一个负面的，一个正面的。

```
False I hate the plot since it's terrible with very bad language.
True This one is excellent and I recommend that everybody go see it!
```

数据集是被随机分成训练和测试子集的，因此计算需要以新的词频和单词的重要性为基础。

首先可视化负面评论的输出。

(1) 负面评论

负面评论包含三个强烈的负面关键词，且没有任何正面特征：

```
Negative Review:
y_test[ind] 1 False
I hate the plot since it's terrible with very bad language.
```

负面特征产生负的边际贡献，将预测推向 False，即对评论的负面预测，如图 4.5 所示。

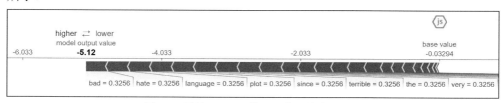

图 4.5　通过 Shapley 值显示单词的边际贡献

例如，从下面的结果可看出，*bad* 特征在负面评论中具有正的 Shapley 值，而 *excellent* 特征在这个评论中则完全没有贡献。

```
Negative Review:
y_test[ind] 1 False
I hate the plot since it's terrible with very bad language.
and 0.0
bad 0.32565
even 0.0
everybody 0.0
excellent 0.0
go 0.0
good 0.0
hate 0.32565
is 0.0
it 0.21348
language 0.32565
movie 0.0
one 0.0
plot 0.32565
recommend 0.0
see 0.0
since 0.32565
terrible 0.32565
that 0.0
the 0.32565
this 0.0
very 0.32565
with 0.32565
```

注意评论的以下三个关键特征在上面结果中的边际贡献：

Key features = {*bad, hate, terrible*}

现在观察一下这些关键特征的边际贡献在正面评论中是如何变化的。

(2)　正面评论

现在来看一个正面评论，我们知道，可通过关键特征的 Shapley 值来证明它们对预测的边际贡献：

```
This one is excellent and I recommend that everybody go see it!
```

首先，如图 4.6 所示，在这个评论中，负面特征 *bad*、*hate*、*terrible* 的边际贡献已经变为 0 了。

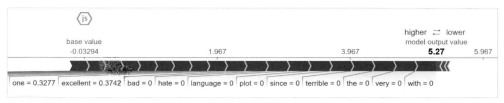

图 4.6　显示负面特征的边际贡献

然而，图 4.7 显示，正面特征的边际贡献却有所上升。

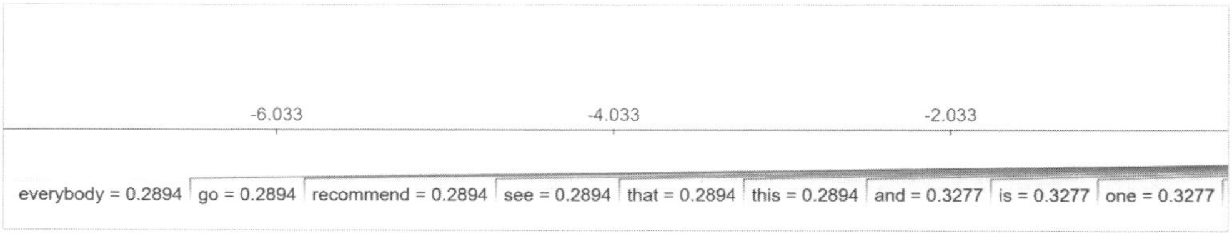

图 4.7　显示正面特征的边际贡献

可以通过突出显示本评论中边际贡献为 0 的负面特征来进一步确认这一分析是否正确：

```
Positive Review:
y_test[ind] 0 True
This one is excellent and I recommend that everybody go see it!
and 0.32749
bad 0.0
everybody 0.28932
excellent 0.37504
go 0.28932
hate 0.0
is 0.32749
language 0.0
one 0.32749
plot 0.0
recommend 0.28932
see 0.28932
since 0.0
terrible 0.0
that 0.28932
the 0.0
this 0.28932
very 0.0
with 0.0
even 0.0
good 0.0
it 0.18801
movie 0.0
```

每个特征的 Shapley 值在每条评论中都会不同,尽管它们在整个数据集有一个训练过的值。

现在我们已经对截取后数据集中的一些样本进行了解释。下面解释来自原始 IMDb 数据集的评论。

2. 使用 SHAP 解释原始 IMDb 数据集的评论

本节将解释两个来自原始 IMDb 数据集的评论。

首先,必须停用截取功能:

```
interception = 0
```

要想解释来自原始 IMDb 数据集的评论,我们还有另一个问题需要解决。

评论中的单词数量超过了我们视觉上可检测到的数量。因此,需要限制向量化器读取的数量。

现在回到向量化器中,将 min_df 的值设置为 1000,而不是 100:

```
# vectorizing
vectorizer = TfidfVectorizer(min_df=1000)
```

在这种情况下,依旧可以使用前面示例中的硬编码规则。在原始数据集中找到关键词(如 good、excellent 和 bad)的可能性其实也是非常高的。

你可以改变这些值来查找你想要分析的特征(单词)的示例。不妨用你想要分析的特征替换 good、excellent 和 bad 来探索输出。不妨以一个演员、一个导演、一个地点或任何其他信息为对象来探索可视化输出。

硬编码规则代码保持不变,不做任何更改:

```
y = len(corpus_test)
for i in range(0, y):
  fstr = corpus_test[i]
  n0 = fstr.find("good")
  n1 = fstr.find("excellent")
  n2 = fstr.find("bad")

  if n0 < 0 and n1 < 0 and r1 == 0 and y_test[i]:
    r1 = 1 # without good and excellent
    print(i, "r1", y_test[i], corpus_test[i])

  if n0 >= 0 and n1 < 0 and r2 == 0 and y_test[i]:
    r2 = 1 # good without excellent
    print(i, "r2", y_test[i], corpus_test[i])

  if n1 >= 0 and n0 < 0 and r3 == 0 and y_test[i]:
```

```
    r3 = 1 # excellent without good
    print(i, "r3", y_test[i], corpus_test[i])

 if n0 >= 0 and n1 > 0 and r4 == 0 and y_test[i]:
    r4 = 1 # with good and excellent
    print(i, "r4", y_test[i], corpus_test[i])

 if n2 >= 0 and r5 == 0 and not y_test[i]:
    r5 = 1 # with bad
    print(i, "r5", y_test[i], corpus_test[i])

 if r1 + r2 + r3 + r4 + r5 == 5:
    break
```

该程序将分离出我们可以解释的五个样本，如图 4.8 所示。

```
0 r2 True "Twelve Monkeys" is odd and disturbing

2 r1 True I finally saw this film tonight after

5 r5 False A chemical spill is turning people in

9 r4 True I first saw the trailer for Frailty on

59 r3 True I am currently on vacation in Israel
```

图 4.8　由程序分离出的五个样本

首先分析负面评论。

(1) 负面评论样本

负面评论样本包含太多的单词，多到无法在本节中展现。不过，我们可以通过分析有限的几个关键特征来解释预测，比如下面摘录中突出的那些特征：

{**Bad** acting, horribly **awful** special effects, and no budget to speak of}

如图 4.9 所示，这两个特征推动了预测值的下降。

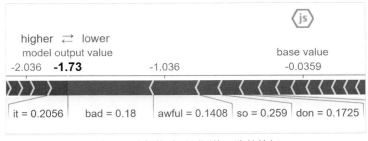

图 4.9　分析推动了预测值下降的特征

为了证实我们的解释，可以把所有特征的 Shapley 值打印出来：

```
although 0.0
always 0.0
american 0.0
an 0.06305
and 0.11407
anyone 0.0
as 0.0
awful 0.14078
back 0.0
bad 0.18
be 0.05787
beautiful 0.0
because 0.08745
become 0.0
before 0.0
beginning 0.0
best 0.0
```

也可将这种关键特征抽样方法应用于正面评论。

(2)　正面评论样本

现在分析以下两个正面评论样本的摘录：

```
{but Young Adam and Young Fenton were excellent},
{really did a good job of directing it too.}
```

我们将重点使用 *excellent* 和 *job* 这两个词来解释模型的输出，如图 4.10 所示。

图 4.10　可视化 *excellent* 的影响

这再一次证明这种关键特征抽样方法是有效的：

```
ending 0.0
enough 0.0
entire 0.0
especially 0.11172
ever 0.0
every 0.0
```

```
excellent 0.11961
face 0.0
fact 0.0
fan 0.2442
far 0.0
felt 0.0
few 0.0
…/…
idea 0.0
if 0.0
instead 0.0
interesting 0.0
into 0.0
isn 0.0
it 0.14697
itself 0.0
job 0.11715
kids 0.0
kind 0.0
least 0.0
left 0.0
less 0.0
let 0.0
```

在本节中,我们创建一个线性逻辑回归模型并对其进行训练。然后,创建一个SHAP线性模型解释器。最后,创建 SHAP 视觉解释图和数字解释输出。

4.4 本章小结

本章探讨了如何使用与模型无关的 SHapley Additive exPlanations(SHAP)方法来解释 ML 算法的输出。SHAP 提供了一种解释模型的绝佳方法,只需要分析模型的输入数据和输出预测就可以解释模型。

我们看到,SHAP 依赖于 Shapley 值来解释特征在预测中的边际贡献。我们从了解 Shapley 值的数学基础开始。然后,我们将 Shapley 值的等式应用于一个情感分析示例。之后,我们开始使用 SHAP。

我们安装了 SHAP,导入了相关模块,导入了数据集,并将数据集拆分成训练数据集和测试数据集。完成之后,我们对数据进行向量化,以运行一个线性模型。我们创建了一个 SHAP 线性模型解释器,将数据集的特征对评论的情感分析预测的边际贡献可视化。例如,一个正面评论的预测值会被正面特征的高 Shapley 值所推高。

为了简化 AI 的解释,我们使用了截取函数和单元测试。单元测试提供了清晰的示例来快速解释 ML 模型。

在截取后数据集运行了 SHAP 之后，我们在原始 IMDb 数据集上运行 SHAP，以进一步调查特征对评论的情感分析预测的边际贡献。

SHAP 为我们提供了一个很好的方法，用 Shapley 值等式来测量每个特征的贡献。在下一章"从零开始构建可解释 AI 解决方案"中，我们将使用 Facets 和 WIT 构建一个 XAI 程序。

4.5　习题

1. Shapley 值是取决于模型的。(对|错)
2. 与模型无关的 XAI 不需要输出。(对|错)
3. Shapley 值计算一个特征在预测中的边际贡献。(对|错)
4. Shapley 值能够计算出一个特征对数据集中所有记录的边际贡献。(对|错)
5. 将数据向量化意味着将数据转化为数字向量。(对|错)
6. 在对数据进行向量化处理时，我们还可计算出数据集中某个特征的频率。(对|错)
7. SHAP 仅适用于逻辑回归。(对|错)
8. 一个具有非常高 Shapley 值的特征可以改变预测的输出。(对|错)
9. 使用单元测试来解释 AI 的做法是浪费时间的。(对|错)
10. Shapley 值可以表明数据集中的一些特征被错误地阐释了。(对|错)

4.6　参考资料

本章所用程序的原始出处是：Scott Lundberg、slundberg、Microsoft Research，西雅图，华盛顿州，https://github.com/slundberg/SHAP。

算法和可视化代码来自：

- 华盛顿大学的 Su-In Lee 实验室
- 微软研究院

线性模型的参考资料：https://scikit-learn.org/stable/modules/linear_model.html。

4.7　扩展阅读

- 关于 Microsoft Azure 机器学习模型可解释的更多信息，请访问 https://docs.microsoft.com/en-us/azure/machine-learning/how-tomachine-learning-in terpetability。

- 关于微软可解释社区的更多信息，请浏览 GitHub 代码库：https://github.com/interpretml/interpret-community/。
- 关于 SHAP 的更多信息：http://papers.nips.cc/paper/7062-a-unified-approach-to-interpreting-model-predictions.pdf。
- 关于 base value 的更多信息：http://papers.nips.cc/paper/7062-a-unified-approach-to-interpreting-model-predictions.pdf。

4.8　其他出版物

- *A Unified Approach to Interpreting Model Predictions.* Scott M. Lundberg and Su-In Lee. arXiv:1705.07874 [cs.AI] (2017)
- *From Local Explanations to Global Understanding with Explainable AI for Trees.* Lundberg, Scott M., Gabriel G. Erion, Hugh Chen, Alex J. DeGrave, JordanM Prutkin, Bala G. Nair, Ronit Katz, Jonathan Himmelfarb, Nisha Bansal and Su-In Lee. Nature machine intelligence 2 1 (2020): 56-67
- *Explainable Machine-Learning Predictions for the Prevention of Hypoxaemia During Surgery.* Lundberg, Scott M. et al. Nature biomedical engineering 2 (2018):749-760

第 **5** 章

从零开始构建可解释 AI 解决方案

在本章中，我们将使用前面几章中介绍的知识和工具，运用 Python、TensorFlow、Facets 和 Google What-If Tool(WIT)从零开始构建一个可解释 AI(XAI)解决方案。

在做机器学习(ML)算法实验时，我们没有考虑现实工作中的很多因素。我们用的数据是网上现成的数据集，用的算法是云 AI 平台推荐的算法，就像我们在网上教程中看到的那样。我们不停地尝试各种 ML 算法，直到认为 ML 已经学得足够好，可以面对现实工作中的实际项目为止。

但是，这样做的话，我们只会关注技术方面的问题，因此会错过很多关键的道德伦理、法律和高级技术问题。在本章中，我们将带着一长串的 XAI 问题进入 AI 的现实世界。

在 21 世纪 10 年代，AI 代码的开发依赖于知识和人才。在 21 世纪 20 年代，AI 代码的开发必然包含 XAI 对 AI 项目的方方面面的责任。

在本章中，我们将探讨美国人口普查数据问题，以演示如何使用 Google WIT。WIT 展示了 XAI 的实力。在本章中，我们将从用户视角直观地探讨 WIT。然后我们会在第 6 章 "用 Google What-If Tool(WIT)实现 AI 的公平性" 中从技术视角研究 WIT。

我们将首先从道德伦理、法律和机器学习视角分析美国人口普查数据集。

分析完之后，我们发现，依据道德伦理和法律，必须要丢弃某些列。例如，一些欧洲国家/地区通过法津禁止人们使用某些可能会造成歧视的特征。

在使用 ML 训练美国人口普查数据集之前，我们需要先使用 Facets 观察一下数据。我们将尽可能地解释我们的道德选择并提供推理过程。最后，我们将对美国人口普查数据集进行训练，并用 WIT 解释输出结果。

本章涵盖以下主题：
- 道德伦理视角下的数据集
- 法律和机器学习视角下的数据集
- 学习如何在训练数据前通过 XAI 预测机器学习的输出结果
- 使用 Facets 解释我们的假设
- 使用 k 均值聚类算法验证我们的假设
- 使用 TensorFlow 估计器训练转换后符合道德伦理的数据集
- 通过 WIT 将 XAI 应用于测试数据的输出
- 使用 WIT 比较事实数据点和反事实数据点

我们的第一步是从道德伦理、法律和机器学习的视角来研究美国人口普查数据集。

5.1　道德伦理和法律视角

我们先按照第 1 章 "使用 Python 解释 AI" 中描述的执行功能来研究美国人口普查数据集，如图 5.1 所示。

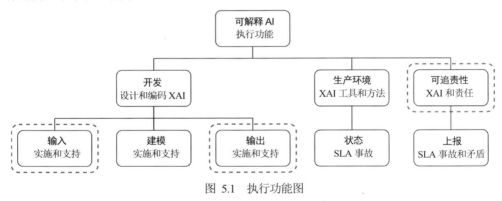

图 5.1　执行功能图

你会注意到，我们将专注于输入、输出和可追责性。AI程序的开发伴随着道德伦理和法律责任。如第2章 "AI偏差和道德方面的白盒XAI" 的开头所述，若忽视道德伦理和法律责任，公司将面临巨额罚款。每个使用AI的公司、政府机构和个人都要对根据AI算法自动做出的决策而采取的行动负责。

在本节中，为了认真对待可追责性，我们将研究程序的输入数据以及这些输入数据对输出的影响。

我们先从不同的可追责性视角来研究美国人口普查数据问题。

5.2　美国人口普查数据问题

对于美国人口普查数据问题，我们将使用美国人口的特征来预测一个人的收入是否会超过 5 万美元。

在 本 章 中，我 们 将 在 Google Colaboratory 使 用 WIT_Model_Comparison_Ethical.ipynb。

初始数据集 adult.data 是从美国人口调查局的数据库中提取的：https://web.archive. org/web/20021205224002/https://www.census.gov/DES/www/welcome.html。

数据集里的每条记录都包含一个人的特征。我们将使用这些数据来预测一个人的收入。AI 程序的目标是将人口分为收入超过 5 万美元和收入少于或等于 5 万美元的群体。

adult.names 文件包含了关于这些数据和方法的更多信息。

正如 adult.names 文件所述，ML 程序的概率达到了以下准确率：

```
Class probabilities for adult.all file
| Probability for the label '>50K': 23.93% / 24.78% (without unknowns)
| Probability for the label '<=50K' : 76.07% / 75.22% (without unknowns)
```

首先，我们将使用 pandas 显示数据。

5.2.1　使用 pandas 显示数据

打开 WIT_Model_Comparison_Ethical.ipynb notebook。

首先导入原始的美国人口普查数据集：

```
# @title The UCI Census data {display-mode: "form"}
import pandas as pd
# Set the path to the CSV containing the dataset to train on.
csv_path = 'https://archive.ics.uci.edu/ml/machine-learning-
databases/ adult/adult.data'
```

如果你在 csv_path 对应链接方面遇到问题，请在浏览器中复制该链接，将文件下载到本地，然后使用 Colab 文件管理器将其上传到 Google Colaboratory。

先在 adult.names 文件中定义列名：

```
# Set the column names for the columns in the CSV.
# If the CSV's first line is a header line containing
# the column names, then set this to None.
csv_columns = ["Age", "Workclass", "fnlwgt", "Education",
               "Education-Num", "Marital-Status", "Occupation",
               "Relationship", "Race", "Sex", "Capital-Gain",
```

```
"Capital-Loss", "Hours-per-week", "Country",
"Over-50K"]
```

然后将数据加载到 pandas DataFrame 中并显示出来：

```
# Read the dataset from the provided CSV and
# print out information about it.
df = pd.read_csv(csv_path, names=csv_columns, skipinitialspace=True)
df
```

前几列数据如图 5.2 所示。

	Age	Workclass	fnlwgt	Education	Education-Num	Marital-Status	Occupation
0	39	State-gov	77516	Bachelors	13	Never-married	Adm-clerical
1	50	Self-emp-not-inc	83311	Bachelors	13	Married-civ-spouse	Exec-managerial
2	38	Private	215646	HS-grad	9	Divorced	Handlers-cleaners
3	53	Private	234721	11th	7	Married-civ-spouse	Handlers-cleaners

图 5.2　显示数据集的前几列和前几行

其中包括图 5.3 中展示的以下几列数据。

Relationship	Race	Sex	Capital-Gain	Capital-Loss	Hours-per-week	Country	Over-50K
Not-in-family	White	Male	2174	0	40	United-States	<=50K
Husband	White	Male	0	0	13	United-States	<=50K
Not-in-family	White	Male	0	0	40	United-States	<=50K
Husband	Black	Male	0	0	40	United-States	<=50K

图 5.3　显示数据集的样本

adult.name 描述了每个特征列的可能内容，如下所示：

age: continuous
workclass: Private, Self-emp-not-inc, Self-emp-inc, Federal-gov, Localgov,State-gov, Without-pay, Never-worked
fnlwgt: continuous
education: Bachelors, Some-college, 11th, HS-grad, Prof-school, Assocacdm,Assoc-voc, 9th, 7th-8th, 12th, Masters, 1st-4th, 10th, Doctorate,5th-6th, Preschool
education-num: continuous
marital-status: Married-civ-spouse, Divorced, Never-married, Separated,Widowed, Married-spouse-absent, Married-AF-spouse
occupation: Tech-support, Craft-repair, Other-service, Sales, Execmanagerial,Prof-specialty, Handlers-cleaners, Machine-op-inspct, Adm-clerical, Farming-fishing, Transport-moving, Priv-house-serv,

```
Protective-serv, Armed-Forces
```
relationship: Wife, Own-child, Husband, Not-in-family, Other-relative,
Unmarried
race: White, Asian-Pac-Islander, Amer-Indian-Eskimo, Other, Black
sex: Female, Male
capital-gain: continuous
capital-loss: continuous
hours-per-week: continuous
native-country: United-States, Cambodia, England, Puerto-Rico, Canada,
Germany, Outlying-US(Guam-USVI-etc), India, Japan, Greece, South,
China, Cuba, Iran, Honduras, Philippines, Italy, Poland, Jamaica,
Vietnam, Mexico, Portugal, Ireland, France, Dominican-Republic, Laos,
Ecuador, Taiwan, Haiti, Columbia, Hungary, Guatemala, Nicaragua,
Scotland, Thailand, Yugoslavia, El-Salvador, Trinadad&Tobago, Peru,
Hong, Holand-Netherlands

现在，我们已经显示了数据及其内容。

下面进行一个道德实验，就像我们在第 2 章 "AI 偏差和道德方面的白盒 XAI" 中所做的那样。我们将把电车难题中的道德问题转移到美国人口普查数据问题中。在本案例中，我们面临着是否使用敏感的个人信息来做决策的道德困境。

想象一下，你正在实现一个 AI 程序，该程序将根据某人提供的数据来预测某人的期望薪水。这个 AI 程序是供那些想要根据美国人口普查数据来预测其雇员的期望薪水的公司客户使用的。你的 AI 程序可帮助客户根据某人提供的数据来预测其期望薪水是大于 5 万美元还是小于或等于 5 万美元。你会同意你的 AI 程序使用这类数据进行预测吗？

你有两个选择：

- 接受按原样使用数据集，因为这样你能够得到预测准确的结果。但是如果这个人发现了你在用他/她提供的数据来做这种事情并且影响到了他/她的收入，你可能会伤害到他/她的感情。
- 拒绝使用该数据集，因为出于道德伦理等因素，你不想用它提供的信息来做出决定。这样做的话，你可能会因为无法给客户提供准确的预测而失去这位客户，最后被你的老板解雇。

如果是你，你会怎么做？在分析美国人口普查数据问题相关内容之前，请仔细思考这个问题。

5.2.2　道德伦理视角

在上一节的末尾，你的 AI 程序面临着一个艰难的决定：究竟是按原样使用数据集中的所有特征，还是拒绝使用这些特征？

现在，你与开发人员、专家顾问、项目经理合作，一起分析数据集中可能存在偏见(bias)[1]的列。

经过一番讨论之后，你的团队得出了以下需要考虑道德伦理因素的列(如表 5.1 所示)。

表 5.1　数据集中可能涉及道德伦理因素的列

Workclass	Marital-Status	Relationship	Race	Sex	Over-50K
State-gov	Never-married	Not-in-family	White	Male	<=50K
Self-emp-not-inc	Married-civ-spouse	Husband	White	Male	<=50K
Private	Divorced	Not-in-family	White	Male	<=50K
Private	Married-civ-spouse	Husband	Black	Male	<=50K
Private	Married-civ-spouse	Wife	Black	Female	<=50K
...	...	...	...	...	...
Private	Married-civ-spouse	Wife	White	Female	<=50K
Private	Married-civ-spouse	Husband	White	Male	>50K
Private	Widowed	Unmarried	White	Female	<=50K
Private	Never-married	Own-child	White	Male	<=50K
Self-emp-inc	Married-civ-spouse	Wife	White	Female	>50K

以上这些列可能会令一些人感到震惊，在法国等一些欧洲国家/地区，此类数据是禁止使用的。我们需要从道德伦理视角来理解其中的原因。

1. 道德伦理视角

首先，我们必须意识到：AI 程序的预测结果可能会带来其他方面的影响。例如，如果一项预测结果被公布出来，它会影响一个群体对该群体中其他成员的看法。

美国人口普查数据集似乎是一个可以用来测试 AI 算法的很好的数据集。实际上，大多数使用这个数据集的人只会关注技术层面。他们运行它，然后从中受到启发，并把相关概念复制到自己的项目中。

但是，这个数据集符合道德伦理吗？

我们需要解释为什么 AI 程序需要那些有争议的列。如果你还是选择使用那些有争议的列，那么你必须解释原因。下面来分析那些有争议的列。

- **Workclass(就业状况)**：该列包含个人的雇佣类别信息，分为两大组，即私营部门和公共部门。如果某人属于私营部门，AI 程序则会告诉我们该人员是否为

---

1 译者注：bias 在英文中一语双关，既能表示"偏差"，又能表示"偏见"。

个体经营者。如果某人属于公共部门，它则会告诉我们该人员是为地方政府[1]工作还是为中央政府[2]工作。

在为 AI 程序设计数据集时，你必须思考该列是否符合道德伦理要求。如果一个人发现自己被这样分析，他会不会受到伤害？你要想好再做决定！

- **Marital-Status(婚姻状况)**：该列说明了一个人是否已婚、丧偶或离异等。你会同意以寡妇的身份出现在统计记录中以预测你的收入吗？你会同意因为你"未婚"或"离异"而影响到对你收入的预测吗？如果你的 AI 程序暴露了这些信息，它会伤害到别人吗？你能够回答这个问题吗？
- **Relationship(在家庭中的角色)**：该列说明了一个人是否为丈夫、妻子或未成家等。你是否会让你的 AI 程序告诉用户，对其收入的预测是根据其在家庭中的角色推断出来的？或者，如果一个人尚未成家，那么这个人一定挣得比规定钱数要少或多吗？你对这个问题有答案吗？
- **Race(种族)**：该列可能会使很多人感到震惊。在 2020 年，"种族"这个词本身就可能会产生很多动荡。如果你不得不声明，因为一个人拥有这样的肤色，所以这个人属于某个种族，尽管在 DNA 世界中并不存在种族这回事。肤色就是种族吗？一个人的肤色能决定他的收入吗？我们应该增加头发颜色、体重和身高等信息吗？你将如何向一个被该列冒犯的人解释 AI 程序的决策？
- **Sex(性别)**：如果使用该列，可能会引发各种各样的反应。你会接受你的 AI 程序根据一个人是男性还是女性来做出预测和潜在的决策吗？你会让你的 AI 程序根据性别这列信息做出预测吗？

上面这些有争议的列令我们感到困惑、迷茫和担忧。道德伦理视角产生了许多问题，对于这些问题，我们只有主观的答案和解释。我们不知道如何客观地解释为什么 AI 程序需要这些有争议的信息来进行预测。可以想象，研究这个问题的团队并没有对此达成共识。有些人会说，就业状况、婚姻状况、在家庭中的角色、种族和性别对预测是有用的，也有些人并不同意。

在这种情况下，我们可以考虑以下规则。

规则 1——从数据集中剔除有争议的列

这条规则似乎很简单。我们可以把有争议的列从数据集中剔除掉。

的确可以剔除有争议的列，但这样我们将面临下面两种可能性中的一种：

- 预测的准确率仍是达标的。
- 预测的准确率并不达标。

但是，无论是哪种可能性，我们都需要问自己一些道德伦理问题：

---

1 译者注：在美国，地方政府体现为州、市、郡政府。
2 译者注：在美国，中央政府体现为联邦政府。

- 为什么这些数据最初会被选入这个数据集中？
- 如果没有这些列，就不能预测出一个人的收入吗？
- 是否还有其他列可以删除？
- 还应添加哪些列？
- 是否只需要两列或三列就足以进行预测？

在参与这种 AI 项目之前，必须回答这些最基本的问题，且必须为这些问题提供 XAI，这就是本章的主要内容。

我们已经触及 Google WIT 理念的核心！在开发一个成熟的 AI 项目之前，我们需要在设计 AI 解决方案时先回答这些问题。

如果不能回答这些问题，则应该考虑规则 2。

规则 2——不要参与数据有争议的 AI 项目

这条规则清晰明了。不要参与使用了有争议数据的 AI 项目。

我们已经从道德伦理视角探讨了人口普查数据中的一些问题。下面从法律视角来研究这个问题。

2. 法律视角

首先我们要明确指出：在美国，将人口普查数据集用于人口普查目的的行为是完全合法的。

尽管这是完全合法的，但美国人在填写资料时常常会提出抗议。许多美国人拒绝填写种族信息。他们指出，"种族"的概念没有科学依据。

此外，如果你真的认为美国人口普查数据可以帮助你在招聘人员时做出选择，并把一个开源的 AI 解决方案放到网上，你最好三思！美国平等就业机会委员会(EEOC)严令禁止在招聘人员时使用美国人口普查数据中的某些列。以下列表中以粗体显示的特征是可能会引起法律诉讼的特征。美国平等就业机会委员会在他们的网站上明确解释了这一点：https://www.eeoc.gov/prohibited-employment-policiespractices。

美国法律禁止在招聘人员时使用以下信息：

- **种族**
- 肤色
- 宗教信仰
- **性别和性取向**
- 是否怀孕
- **国籍/族裔**
- **年龄是否已满 40 岁**
- 残疾

你会注意到，种族、性别、国籍和年龄的使用在某些情况下是违法的，在许多情况下是不道德的。

在其他国家/地区，你也可能会遇到与种族和族裔数据相关的法律问题。

例如，在欧盟，《种族平等指令》(Race Equality Directive，简称 RED)禁止针对种族和族裔的歧视。这点适用于许多方面，包括以下几点：

- 就业
- 社保
- 医保
- 公共住房

欧盟《一般数据保护法案》(GDPR)第 9 条禁止在许多领域使用私人信息。这点也适用于 AI 算法。因此不能处理关于下列特征的私人数据：

- 种族/族裔
- 政治立场
- 宗教信仰
- 可以识别个人身份的生物特征信息
- 个人健康信息
- 性取向

有时很难识别出哪些是公共信息，哪些是私人信息。

例如，若你的信息是在与数据集中种族特征相关的位置(即某人的位置历史)收集的，且上面没有标注名字，你可能会认为这里的位置信息是公共信息。你也许会声称，你不知道这个人的名字，而且数据集从一开始就没有这个人的名字。

但是，这条位置历史记录出现在网上一个 ML 示例的公开数据集中了，就像美国人口普查数据集一样。一名 AI 学员下载了它，并做出了以下推断。

- 能够通过位置历史信息推断出某人定期去医院，看医生或药剂师。
- 通过 GPS 坐标信息推断出某人在夜间从来不从特定位置移动到其他位置。

这名学员将其开发的这个能够推断出上述信息的 AI 程序上传到 GitHub，并描述了如何使用该程序。

在数百万从 GitHub 下载实例的开发者中，有一名开发者下载了这个程序，查找了所有在夜间保持静止的位置所在的城市地址，找到了数据集中人的地址，以及某个特定疾病专科诊所/医院的特定地址。经过一系列的操作和推断，该开发者可以找到这个人的名字，并知道这个人可能患有的疾病。该开发者十分高兴地将这段过程写成一篇帖子发到网上，并上传了这段能够将匿名信息转化为私人信息的程序。这就可能会导致严重的法律问题了。

基于道德伦理，我们从美国人口普查数据集中剔除了一些有争议的列。剔除掉这些列之后，我们还能推断出一个人的收入吗？换句话说，我们真的需要这些列才能预测出一个人的收入吗？下面从机器学习视角来回答这些问题。

5.3 机器学习视角

预测一个人的收入时实际上需要哪些特征？本节将探讨这一点。

在实现 ML 程序之前，你必须学会如何解释和预测它的输出。

首先使用 Facets Dive 显示训练数据。

5.3.1 使用 Facets Dive 显示训练数据

在本节中，我们将继续使用 WIT_Model_Comparison_Ethical.ipynb notebook。我们将从定制一个调查开始。

美国人口调查局完全有权收集他们调查所需的信息。但是我们正在进行的 ML 分析则不一定。我们的问题是：确定是否一定需要人口调查数据集里面的所有信息才能预测收入。

为了预测收入，我们希望找到这样一种方法：它不但不会违反任何法律，而且在道德伦理上是可以接受的。我们希望除了这个程序之外，其他应用程序也都能够遵守道德伦理。

下面使用 Facets Dive 进行研究。

先加载训练数据。我们将只加载此次研究所需的训练数据文件。

你可以选择使用 GitHub 或将文件上传到 Google Drive：

```
# @title Importing data <br>
# Set repository to "github"(default) to read the data
# from GitHub <br>
# Set repository to "google" to read the data
# from Google {display-mode: "form"}
import os
from google.colab import drive


# Set repository to "github" to read the data from GitHub
# Set repository to "google" to read the data from Google
repository = "github"
```

启用 repository = "github"后会触发一个 curl 函数，该函数将从 GitHub 下载训练数据：

```
if repository == "github":
    !curl -L https://raw.githubusercontent.com/PacktPublishing/
Hands-On-Explainable-AI-XAI-with-Python/master/Chapter05/adult.data
--output "adult.data"
```

```
dtrain = "/content/adult.data"
print(dtrain)
```

启用 repository = "google"后会触发一个驱动器挂载函数，该函数将从 Google Drive 读取训练数据：

```
if repository == "google":
  # Mounting the drive.If it is not mounted, a prompt
  # will provide instructions.
 drive.mount('/content/drive')
 # Setting the path for each file
 dtrain = '/content/drive/My Drive/XAI/Chapter05/adult.data'
 print(dtrain)
```

然后将数据加载进 DataFrame 并进行解析：

```
# @title Loading and parsing the data {display-mode: "form"}
import pandas as pd

features = ["Age", "Workclass", "fnlwgt", "Education",
            "Education-Num", "Marital-Status", "Occupation",
            "Relationship", "Race", "Sex", "Capital-Gain",
            "Capital-Loss", "Hours-per-week", "Country", "Over-50K"]
train_data = pd.read_csv(dtrain, names=features, sep=r'\s*,\s*',
                         engine='python', na_values="?")
```

然后使用 Facets Dive 显示数据：

```
# @title Display the Dive visualization for
# the training data {display-mode: "form"}
from IPython.core.display import display, HTML

jsonstr = train_data.to_json(orient='records')
HTML_TEMPLATE = """
        <script src="https://cdnjs.cloudflare.com/ajax/libs/
webcomponentsjs/1.3.3/webcomponents-lite.js"></script>
        <link rel="import" href="https://raw.githubusercontent.com/
PAIR-code/facets/1.0.0/facets-dist/facets-jupyter.html">
        <facets-dive id="elem" height="600"></facets-dive>
        <script>
          var data = {jsonstr};
          document.querySelector("#elem").data = data;
        </script>"""
html = HTML_TEMPLATE.format(jsonstr=jsonstr)
display(HTML(html))
```

如图 5.4 所示，Facets Dive 将使用默认选项显示数据。

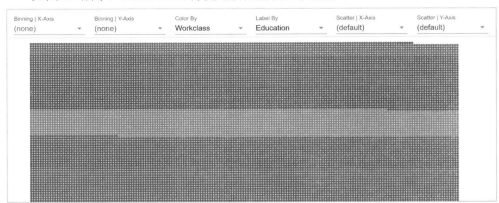

图 5.4 Facets Dive 界面

下面可以开始分析数据了。

5.3.2 使用 Facets Dive 分析训练数据

我们将把分析目标定为找出决定一个人收入水平的关键特征，并努力避免使用那些可能会冒犯使用 AI 应用程序的人的特征。

如果把无家可归者和亿万富翁排除在外，我们会发现，对于世界各地的工作人口，这个数据集的两个重要特征(年龄和受教育程度)产生了有趣的结果。

先来看看第一个特征：年龄。在 Binning | X-Axis 下拉列表中选择 Age，在 Color By 下拉列表中选择 Over-50K，如图 5.5 所示。

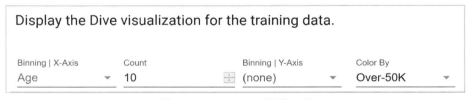

图 5.5 Facets Dive 可视化工具

结果将会按年龄段分组，每组都有两个颜色条。条形图的下半部分是蓝色的(扫描封底二维码下载彩图)，代表较低的收入值。条形图的上半部分是红色的，代表较高的收入值。

仔细观察图 5.6 所示的可视化内容。

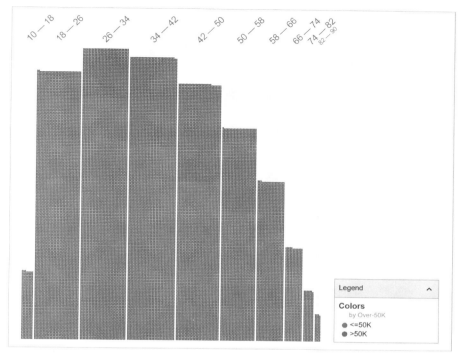

图 5.6　图表显示，随着年龄的增长，收入也会增加

上图明显呈现了以下普适性原则:

- 十几岁的人收入低于三十几岁的人。
- 七十岁以上的人很有可能退休了，比四十几岁的人收入低。
- 收入曲线从少年到中年都是递增的，达到一个峰值之后，就会随着年龄的增长而慢慢下降。

下面从 Bing|Y-Axis 下拉列表中选择 Education-Num(受教育程度)，如图 5.7 所示。

图 5.7　定义 Dive 的 y 轴

可视化内容会根据受教育程度而改变。x 轴表示年龄，按年龄段分组。y 轴表示受教育年限。例如，"12" 表示受过 12 年的教育。"15—16" 表示受过 15 至 16 年的教育(例如，博士学位)。

如图 5.8 所示，每个条形图的底部(彩图中的蓝色)表示收入低于或等于 5 万。每个条形图的顶部(彩图中的红色)表示收入高于 5 万。

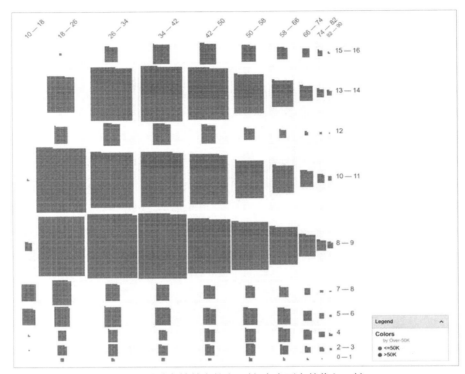

图 5.8　受过高等教育的人(y 轴)会有更高的收入(x 轴)

另外还出现了以下几条普适性规律。

- 一个人受教育程度越高，他的收入就越高。例如，在"15—16"受教育程度组中，大部分人年收入都超过 5 万美元。

- 更好的工作提供了更好的学习和发展平台。例如，在"8—9"受教育程度组中，你可以看到收入随着年龄的增长只是略有增加。但是在"13—14"受教育程度组中，由于有更好的工作机会，人员进步更快。

- 在有了几年的工作经验之后，受过高等教育的人会有更高的收入。这与其在高等教育阶段打下的基础有关。

- 受教育程度、工作经验与年龄因素叠加在一起，将带来更高的收入。那些接受过 13 至 17 年教育的人从 30 岁开始收入会显著增加，所以我们看到"13—14""15—16"受教育程度组的条形图红色部分会随着年龄增长而显著增加。

下面用一个 k 均值聚类程序来验证以上规律。

5.3.3　验证输出是否符合预期

在上一节中，我们发现了决定一个人收入的两个关键特征：年龄和受教育程度。

这两个特征并非我们试图避免的有争议的特征。

我们将从包含美国人口普查数据的 adult.data 文件中提取 age(年龄)和 education-num(受教育程度)两列,然后用这两列另外创建一个文件,并将其命名为 data_age_education.csv。该文件将包含这两个特征和原始数据文件中的相应数据:

```
age,numed
39,13
50,13
38,9
53,7
28,13
37,14
...
```

文件准备好之后,我们就可以用 ML 算法进行训练了。

1. 使用 KMC 验证结果是否符合预期

在继续使用 WIT_Model_Comparison_Ethical.ipynb notebook 之前,我们将另外建立一个单独的 Python 程序,这个程序使用 k 均值聚类(k-means clustering,简称 KMC)算法。我们的目标是将数据分为两类:收入高于 5 万,收入低于或等于 5 万。

现在打开 Chapter05\KMC 目录下的 k-means_clustering.py。

首先导入所需的模块:

```
from sklearn.cluster import KMeans # for the KMC
import pandas as pd # to load the data into DataFrames
import pickle # to save the trained KMC model and
             # load it to generate the outputs
import numpy as np # to manage arrays
```

然后读取用于分类和标注的数据文件 data_age_education.csv:

```
# I. Training the dataset
dataset = pd.read_csv('data_age_education.csv')
print(dataset.head())
print(dataset)
```

输出的第一行显示,DataFrame 包含了我们将要使用的数据:

```
     age   numed
0     39      13
1     50      13
2     38       9
3     53       7
4     28      13
...
```

然后插入 KMC 相关代码：

```
# creating the classifier
k = 2
kmeans = KMeans(n_clusters=k)
```

k = 2 定义了我们要计算的聚类数量。一个聚类是标记为 ">50K" 的记录，另一个聚类是标记为 "<=50K" 的记录。

每个聚类都是围绕着一个几何中心(即质心)构建的。质心是每个聚类中 x 个数据点的距离之和的平均值的中心。

k 均值估计器使用的变量如下：

- k 表示聚类的数量。
- u 表示每个聚类的质心。
- x 表示从 1 到 n 的每个数据点。

在一维空间中，欧几里得距离是指两个点 x 和 y 之间的距离，具体公式如下：

$$\sqrt[2]{(x-y)^2}$$

点与点之间以及点与聚类的质心之间的距离越近，该聚类的 KMC 准确率就越高。现在可将变量代入以下等式：

$$\min \sum_{k=1}^{K} \sum_{x_i \in K_k}^{n} |x - \mu_k|^2$$

Lloyd 算法[1]将使用以上类型的等式来优化聚类。

以下代码将拟合数据集并优化聚类：

```
# k-means clustering algorithm
kmeans = kmeans.fit(dataset)        # Computing k-means clustering
gcenters = kmeans.cluster_centers_  # The geometric centers or
                                    # centroids
```

训练结束后，显示质心：

```
print("The geometric centers or centroids:")
print(gcenters)
```

输出如下：

```
The geometric centers or centroids:
[[52.02343227 10.17473778]
 [29.12992991 10.01454127]]
```

---

1 译者注：Lloyd 算法又称 Forgy 或 Lloyd-Forgy 算法，是最为经典简单的 k 聚类迭代算法。

注意，在每次计算中，质心的值可能会不同。

然后保存模型：

```
# save model
filename = "kmc_model.sav"
pickle.dump(kmeans, open(filename, 'wb'))
print("model saved")
```

加载训练后的模型：

```
# II.Testing the dataset
# dataset = pd.read_csv('data.csv')
kmeans = pickle.load(open('kmc_model.sav', 'rb'))
```

然后创建一个数组来存储预测结果，并激活预测开关变量 predict：

```
# making and saving the predictions
kmcpred = np.zeros((32563, 3))
predict = 1
```

接下来，对数据集进行预测，并对记录进行标注，然后将结果保存到一个.csv 文件(即 ckmc.csv)中：

```
if predict == 1:
    for i in range(0, 32560):
        xf1 = dataset.at[i, 'age']; xf2 = dataset.at[i, 'numed'];
        X_DL = [[xf1, xf2]]
        prediction = kmeans.predict(X_DL)
    # print(i+1, "The prediction for", X_DL, " is:",
    #       str(prediction).strip('[]'))
    # print(i+1, "The prediction for", str(X_DL).strip('[]'),
    #       " is:", str(prediction).strip('[]'))
    p = str(prediction).strip('[]')
    p = int(p)
    kmcpred[i][0] = int(xf1)
    kmcpred[i][1] = int(xf2)
    kmcpred[i][2] = p
np.savetxt('ckmc.csv', kmcpred, delimiter=',', fmt='%d')
print("predictions saved")
```

这个.csv 文件将包含两个关键特征和标签，分别是 age、education-num 和二元类别 (0 或 1)：

```
39,13,1
50,13,0
38,9,1
53,7,0
```

```
28,13,1
```

然后将 ckmc.csv 文件与带有 ML 标签的美国人口普查数据样本文件 adult.data 进行比较。

2. 分析 KMC 算法的输出

在上一节中，我们生成了 ckmc.csv 文件。本节中，我们将 ckmc.csv 文件与 adult.data 文件进行比较，adult.data 是带有 ML 标签的美国人口普查数据样本文件。

为了便于分析，我们将 adult.data 文件整理成 data_analysis.xlsx 文件，并将其放在本书配套代码 Chapter05\KMC 目录下。下面是 data_analysis.xlsx 文件 adult data 标签(tab)的第一列:

Age	Workclass	fnlwgt	Education	Education-Num	Marital-Status	Occupation
37	Private	284582	Masters	14	Married-civ-spouse	Exec-managerial

可以看到 adult data 标签包含下面这列:

Relationship	Race	Sex	Capital-Gain	Capital-Loss	Hours-per-week
Wife	White	Female	0	0	40

以上几列包含了有争议的数据，我们需要分析这些数据有什么用，然后决定是否采用它们:

Relationship	Race	Sex	Capital-Gain	Capital-Loss	Hours-per-week	Country

然后将 ML 数据标签 Over-50K 以及 ckmc.csv 文件里的三列 kage、kednum、Centroid(即前面 KMC 程序的输出)插入 adult data 标签里:

Over-50K	kage	kednum	Centroid
<=50K	37	14	1
>50K	31	14	1

接下来分析两个样本并解释结果。

样本 1——按年龄 30 至 39 岁和 14 年受教育程度来筛选数据

我们将使用 excel 的筛选器对数据进行筛选，以专注于 30 到 39 岁的人群。我们还按 14 年对 Education-Num 字段进行筛选。14 年是获得硕士学位所需的时间。

先查看一下前 4 条记录，可以看到我们的 KMC 对所有记录的预测结果都是 1 (centroid)，但是其与 ML 算法的预测结果(Over-50K)并不一致:

Race	Sex	Country	Over-50K	kage	kednum	centroid
White	Female	United-States	<=50K	37	14	1
White	Female	United-States	>50K	31	14	1
White	Male	United-States	<=50K	33	14	1
White	Male	Iran	>50K	38	14	1

可以看到，即使使用无争议的特征，预测也不稳定。

Chapter05\adult.names 文件包含了对所使用的 ML 算法和错误率的描述。例如，下面的 adult.names 摘录片段包含了如下描述：

```
|    Algorithm            Error
| -- ----------------     -----
| 1  C4.5                 15.54
| 2  C4.5-auto            14.46
| 3  C4.5 rules           14.94
| 4  Voted ID3 (0.6)      15.64
| 5  Voted ID3 (0.8)      16.47
| 6  T2                   16.84
| 7  1R                   19.54
| 8  NBTree               14.10
| 9  CN2                  16.00
| 10 HOODG                14.82
| 11 FSS Naive Bayes      14.05
| 12 IDTM (Decision table) 14.46
| 13 Naive-Bayes          16.12
| 14 Nearest-neighbor (1) 21.42
| 15 Nearest-neighbor (3) 20.35
More...
```

本节将把这些算法称为 USC 算法(USC 为美国人口普查的英文单词首字母简称)。根据原始数据得出的 Over-50K 列引出了几个问题：

- 第 1 行显示 KMC 的结果为正值(即 centroid 列的值为 1)，但 USC 的结果与之不一致(即 Over-50K 列的值为<=50K)。
- Race(种族)是不是一个有歧视的特征？在本例中并不是，因为 4 条记录的 Race 特征值都是 White(白种人)。
- Workclass(就业状况)是不是一个有歧视的特征？在本例中并不是，因为前两条记录的 Workclass 特征值都是 private，但 USC 并没有得出一致的标签。
- Sex(性别)特征对预测会有影响吗？在本例中并不会，因为前两条记录的 Sex 特征值都是 Female(女性)，而其他两条记录均为 Male(男性)。
- Country(国籍/族裔)特征对预测会有影响吗？在本例中并不会，因为第 4 条记录的值是 Iran(伊朗)，但是 USC 预测其收入高于 5 万。
- Relationship(在家庭中的角色)或 Marital-Status(婚姻状况)特征在本例中是没有意义的，所以它们被忽略了。

显然，在 30 至 39 岁这个年龄组中，对于拥有硕士或以上学位的人来说，KMC 得出了一个合乎逻辑的结果。但是 USC 的结果与 KMC 的不一致。

可见，只凭年龄和受教育程度不足以进行预测。以上操作展现了一个简化的 XAI 流程：我们通过 XAI 工具获得一些信息，但是和进行其他诊断调试工作时一样，我们还需要去验证这些信息是不是真实的、全面的，以及是不是导致预测的关键信息。为了验证这些信息，我们甚至还需要写一些代码。现在我们得出结论：只凭年龄和受教育程度是不够的，我们还需要添加一些特征。但是在添加特征之前，我们先来验证一下是否需要那些有争议的特征才能进行预测。

接下来添加一个有争议的特征，比如 race(种族)。

样本 2——按年龄 30 至 39 岁、14 年受教育程度、"Race"="Black"或"Race"="White"来筛选数据

在第 13 372 和 13 378 行，我们观察到两个有趣的事情：

| Wife | Black | Female | United-States | >50K | 38 | 14 | 1 |
| Unmarried | White | Female | United-States | <=50K | 34 | 14 | 1 |

黑种人的收入高于 5 万，白种人的收入低于或等于 5 万。可见，如果使用种族这个有争议的特征，不但会违背道德伦理和法律，而且不会带来准确的预测，那么为什么我们还使用这个如此有争议的特征呢？

我们可以检查数以百计的样本，但仍然无法得出确凿的证据来证明年龄和受教育程度之外的其他有争议的特征可以提供高度准确的结果。

下面来总结一下以上分析。

3. 结论

我们总结出以下结论：

- 美国人口普查数据很好地体现了它的设计目的：用于美国的人口普查。
- 美国人口普查数据样本包含了能够显示如何使用 ML 算法完成各种任务的带标签数据。
- adult.data 文件为 XAI 提供了一个独特的数据集。

前面的 XAI 表明，只凭年龄和受教育程度这两个特征不足以预测一个人的收入。

我们称前面这种通过使用 Facets Dive 和 KMC 进行的方法为自定义的 what-if 方法。通过这种 what-if 方法，我们研究了 adult.data 文件的两个关键特征：年龄和受教育程度。结果是合乎逻辑的，没有显示出任何偏见。但是，要想获得准确率更高的预测结果，我们还需要更多的特征。

那么，什么是 what-if 呢？

谷歌发明了 what-if 这个术语并将其用于他们所开发的工具——Google What-If Tool (WIT)。这个术语描述了以下类型的操作。

(1) 如果我们把一些列去掉，会怎么样？

(2) 如果我们添加一些新的列，会怎么样？

(3) 如果我们改变一些数据，会怎么样？

(4) 其他。

可以通过修改数据来实时探索假设，然后查看其是否会改变预测。

我们从现实工作中的实际项目得知，要想更准确地预测收入，似乎还需要两个关键特征。

- 一个人所受教育和他的工作经验之间的一致性。例如，如果一个人拥有数学硕士学位，但由于某种原因从事了图书管理员工作，那么他的收入与同样拥有数学硕士学位并且从事数学相关工作的人会有很大的差异。
- 当决定是否雇佣一个人的时候，其在某一领域的成功经验年数是一个至关重要的因素。

众所周知，年龄、受教育程度、多年的成功经验以及所受教育和工作之间的一致性构成了市场价值的支柱。

> 许多文化因素以及我们的个性都会影响我们获得更高收入的成功概率，同时这些因素可能使我们为了更好的生活质量而选择更低的收入。但是这些都不是支柱。

看到这里，我们发现，关键信息(所受教育和工作之间的一致性、成功经验年数)在 adult.data 数据集中丢失了，而那些有争议的字段其实并不能真正解释预测。

除此之外，我们还可以把那些有争议的列替换为其他文化信息特征。

5.3.4　对输入数据进行转换

现在，我们将那些有争议的列替换为其他文化信息特征。这样做是因为这些字段提供了更好、更人性化的背景，可能有助于预测一个人的收入高低，而且符合目前市场的做法：忽略有关个人的歧视性信息，把重点放在完成工作所需的真正素质(包括软实力)上，其他文化信息特征就是软实力的一种体现。

原始数据包含以下列：

```
csv_columns = ["Age", "Workclass", "fnlwgt", "Education",
                "Education-Num", "Marital-Status", "Occupation",
                "Relationship", "Race", "Sex", "Capital-Gain",
                "Capital-Loss", "Hours-per-week", "Country",
                "Over-50K"]
```

转换后的数据包含以下列：

```
csv_columns = ["Age", "Purchasing", "fnlwgt", "Education",
                "Education-Num", "media", "Occupation", "transport",
                "reading", "traveling", "Capital-Gain",
                "Capital-Loss", "Hours-per-week", "Country",
                "Over-50K"]
```

以下对转换后的特征的描述，目前只是推测性的。美国人口调查局并没有提供这些特征的数据，所以我们需要从其他文化调查的随机抽样中获得数据。

然后，我们需要实现 ML 算法来查看哪些特征对收入预测有影响。如果预测不准确，那么我们还需要添加一些特征。

不妨采用下面这些新字段，这是一种不必使用有争议的信息而又能达到教学目的的绝佳方法。

- 将 Workclass 字段改为 Purchasing(购买习惯)字段：Purchasing 字段包含了购买习惯相关信息。例如，一个主要去菜市场(而不是超市)的人的行为可以作为预测收入的一个指标。可将这个 Purchasing 新字段定义为：

$$Purchasing = \{shops, markets, malls, supermarkets\}$$

- 将 Marital-Status 字段改为 Media(媒体)字段：Media 字段描述了一个人获取音乐和电影的方式。可将这个 Media 新字段定义为：

$$Media = \{DVD, live, social\_networks, television, theaters, websites\}$$

一个主要去电影院看电影的人通常比一个主要在电视上看电影的人花费更多的钱。

- 将 Relationship 字段改为 Transport(交通工具)字段：Transport 字段描述了一个人如何从一个地方到另一个地方。一个开着昂贵轿车、从不坐公交的人花费的钱会比一个步行或者坐公交的人多。可将这个 Transport 新字段定义为：

$$Transport = \{walking, running, cycling, bus, car\}$$

- 将 Race 字段改为 Reading(阅读习惯)字段：一个阅读书籍和杂志的人与一个只阅读网站的人相比，花费可能会更高。我们将这个 Reading 新字段定义为：

$$Reading = \{books, magazines, television, websites\}$$

- 将 Sex 字段改为体育活动方面的 Traveling(旅行偏好)字段：一个人可能主要喜欢运动，如冲浪、跑步、游泳和其他有组织的体育活动。另一个人可能更喜欢探索新的视野，例如在遥远的山脉或丛林中跋涉。例如，在当地游泳池游泳的费用比在遥远国家徒步旅行的费用要低。可将这个 Traveling 新字段定义为：

$$Traveling = \{action, adventures\}$$

注意，原始数据中的一些特征仍然会在这些新字段中有所体现，从而在数据集中产生一些有用的噪声。

现在，这个自定义的 what-if 方法隐藏了 adult.data 数据集中有争议的字段，我们用不会冒犯任何人的文化特征替换了它们。最重要的是，我们的文化特征在分析一个人的收入水平时看起来更有帮助。

接下来将 WIT 应用于转换后的数据集。

5.4　将 WIT 应用于转换后的数据集

前面我们已经从零开始进行了一个完整的 what-if XAI 研究。然后，我们对美国人口普查样本数据进行了转换。下面使用 Google WIT 来研究转换后的数据。

第一步是从 GitHub 加载转换后的数据集，或者你可以选择将 repository 设置为 "google"来使用 Google Drive:

```
# @title Importing data <br>
# Set repository to "github"(default) to read the data
# from GitHub <br>
# Set repository to "google" to read the data
# from Google {display-mode: "form"}
import os
from google.colab import drive

# Set repository to "github" to read the data from GitHub
# Set repository to "google" to read the data from Google
repository = "github"
if repository == "github":
  !curl -L https://raw.githubusercontent.com/PacktPublishing/Hands-
On-Explainable-AI-XAI-with-Python/master/Chapter05/adult_train.csv
--output "adult_train.csv"
  dtrain = "/content/adult_train.csv"
  print(dtrain)

if repository == "google":
  # Mounting the drive.If it is not mounted, a prompt
  # will provide instructions.
  drive.mount('/content/drive')
  # Setting the path for each file
  dtrain = '/content/drive/My Drive/XAI/Chapter05/adult_train.csv'
  print(dtrain)
```

现在注释掉旧的 csv_columns 定义，然后定义新的特征名:

```
# @title Read training dataset from CSV {display-mode: "form"}

import pandas as pd

# Set the path to the CSV containing the dataset to train on.
csv_path = dtrain
```

```
# Set the column names for the columns in the CSV.
# If the CSV's first line is a header line containing
# the column names, then set this to None.
csv_columns = ["Age", "Purchasing", "fnlwgt", "Education",
               "Education-Num", "media", "Occupation", "transport",
               "reading", "traveling", "Capital-Gain",
               "Capital-Loss", "Hours-per-week", "Country",
               "Over-50K"]
'''
csv_columns = ["Age", "Workclass", "fnlwgt", "Education",
               "Education-Num", "Marital-Status", "Occupation",
               "Relationship", "Race", "Sex", "Capital-Gain",
               "Capital-Loss", "Hours-per-week", "Country",
               "Over-50K"]
'''
```

然后显示转换后的数据:

```
# Read the dataset from the provided CSV and print out
# information about it.
df = pd.read_csv(csv_path, names=csv_columns, skipinitialspace=True)
df
```

图 5.9 展示的输出显示了转换后的数据。

	Age	Purchasing	fnlwgt	Education	Education-Num	media	Occupation
0	39	shops	77516	Bachelors	13	live	Adm-clerical
1	50	markets	83311	Bachelors	13	DVD	Exec-managerial
2	38	malls	215646	HS-grad	9	social_networks	Handlers-cleaners
3	53	malls	234721	11th	7	DVD	Handlers-cleaners
4	28	malls	338409	Bachelors	13	DVD	Prof-specialty
...	...	...	...	...	...	...	...
10353	33	malls	126414	Bachelors	13	DVD	Other-service
10354	27	malls	43652	Bachelors	13	live	Adm-clerical
10355	47	supermarkets	227244	Bachelors	13	DVD	Protective-serv
10356	29	malls	160731	HS-grad	9	DVD	Craft-repair
10357	33	malls	287878	Some-college	10	DVD	Other-service

图 5.9 转换后的数据

接下来指定标签列(label_column)，并继续沿用原始数据的标签列：

```
# @title Specify input columns and column to predict
# {display-mode: "form"}
import numpy as np

# Set the column in the dataset you wish for the model to predict
label_column = 'Over-50K'

# Make the label column numeric (0 and 1), for use in our model.
# In this case, examples with a target value of '>50K' are
# considered to be in the '1' (positive) class and all other
# examples are considered to be in the '0' (negative) class.
make_label_column_numeric(df, label_column, lambda val: val == '>50')
```

然后将文化特征插入原始数据：

```
# Set list of all columns from the dataset we will use for
# model input.
input_features = ['Age', 'Purchasing', 'Education', 'media',
                  'Occupation', 'transport', 'reading', 'traveling',
                  'Capital-Gain', 'Capital-Loss', 'Hours-per-week',
                  'Country']
```

现在，我们有了一个符合道德伦理的数据集，可以用 Google WIT 来探索了。
先创建一个包含所有输入特征的列表：

```
features_and_labels = input_features + [label_column]
```

接着将数据转换为与 TensorFlow 估计器兼容的数据集：

```
# @title Convert dataset to tf.Example protos
# {display-mode: "form"}
examples = df_to_examples(df)
```

然后运行由 Google 团队实现的线性分类器：

```
# @title Create and train the linear classifier
# {display-mode: "form"}
num_steps = 2000 # @param {type: "number"}

# Create a feature spec for the classifier
feature_spec = create_feature_spec(df, features_and_labels)

# Define and train the classifier
train_inpf = functools.partial(tfexamples_input_fn, examples,
                               feature_spec, label_column)
classifier = tf.estimator.LinearClassifier(
```

```
feature_columns=create_feature_columns(input_features,
    feature_spec))
classifier.train(train_inpf, steps=num_steps)
```

最后运行由 Google 团队实现的深度神经网络分类器(DNN)：

```
# @title Create and train the DNN classifier {display-mode: "form"}
num_steps_2 = 2000 # @param {type: "number"}

classifier2 = tf.estimator.DNNClassifier(
    feature_columns=create_feature_columns(input_features,
        feature_spec), hidden_units=[128, 64, 32])
classifier2.train(train_inpf, steps=num_steps_2)
```

第 6 章"用 Google What-If Tool (WIT)实现 AI 的公平性"将更详细地探讨 TensorFlow 的 DNN 和其他内容。

现在继续前进，使用 Facets Dive 显示训练后的数据集。

选择我们希望探索的数据点数量和工具的高度：

```
num_datapoints = 2000        # @param {type: "number"}
tool_height_in_px = 1000     # @param {type: "number"}
```

接着导入用于可视化的 witwidget 模块：

```
from witwidget.notebook.visualization import WitConfigBuilder
from witwidget.notebook.visualization import WitWidget
```

然后使用转换后的数据集来测试模型：

```
dtest = dtrain
# Load up the test dataset
test_csv_path = dtest
test_df = pd.read_csv(test_csv_path, names=csv_columns,
                    skipinitialspace=True, skiprows=1)
make_label_column_numeric(test_df, label_column,
                            lambda val: val == '>50K.')
test_examples = df_to_examples(test_df[0:num_datapoints])
```

最后，设置并显示 WIT 可视化界面：

```
config_builder = WitConfigBuilder(
    test_examples[0:num_datapoints]).set_estimator_and_feature_spec(
    classifier, feature_spec).set_compare_estimator_and_feature_spec(
    classifier2, feature_spec).set_label_vocab(
    ['Under 50K', 'Over 50K'])
a = WitWidget(config_builder, height=tool_height_in_px)
```

现在，我们已经可以通过 Facets 从用户视角探索 WIT 的结果了，如图 5.10 所示。

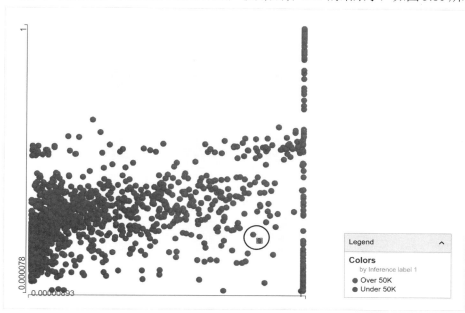

图 5.10　使用 Facets 探索 WIT 的结果

现在选择彩图蓝色区域(即收入>5 万)中的一个数据点进行分析。先来看一下这个数据点的特征，如图 5.11 所示。

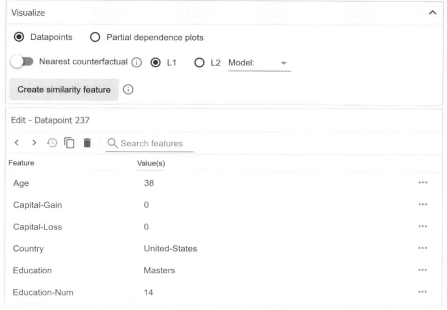

图 5.11　WIT 的特征界面

这些信息提供了一个有趣的视角。虽然我们用文化字段替换了原始数据的几个字段，但在这种情况下，对于 30 到 39 岁的人来说，高等教育会带来更高的收入。如图 5.12 所示，文化特征并没有影响这个人的预测收入水平。

图 5.12　从 WIT 看出文化特征并没有影响到预测结果

由此可知，除非我们再添加其他字段，例如在该领域的工作经验年数，或是否拥有大学学位，否则我们不能期望获得足够准确的结果。

可以在 WIT 启用 Nearest counterfactual(最近的反事实数据点)选项来证明这一点，如图 5.13 所示。

图 5.13　激活最近的反事实的选项

从图 5.14 中可以发现，在可视化模块的<=50K 区域，出现了一个新的数据点。

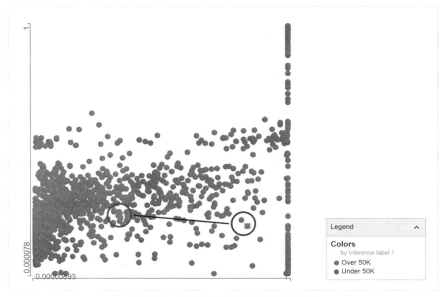

图 5.14　可视化最近的反事实数据点

看！WIT 这个出色的工具显示了一个>50K 的数据点，但这个数据点是反事实的。你可以研究数百个数据点，以找出哪些特征对一个给定的模型来说是最重要的。

那么，什么是反事实呢？

下面用一个例子来讲解反事实这个术语。

例如，平均来看，一个 30 岁的受过高等教育的人比一个 30 岁的没有受过高等教育的人挣的钱多。这是众所周知的事实。

但是，有时我们会看到一个 30 岁的没有受过高等教育的人比一个 30 岁的受过高等教育的人挣得多。我们很惊讶，因为这是反事实的。这意味着"反对"——"反对"我们面前的事实。

这就是 Google WIT 可以起作用的地方。可以通过 WIT 来查看和修改反事实数据点以进行以下分析：

(1) 可能数据有误。我们需要调查数据的可靠性。

(2) 可能数据是正确的。也许没有受过教育的人拥有数据集中没有展现的技能。也许这个人是足球冠军。也许我们应该在数据集的教育水平字段旁边添加一个字段，例如"特殊技能"。

(3) 可以继续进行许多其他的 what-if。可解释 AI 需要大量的分析，以免盲目接受结果。

在启用 Nearest counterfactual 选项之后，我们只要选择一个数据点，WIT 就会自动显示对应的反事实数据点，这样我们就可以比较这些特征了，如图 5.15 所示。

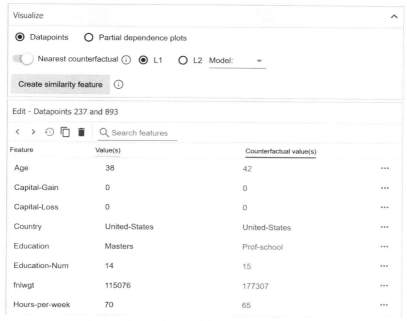

图 5.15　将数据点与反事实数据点的特征进行比较

我们观察出以下几点：

- 反事实数据点的年龄值不在我们的目标年龄段(30~39 岁)中。然而，这不合理，因为本章 5.3.2 节"使用 Facets Dive 分析训练数据"的图表显示，对于受教育程度在 14 年以上的人群，相比于 34~42 岁年龄段的群体，42~50 岁年龄段的人收入高于 5 万的比例更高。
- 他们俩的受教育程度都在 14 年以上。
- 一个人每周工作 70 个小时，另一个人每周工作 65 个小时。这并不意味着什么，因为两者只有 5 个小时的差距。没有信息表明这 5 个小时的报酬是作为加班工资支付的。我们需要更多信息才能得出更可靠的结论。
- 我们并不知道他们俩的实际收入是多少。也许这个反事实数据点代表的是一个刚好挣 5 万美元的人，所以他被归入收入低于或等于 5 万的类别中了。也许那个收入超过 5 万美元的人实际上只赚到了 5.05 万美元。尽管数据上只差了那么一点点，但却被分在了两个不同的类别里。

建议你尽可能多地花时间进行上面这种分析以提高你的 XAI 专业知识。

在本节中，我们加载了数据集，并转换和定义了新的特征，然后运行了一个线性估计器和一个 DNN。我们使用 WIT 的可视化模块显示数据点，以研究事实数据点和反事实数据点。

5.5 本章小结

本章首先探讨了 AI 项目中涉及的道德伦理问题。我们问自己，如果使用某些特征，是否会冒犯到 AI 程序的未来用户。

我们从法律视角研究了数据集中某些信息的法律问题。我们发现，信息的合法使用取决于谁来处理它，以及它是如何被收集的。例如，美国政府有权收集一个人某些特征的数据用于美国的人口普查调查。

我们发现，即使政府可以使用特定的信息，但这并不意味着私人公司可以使用这些信息。这对于许多其他应用程序来说是非法的。美国和欧洲的立法者都制定了严格的隐私法律，并予以执行。

我们构建了一个 KMC 算法，根据年龄和受教育程度进行训练。我们保存了模型并运行它来生成标签。

这种自定义的 XAI 方法表明，要想准确地预测一个人的收入水平，还需要更多的特征。

然后我们将原始数据集中有争议的特征替换成文化特征。

我们用线性分类器和 DNN 分类器在保持初始标签不变的前提下基于转换后的数据进行训练。

最后，我们使用 WIT 可视化模块显示数据。我们了解了如何使用 WIT 比对事实数据点和反事实数据点来进行分析。

在下一章"用 Google What-If Tool (WIT)实现 AI 的公平性"，我们将继续使用 WIT 实现 AI 的公平性。

5.6　习题

1. 在 AI 项目中，我们不需要考虑道德伦理，只要它是合法的就行。(对|错)
2. 用符合道德伦理的方法来解释 AI，将有助于让用户信任 AI。(对|错)
3. 我们不必检查数据集里的数据是否都合法。(对|错)
4. 使用 ML 算法来验证数据集的做法是富有成效的。(对|错)
5. Facets Dive 需要一个 ML 算法。(对|错)
6. 你可以使用 Facets Dive 预测 ML 的输出。(对|错)
7. 你可以使用 ML 来验证你的直觉预测。(对|错)
8. ML 模型中的一些特征其实是可以被抑制而不会改变预测结果的。(对|错)
9. 有些数据集提供了准确的 ML 标签，但实际结果并不准确。(对|错)
10. 你可以使用 WIT 可视化反事实数据点。(对|错)

5.7　参考资料

Google WIT 收入分类示例可在 https://pair-code.github.io/what-if-tool/index.html#demos 找到。

5.8　扩展阅读

关于 k 均值聚类的更多信息，请参阅以下链接：

https://scikit-learn.org/stable/modules/generated/sklearn.cluster.KMeans.html。

第 **6** 章

用 Google What-If Tool(WIT)
实现 AI 的公平性

Google PAIR(People+AI Research)设计了 What-If Tool(WIT)来研究 AI 模型的公平性。WIT 的使用直接引出了一个关键的道德伦理问题：我们认为什么是公平的？WIT 提供了工具来表示我们眼中的偏见，以便我们建立尽可能公平的 AI 系统。

机器学习(ML)系统的项目经理关注 AI 的准确率和公平性。在第 2 章"AI 偏差和道德方面的白盒 XAI"中，我们发现，在面对电车难题时，即使没有 AI，人们也很难做出正确决策。第 2 章中麻省理工学院的道德机器实验把我们带到了机器学习道德伦理的核心。本章的 WIT 奔着同样的目标。

PAIR 团队致力于研究以人为本的 AI 系统。以人为本的 AI 系统将使我们超越数学算法，进入另外一个崭新的人机交互世界。因此，PAIR 团队基于这种精神设计了 WIT。

本章将探讨 WIT 的人机界面和交互功能。

我们首先从道德伦理和法律视角来检查 COMPAS 数据集。

然后，我们将开始使用 WIT，导入数据集，对数据进行预处理，并创建数据结构以训练和测试深度神经网络(DNN)模型。

在训练模型之后，我们将基于我们在第 4 章"Microsoft Azure 机器学习模型的可解释与 SHAP"中开发的 Python 代码创建一个 SHapley Additive exPlanations (SHAP)解释器。我们将开始用 SHAP 图来解释模型。

最后，我们将实现 WIT 的数据点浏览器和编辑器的人机交互界面。正如第 3 章"用 Facets 解释 ML"所述，WIT 包含 Facets 功能。我们将学习如何使用 WIT 来决定什么是公平的，以及 ML 数据集和模型预测中哪些地方是有偏见的。

本章涵盖以下主题:

- 从道德伦理和法律视角检查数据集
- 使用 TensorFlow 创建 DNN 模型
- 创建 SHAP 解释器并绘制数据集的特征
- 创建 WIT 数据点浏览器和编辑器
- Facets 高级功能
- ground truth
- cost ratio(成本率)
- 公平性(Fairness)
- ROC 曲线和 AUC
- 切片(Slicing)
- PR 曲线
- 混淆矩阵

我们的第一步是从道德伦理视角检查 AI 的数据集和项目。

6.1 从道德伦理视角谈 AI 可解释性和可阐释性

Google WIT AI 公平性示例 notebook 附带了一个有偏见的数据集,这种情况其实很普遍,不足为奇。这就需要我们使用 WIT 来找出该数据集中哪些地方是不符合道德伦理的。

该数据集全称为"惩教罪犯管理概况"(Correctional Offender Management Profiling for Alternative Sanctions),简称为 COMPAS。据说,法官和假释官会基于这个数据集对某一被告再次犯罪的可能性进行评分。

在本节中,我们的任务是将该数据集转换为无偏见、符合道德伦理的数据集。在导入 COMPAS 之前,我们将从以人为本的 AI 的视角对其进行分析。

首先,我们将描述什么是道德伦理和法律视角。其次,我们将为 COMPAS 示例定义 AI 可解释性。最后,我们将通过修改数据集的特征来为模型准备一个符合道德伦理的数据集。

我们这个过程符合 Google 研究团队的精神,他们为我们设计了 WIT 来检测数据集或模型中的偏见。

但是,在使用 WIT 之前,首先让我们从道德伦理视角来看一看。

6.1.1 道德伦理视角

COMPAS 数据集包含不符合道德伦理的数据,我们将在使用该数据集之前将这些数据转换为符合道德伦理的数据。

在 Kaggle 网站上，https://www.kaggle.Com/danofer/compass 这个网页的 Context 部分指出(截至 2020 年 3 月)：算法偏向白种人被告，歧视黑种人被告。

如果你仔细阅读 Kaggle 的文章，你会注意到它提到了"白种人被告"和"黑种人囚犯"。这样的表述是不对的，正确的表述至少应该是平等的，比如"白种人被告和黑种人被告"。

其实关于肤色的所有词汇都应该被忽略，应该只提"被告"两个字。

我们刚才提到的这个问题是有法律后果的，并且与目前需要结束的深层社会紧张局势有关。

下面从法律视角解释这个问题的重要性。

6.1.2　法律视角

例如，如果你试图在欧洲使用这样的数据集，你可能会面临《一般数据保护法案》(GDPR)第 9 条所述的种族歧视或收集非法信息的指控。

> **第 9 条 对特殊类型个人数据的处理**
> 对于那些显示种族或民族背景、政治观念、宗教或哲学信仰或工会成员的个人数据、基因数据，为了特定识别自然人的生物性识别数据，以及和自然人健康、个人性生活或性取向相关的数据，应当禁止处理。[1]
> 原文来源：https://gdpr-info.eu/, https://gdpr-info.eu/art-9-gdpr/

这条法律有许多例外情况。但是，在尝试收集或使用此类数据之前，你最好先咨询一下法律专业人士。

现在，我们可以更进一步，问问自己，为什么我们需要使用 WIT、Facets 和 SHAP 来探索不符合道德伦理和带有偏见的数据集。

最直截了当的答案是，我们在解释和阐释 AI 时必须积极主动，而不是等到面临诉讼时才被动地去解释和阐释 AI。

6.1.3　解释和阐释

在许多情况下，对于 AI 来说，"解释"和"阐释"这两个词描述的是同一过程。因此，我们可以随意使用这两个词。大多数时候，我们不需要担心语义问题，只要能把工作完成即可。

但是，在本节中，这两个表达之间的区别是至关重要的。

---

1 译者注：译者并非法律专业人士，所以这里的翻译沿用了法律专业人士丁晓东的翻译。

首先，我们阐释法律，如前面的 GDPR 第 9 条所示。在法庭上，法律是先被阐释再被应用的。

一旦对法律作出阐释，法官可能必须向被告解释判决。

AI 专家最终可能要在法庭上解释为什么他的 ML 程序会以一种带有偏见和不符合道德伦理的方式来阐释数据。

为了避免这样的处境，我们将把 COMPAS 数据集转换成符合道德伦理的数据。

6.1.4 准备符合道德伦理的数据集

在本节中，我们将处理那些不符合道德伦理的列。

原始 WIT notebook 使用的 COMPAS 数据集文件名为 cox-violent-parsed_filt.csv。

我添加了后缀，将其重命名为 cox-violent-parsed_filt_transformed.csv。

我还修改了特征的名称。

我们不准备使用的原始特征名如下：

```
# input_features = ['sex_Female', 'sex_Male', 'age',
#                   'race_African-American', 'race_Caucasian',
#                   'race_Hispanic', 'race_Native American',
#                   'race_Other', 'priors_count', 'juv_fel_count',
#                   'juv_misd_count', 'juv_other_count']
```

WIT 以人为本的整套方法将引导我们从道德伦理和法律视角来思考这样一个数据集所构成的偏见。

我用收入和社会阶层方面的特征替换了将在本章 6.2.2 节 "对数据进行预处理" 创建的 input_features 数组中有争议的特征：

```
input_features = ['income_Lower', 'income_Higher', 'age',
                  'social-class_SC1', 'social-class_SC2',
                  'social-class_SC3', 'social-class_SC4',
                  'social-class_Other', 'priors_count',
                  'juv_fel_count', 'juv_misd_count',
                  'juv_other_count']
```

新的特征令数据集变得符合道德伦理，并且仍然保留了足够的信息，以使我们能够通过 SHAP、Facets 和 WIT 来分析准确率和公平性。

下面逐一分析这些新的特征。

(1) 'income_Lower'：客观地讲，一个收入较低、没有资源的人，与千万富翁相比，更容易受诱惑而去犯罪。

(2) 'income_Higher'：客观地讲，有多少收入超过 20 万美元的人会去偷汽车或者偷电视？有多少职业足球运动员、棒球运动员和网球运动员会去抢劫银行？

很明显，在世界上任何一个国家，一个较为富有的人犯重大人身攻击罪的概率往往比一个穷人低。不过，确实也有一些富人会犯罪，而几乎所有的穷人都是守法公民。

可以很容易地看出，遗传因素对犯罪概率的贡献甚微。

当法官或假释官做出决定时，被告获得和保住工作的能力比遗传因素重要得多。

当然，这只是我作为作者的见解和信念而已！其他人可能会有不同意见。这就是 WIT 的意义所在。它让我们理解人类很难就不同文化的道德伦理观点达成一致！

(3) 'age'：对于 70 岁以上的人来说，这是一个基本特征。很难想象一个 75 岁的被告会犯下交通肇事逃逸罪！

(4) 'social-class_SC1'：当涉及人身攻击罪时，我们所属的社会阶层会产生很大的影响。我之所以使用"人身攻击罪"这个术语，是为了排除白领逃税罪，它本身属于另外一个领域。

现在，特征列表中有四个社会阶层。在当前这个社会阶层("social-class_SC1")，接受教育的机会是有限或非常困难的。

据统计，这类人中几乎所有人都未犯过罪。但是，正是那些犯罪的人提供了针对这一社会阶层的统计数据。

此处不会界定这一社会阶层代表什么，因为这远远超出了本书的范围。只有社会学家才能够解释这一点。在这个 notebook 中，我留下了这个特征。在现实生活中，我会把它去掉，就像去掉'social-class_SC3'和'social-class_SC4'一样。动机很简单。所有社会阶层中的绝大多数人都是守法公民，只有极少数人才是害群之马。

这些特征并没有帮助。然而，我定义的"social-class_SC2"却有帮助。

(5) 'social-class_SC2'：从数学的角度来看，这是唯一一个会造成显著差异的社会阶层。

我把拥有有价值知识的人放在这个阶层里：所有领域的大学毕业生、受过较少正规教育但拥有对社会有用技能的人(例如，水管工和电工)。

我还加上了一些拥有坚定信念的人，他们坚信工作有回报，而犯罪没有回报。

称职、客观的法官和假释官在做决定时会评估这些因素。与任何社会阶层一样，司法系统中的大多数行为者都力求客观。而极少数的其他人则使我们回到了文化和个人偏见这个话题上。

本节提出的困难充分证明了以人为本的 XAI 是正确的！我们可以很容易地看出前面提到的"白种人被告"和"黑种人囚犯"会引起的深层社会紧张局势。生活就是一个持续不断的 MIT 道德机器实验！

(6) 'social-class_SC3'：参见'social-class_SC1'。

(7) 'social-class_SC4'：参见'social-class_SC1'。

(8) 'social-class_Other'：参见'social-class_SC1'。

(9) 计数类特征——'priors_count'、'juv_fel_count'、'juv_misd_count'、'juv_other_count'：

这些特征值得考虑。一个人的逮捕记录包含了客观的信息。如果一个 20 岁的人有 30 条犯罪记录，而另一个人只有一张违章停车罚单，那么将两者相比，可以看出一些事情。

然而，这些特征虽然提供了信息，但毕竟都是过往，我们不能因为一个人的过去就固化对一个人的印象，最重要的决定因素还是这个人当前的行为或受到的。

我们可以有把握地声称，即使有一个更符合道德伦理的数据集，因为每个人对道德伦理标准的不同观念以及文化因素，我们遇到的问题也不会比上面的少！

例如，我们现在要考虑以下几点：

- 我是否受自己的教育和文化影响而产生偏见？
- 我是对的还是错的？
- 其他人同意我的观点吗？
- 其他持有不同观点的人是否不同意我的观点？
- 无论如何，被歧视的受害者会想看到这些带有偏见的特征吗？
- 人们是否仅仅看到某些特征的名称就觉得其中会有歧视？

最后，也许你不认同我的观点，我只能说，我表达了我的疑惑，就像 WIT 希望我们进行调查一样。

你可以自由地以许多其他不同的方式来检查这个数据集！

无论如何，现在我们已经对数据集进行了改造，可以进入本章的程序部分了。

现在开始使用 WIT 吧。

6.2 WIT 入门

在本节中，我们将安装 WIT，导入数据集，对数据进行预处理，创建数据结构以训练和测试模型。

在 Google Colaboratory 打开 WIT_SHAP_COMPAS_DR.ipynb，该文件包含了本章所需的所有程序。

必须首先检查我们运行时的 TensorFlow 版本。Google Colaboratory 安装了 TensorFlow 1.x 和 TensorFlow 2.x，还提供了使用 TensorFlow 1.x 或 TensorFlow 2.x 的示例 notebook。本例中的 notebook 需要使用 TensorFlow 2.x。

Google Colaboratory 还为 TensorFlow 1.x 提供了几行代码，以及一个链接，我们可以通过这个链接进一步了解 Google Colaboratory 对 TensorFlow 版本的灵活性：

```
# https://colab.research.google.com/notebooks/tensorflow_
version.ipynb
# tf1 and tf2 management
# Restart runtime using 'Runtime' -> 'Restart runtime...'
```

```
%tensorflow_version 1.x
import tensorflow as tf
print(tf.__version__)
```

在本例中，这个 notebook 的第一个单元格如下：

```
import tensorflow
print(tensorflow.__version__)
```

输出如下：

```
2.2.0
```

可以使用一行代码来安装 SHAP 和 WIT：

```
# @title Install What-If Tool widget and SHAP library
!pip install --upgrade --quiet witwidget shap
```

现在导入 WIT_SHAP_COMPAS_DR.ipynb 所需的模块：

```
# @title Importing data <br>
# Set repository to "github"(default) to read the data
# from GitHub <br>
# Set repository to "google" to read the data
# from Google {display-mode: "form"}
import pandas as pd
import numpy as np
import tensorflow as tf
import witwidget
import os
from google.colab import drive
import pickle

from tensorflow.keras.layers import Dense
from tensorflow.keras.models import Sequential

from sklearn.utils import shuffle
```

现在导入数据集。

6.2.1　导入数据集

你可以从 GitHub 或 Google Drive 中导入数据集。

将 WIT_SHAP_COMPAS_DR.ipynb 文件中的 repository 变量设置为"github"：

```
# Set repository to "github" to read the data from GitHub
# Set repository to "google" to read the data from Google
```

```
repository = "github"
```

将从 GitHub 检索数据集文件：

```
if repository == "github":
  !curl -L https://raw.githubusercontent.com/PacktPublishing/Hands-On-
Explainable-AI-XAI-with-Python/master/Chapter06/cox-violent-parsed_
filt_transformed.csv--output"cox-violent-parsed_filt_transformed.csv"

# Setting the path for each file
df2 = "/content/cox-violent-parsed_filt_transformed.csv"
print(df2)
```

不过，你也可以选择从 GitHub 下载 cox-violent-parsed_filt_transformed.csv，然后将其上传到你的 Google Drive。

在这种情况下，则将 repository 变量设置为"google"：

```
if repository == "google":
  # Mounting the drive. If it is not mounted, a prompt will
  # provide instructions
  drive.mount('/content/drive')
```

你也可以选择你自己的目录名和路径，例如：

```
 # Setting the path for each file
 df2='/content/drive/My Drive/XAI/Chapter06/cox-violent-parsed_filt_
transformed.csv'
 print(df2)
```

```
df = pd.read_csv(df2)
```

下一步是对数据进行预处理。

6.2.2 对数据进行预处理

在本节中，我们将在训练模型之前对数据进行预处理。我们将首先过滤那些没有包含有用信息的数据：

```
# Preprocess the data
# Filter out entries with no indication of recidivism or
# no compass score
df = df[df['is_recid'] != -1]
df = df[df['decile_score'] != -1]
```

现在重命名主要目标特征'is_recid' (是否累犯)：

```
# Rename recidivism column
df['recidivism_within_2_years'] = df['is_recid']
```

然后为'COMPASS_determination'特征创建一个数字二进制值：

```
# Make the COMPASS label column numeric (0 and 1),
# for use in our model
df['COMPASS_determination'] = np.where(df['score_text'] == 'Low',
                                        0, 1)
```

接下来将 income 和 social-class 这两列离散化：

```
df = pd.get_dummies(df, columns=['income', 'social-class'])
```

之后将应用本章 6.1.4 节"准备符合道德伦理的数据集"中所描述的转换。
我们将忽略之前的列：

```
# Get list of all columns from the dataset we will use
# for model input or output.
# input_features = ['sex_Female', 'sex_Male', 'age',
#                    'race_African-American', 'race_Caucasian',
#                    'race_Hispanic', 'race_Native American',
#                    'race_Other', 'priors_count', 'juv_fel_count',
#                    'juv_misd_count', 'juv_other_count']
```

然后插入经过转换的符合道德伦理的特征以及两个目标标签：

```
input_features = ['income_Lower', 'income_Higher', 'age',
                  'social-class_SC1', 'social-class_SC2',
                  'social-class_SC3', 'social-class_SC4',
                  'social-class_Other', 'priors_count',
                  'juv_fel_count', 'juv_misd_count',
                  'juv_other_count']
to_keep = input_features + ['recidivism_within_2_years',
                            'COMPASS_determination']
```

to_keep 包含特征和两个标签。'COMPASS_determination'就是训练标签。我们将使
用'recidivism_within_2_years'来测量模型的性能。

现在，我们将完成预处理阶段的最后部分：

```
to_remove = [col for col in df.columns if col not in to_keep]
df = df.drop(columns=to_remove)
input_columns = df.columns.tolist()
labels = df['COMPASS_determination']
```

先查看一下数据集的前几行：

```
df.head()
```

如图 6.1 所示，输出将以结构化的方式显示。

	age	juv_fel_count	juv_misd_count	juv_other_count	priors_count
0	69	0	0	0	0
1	69	0	0	0	0
3	34	0	0	0	0
4	24	0	0	1	4
5	24	0	0	1	4

图 6.1　数据集和样本数据的字段

接下来创建数据结构以训练和测试模型。

6.2.3　创建数据结构以训练和测试模型

在本节中，我们将创建数据结构以训练和测试模型。

首先丢弃训练标签 'COMPASS_determination' 和测量标签 'recidivism_within_2_years'：

```
df_for_training = df.drop(columns=['COMPASS_determination',
                                   'recidivism_within_2_years'])
```

然后创建训练数据和测试数据的结构：

```
train_size = int(len(df_for_training) * 0.8)
train_data = df_for_training[:train_size]
train_labels = labels[:train_size]
test_data_with_labels = df[train_size:]
```

现在我们已经转换和加载了数据，对数据进行了预处理，并创建了数据结构以训练和测试模型。

接下来创建 DNN 模型。

6.3　创建 DNN 模型

在本节中，我们将使用 Keras 序列模型创建一个深度神经网络(DNN)。本 notebook 的 WIT 示例的范围是通过模型的输入数据和输出来解释模型的行为。不过，我们现在先简要介绍一下将在本节中创建的 DNN 模型。

在 DNN 中，一层的所有神经元都与上一层的所有神经元相连，如图 6.2 所示。

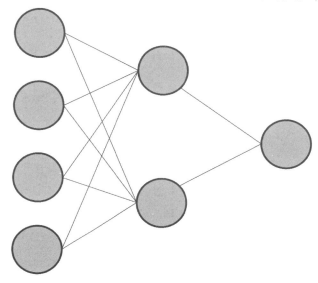

图 6.2　DNN 的层与神经元

该图显示：第一层包含四个神经元，第二层包含两个神经元，最后一层用一个神经元产生一个值为 0 或 1 的二进制结果。

每一层中的每个神经元都将与上一层的所有神经元相连。

在这个模型中，每一层包含的神经元都比前一层少，最终会通向一个神经元，这个神经元将产生一个值为 0 或 1 的输出结果来进行预测。

现在创建并编译模型：

```
# Create the model
# This is the size of the array we'll be feeding into our model
# for each example
input_size = len(train_data.iloc[0])

model = Sequential()
model.add(Dense(200, input_shape=(input_size,), activation='relu'))
model.add(Dense(50, activation='relu'))
model.add(Dense(25, activation='relu'))
model.add(Dense(1, activation='sigmoid'))
```

我们看到，尽管每一层的所有神经元都与上一层的所有神经元相连，但每一层的神经元数量却在减少：从 200 个减少到 50 个、25 个，然后是 1，即二进制输出。

序列模型的神经元通过两种方法激活：

- activation='relu': 对于一个神经元 x,线性整流函数(Rectified Linear Unit,简写 ReLU,又称修正线性单元)将返回以下内容:

$$f(x) = \max(0, x)$$

- activation='sigmoid': 对于一个神经元 x,sigmoid 逻辑函数将返回以下内容:

$$f(x) = \frac{1}{1 + e^{-x}}$$

然后显示模型的摘要:

```
model.summary()
```

如图 6.3 所示,输出可以帮助你确认模型的架构。

Model: "sequential"

Layer (type)	Output Shape	Param #
dense (Dense)	(None, 200)	2600
dense_1 (Dense)	(None, 50)	10050
dense_2 (Dense)	(None, 25)	1275
dense_3 (Dense)	(None, 1)	26

Total params: 13,951
Trainable params: 13,951
Non-trainable params: 0

图 6.3　神经网络模型的架构

该模型需要一个损失函数和优化器。损失函数计算模型的预测和实际结果之间的距离。优化器用于找到在每次迭代中改变权重和偏差的最佳方法:

```
model.compile(loss='mean_squared_error', optimizer='adam')
```

- 'loss': 这里的值 mean_squared_error 损失函数是指均方回归损失函数。它计算 $\hat{y}_i$ 和 y_i 样本的预测值之间的距离。优化器将使用这个值来修改层的权重。这个迭代过程会一直持续下去,直到模型足够准确为止。
- 'optimizer': adam 是一个随机的优化器,可使用自适应估计自动调整以更新参数。

本节简要介绍了 DNN 估计器。重申一遍,本 notebook 中的 WIT 方法的主要目标是根据输入数据和输出数据来解释模型的预测。

现在，模型已经编译完成，我们可以开始训练模型了。

训练模型

在本节中，我们将训练模型并讲解模型的参数。

该模型使用以下参数对数据进行训练：

```
# Train the model
model.fit(train_data.values, train_labels.values, epochs=4,
        batch_size=32, validation_split=0.1)
```

- train_data.values 是指输入数据，即训练数据。
- train_labels.values 是指训练标签。
- epochs=4 将激活 4 次优化过程。经过这么多次的优化，损失应该会减少，或者至少仍旧充足和稳定。
- batch_size=32 是指每次梯度下降时包含的样本数。
- validation_split=0.1 将训练集中一定比例的数据指定为验证集。

现在，我们已经使用数据训练了 Keras 序列模型。在运行 WIT 之前，我们将创建一个 SHAP 解释器，以便用 SHAP 图阐释该模型的预测。

6.4　创建 SHAP 解释器

在本节中，我们将创建一个 SHAP 解释器。

第 4 章 "Microsoft Azure 机器学习模型的可解释性与 SHAP" 详细描述了 SHAP。如果你愿意，你可以先复习那一章再继续学习。

将训练数据的一个子集传递给解释器：

```
# Create a SHAP explainer by passing a subset of our training data
import shap
sample_size = 500
if sample_size > len(train_data.values):
  sample_size = len(train_data.values)
explainer = shap.DeepExplainer(model,
    train_data.values[:sample_size])
```

下面生成 Shapley 值的图。

Shapley 值的图

如第 4 章 "Microsoft Azure 机器学习模型的可解释与 SHAP" 所述，Shapley 值可

以测量特征对 ML 模型输出的边际贡献。我们还创建了一张 SHAP 图。

与第 4 章一样，我们将检索数据集的 Shapley 值并创建图：

```
# Explain the SHAP values for the whole dataset
# to test the SHAP explainer.
shap_values = explainer.shap_values(train_data.values[:sample_size])
# shap_values
shap.initjs()
shap.force_plot(explainer.expected_value[0].numpy(), shap_values[0],
                train_data, link="logit")
```

现在我们可以分析 SHAP 图中显示的模型输出了。

6.5 模型输出与 SHAP 值

在本节中，我们将开始研究 AI 的公平性，这个研究将使我们准备好使用 WIT。
如图 6.4 所示，SHAP 图默认按相似度分组。

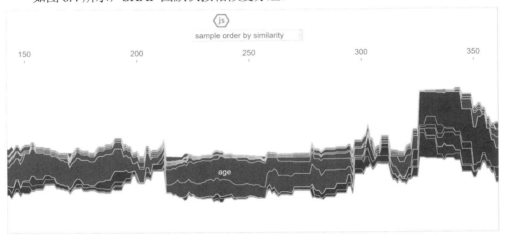

图 6.4 SHAP 图

你可以在图顶部的 sample order by similarity 下拉列表中选择不同的特征来改变该
图。例如，选择 social-class_SC2，见图 6.5。

图的最左侧有一个下拉列表，这个下拉列表很细小，所以你要细心寻找才能找到
它，然后点开这个下拉列表，选择你想要的选项作为 y 轴。例如，选择 model output
value[1]，如图 6.6 所示。

---

1 译者注：这个工具的改进速度很快，在译稿交稿时，model output value 已经改名为 $f(x)$。

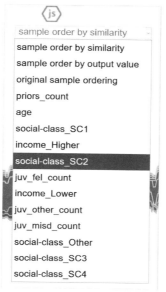

图 6.5　从特征列表中选择 social-class_SC2

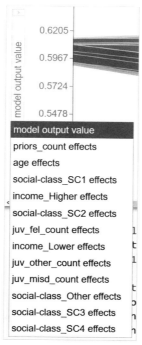

图 6.6　从特征列表中选择 model output value

　　在本章的 6.1.4 节"准备符合道德伦理的数据集"中，social-class_SC2 的值表示一个人(被告)的教育水平。受教育程度很高的人犯下人身攻击罪的概率较低。

如果我们选择 model output value，则该图将显示模型对累犯概率值的预测。

如图 6.7 所示，在这个场景中，正值在减少(在彩图中显示为红色)，而负值在增加(在彩图中显示为蓝色)，这点验证了我们前面的假设——受教育程度很高的人犯下人身攻击罪的概率较低。

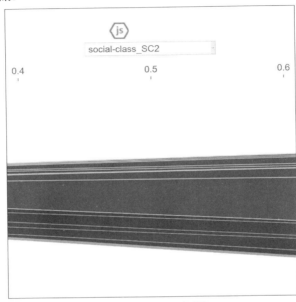

图 6.7　SHAP 预测图

如图 6.8 所示，如果你把特征改为 juv_fel_count，你会发现这个特征会令正值增加(在彩图中显示为红色)。

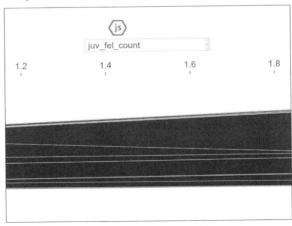

图 6.8　juv_fel_count 图

这些示例只是出于教学目的的模拟，与现实生活不一定相符，所以请读者朋友们注意这一点，不要对现实生活中的相关人群产生偏见[1]。然而，研究 WIT 时，我们要牢记这些知识点。

下面先创建 WIT 数据点浏览器和编辑器。

6.6 WIT 数据点浏览器和编辑器

在本节中，我们将创建数据点编辑器。然后，使用以下工具来解释模型的预测。

- Datapoint editor：一个用于编辑数据点并解释预测的界面。
- Performance & Fairness：一套用来测量预测的准确率和公平性的强有力的工具。
- Features：一个用于可视化特征统计的界面。

下面先创建 WIT 并添加 SHAP 解释器。

6.6.1 创建 WIT

在本节中，我们将创建和配置 WIT。

首先需要选择可视化和浏览的数据点数量：

```
# @title Show model results and SHAP values in WIT
from witwidget.notebook.visualization import WitWidget,
WitConfigBuilder
num_datapoints = 1000 # @param {type: "number"}
```

然后从数据中去掉标签，以便模型分析特征对模型的贡献：

```
# Column indices to strip out from data from WIT before
# passing it to the model!.
columns_not_for_model_input = [
    test_data_with_labels.columns.get_loc(
        "recidivism_within_2_years"),
    test_data_with_labels.columns.get_loc("COMPASS_determination")
]
```

以下代码创建函数并检索模型的预测值和相关的 Shapley 值：

```
# Return model predictions and SHAP values for each inference.
def custom_predict_with_shap(examples_to_infer):
  # Delete columns not used by model
  model_inputs = np.delete(np.array(examples_to_infer),
                           columns_not_for_model_input,
                           axis=1).tolist()
```

---

[1] 译者注：这也解释了为什么作者没有详细介绍 juv_fel_count 以及类似特征，请读者自行研究和体会这些特征的含义。

```
# Get the class predictions from the model.
preds = model.predict(model_inputs)
preds = [[1 - pred[0], pred[0]] for pred in preds]


# Get the SHAP values from the explainer and create a map
# of feature name to SHAP value for each example passed to
# the model.
shap_output = explainer.shap_values(np.array(model_inputs))[0]
attributions = []
for shap in shap_output:
  attrs = {}
  for i, col in enumerate(df_for_training.columns):
    attrs[col] = shap[i]
  attributions.append(attrs)
ret = {'predictions': preds, 'attributions': attributions}
return ret
```

最后，我们选择 WIT 中的 SHAP 示例，构建 WIT 交互式界面，并显示 WIT：

```
examples_for_shap_wit = test_data_with_labels.values.tolist()
column_names = test_data_with_labels.columns.tolist()

config_builder = WitConfigBuilder(
    examples_for_shap_wit[:num_datapoints],
    feature_names=column_names).set_custom_predict_fn(
        custom_predict_with_shap).set_target_feature(
            'recidivism_within_2_years')

ww = WitWidget(config_builder, height=800)
```

我们已经创建了 WIT 并添加了 SHAP。运行了这些代码之后，我们将会看到三个 Tab：Datapoint editor(数据点编辑器)、Performance & Fairness(性能和公平性)和 Features(特征)。

接下来使用数据点编辑器来探索数据点。

6.6.2 数据点编辑器

数据点编辑器将预测结果的数据点、数据集的标签以及 WIT 标签同时显示，见图 6.9。

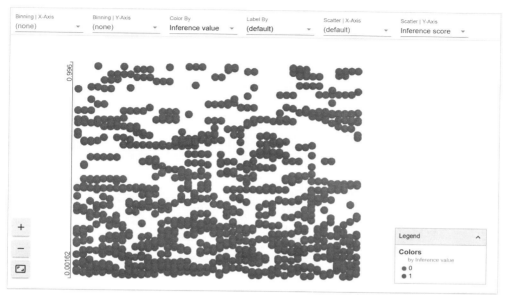

图 6.9　数据点编辑器

第 3 章 "用 Facets 解释 ML" 已经介绍了数据点编辑器的功能。WIT 依靠 Facets 来实现这一交互式界面。如果有必要，请花点时间复习第 3 章以获取更多信息。

在本节中，我们将重点讨论第 4 章 "Microsoft Azure 机器学习模型的可解释与 SHAP" 所描述的特征 Shapley 值。如果有必要，请花点时间复习第 4 章中的 SHAP 数学解释和 Python 实现示例。

要想查看一个数据点的 Shapley 值，首先单击一个负的预测值(在彩图中显示为蓝色)，如图 6.10 所示。

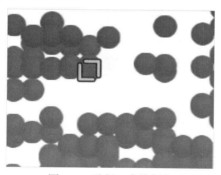

图 6.10　选择一个数据点

屏幕的左侧将以图 6.11 所示的格式显示你所选数据点的特征。

Feature	Value(s)	Attribution value(s)
priors_count	7	0.2726
income_Higher	1	0.0955
social-class_SC2	1	0.0347
social-class_Other	0	0.0074
social-class_SC4	0	0
social-class_SC3	0	-0.0004
juv_misd_count	0	-0.0066
juv_other_count	0	-0.008
juv_fel_count	0	-0.0115

图 6.11　数据点的 Shapley 值

Attribution value(s)一列包含了每个特征的 Shapley 值。一个特征的 Shapley 值代表了它对模型预测的边际贡献。在本例中，基于本章 6.1.4 节"准备符合道德伦理数据集"中所描述的 ground truth——受教育程度很高的人犯下人身攻击罪的概率较低，我们对 income_Higher 和 social-class_SC2(受教育程度较高)这两个特征对预测的贡献已经心中有数了。

那么，什么是 ground truth 呢？

关于什么是 ground truth，业界并没有一个统一的答案。本书出于教学目的对此进行了简化，因此你在本书中可以将 ground truth 理解为正确答案、标准答案或基本事实。你可以这么理解，若将 ML 模型的预测比作一道考题，"受教育程度很高的人犯下人身攻击罪的概率较低"就是这道考题的正确答案，如果分析发现 ML 模型的预测与这个正确答案不符，则 ML 模型存在问题的概率非常高。

不妨通过向下滚动查看数据点的标签来验证这一点，如图 6.12 所示。

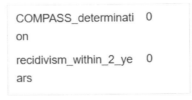

COMPASS_determination	0
recidivism_within_2_years	0

图 6.12　预测结果的标签

预测结果符合我们前面所提到的 ground truth——受教育程度很高的人犯下人身攻击罪的概率较低，看起来预测是正确的。

　　然而，我们从一开始就知道这个数据集是有偏见的，因此启用 Nearest counterfactual 找到反事实数据点并进行更进一步的分析，见图 6.13。

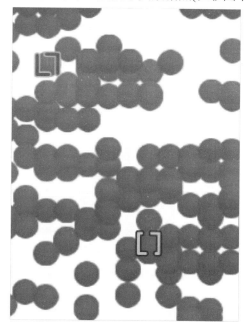

图 6.13　激活 Nearest counterfactual

　　如图 6.14 所示，结果将显示最近的反事实数据点(在彩图中显示为红色)。

图 6.14　显示最近的反事实数据点

　　在本场景中，这是一个假阳性(误判)。我们决定使用 what-if 方法来研究这个场景。
　　首先，想象一下，回到本节开头，我们发现在正值区(预测该人可能会再次犯罪)内，social-class_SC2 (受教育程度较高)和 income_Lower 都为 True 的数据点，如图 6.15 所示。

age
22
0.2266
social-class_SC2
1
0.0669
income_Lower
1
0.0174
social-class_Other
0
0.0077
social-class_SC4
0
0

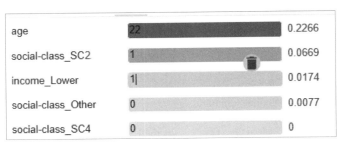

图 6.15 特征的 Shapley 值

income_Lower 的 Shapley 值比较高。现在把 income_Lower 设置为 0(见图 6.16)。

income_Lower
0

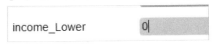

图 6.16 编辑数据点

你会马上看到预测结果变负值(即不会再次犯罪)了。

你可以通过同样的方法来尝试更改其他数据点的值，从而培养出这种可视化和解释模型的思维方式。

下面探索每个特征的统计数据。

6.6.3 特征

如果单击 Features，你可能会发现似曾相识的内容(见图 6.17)。

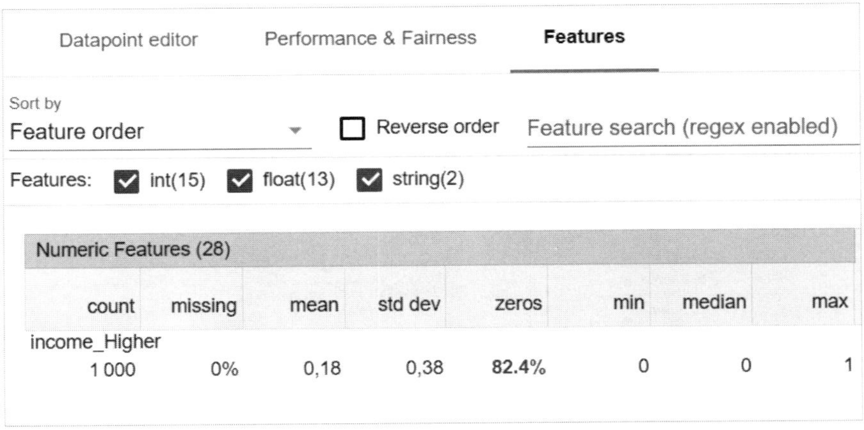

Datapoint editor
Performance & Fairness
Features
Sort by
Feature order
Reverse order
Feature search (regex enabled)
Features:
int(15)
float(13)
string(2)
Numeric Features (28)
count
missing
mean
std dev
zeros
min
median
max
income_Higher
1 000
0%
0,18
0,38
82.4%
0
0
1

图 6.17 特征统计信息

是的，第 3 章“用 Facets 解释 ML”介绍过这些内容。如果有必要，你可以复习一下第 3 章。

接下来学习如何分析 Performance & Fairness (性能和公平性)。

6.6.4　性能和公平性

在本节中，我们将通过 ground truth、cost ratio(成本率)、公平性(Fairness)、ROC 曲线、切片(Slicing)、PR 曲线和混淆矩阵来验证模型的性能和公平性。

要访问性能和公平性界面，请单击 Performance & Fairness，如图 6.18 所示。

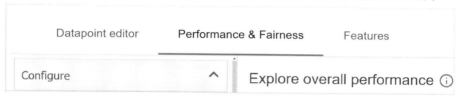

图 6.18　Performance & Fairness 界面

一个 XAI 工具的世界向我们敞开了大门!

下面从 ground truth 开始。

1. ground truth

这个数据集的主要目标是预测一个人再次犯罪的概率: 'recidivism_within_2_years'。WIT 包含了用于测量本节中描述的 ground truth 的函数。

本章中 6.2.3 节 "创建数据结构以训练和测试模型" 对 recidivism_within_2_years 进行了定义:

```
df_for_training = df.drop(columns=['COMPASS_determination',
                                   'recidivism_within_2_years'])
```

在 WIT 单元格的 Show model results and SHAP values 为 WIT 界面选择预测特征:

```
feature_names=column_names).set_custom_predict_fn(
    custom_predict_with_shap).set_target_feature(
        'recidivism_within_2_years')
```

现在，你可以在 Configure 面板中的 Ground Truth Feature 下拉列表中选择 recidivism_within_2_years，如图 6.19 所示。

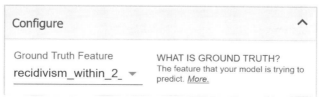

图 6.19　模型的 ground truth

接下来探讨 cost ratio(成本率)。

2. cost ratio

模型很少能产生 100%准确的结果。模型会产生真阳性(TP)、假阳性(FP)、真阴性(TN)、假阴性(FN)四种结果。该模型的预测应该可以帮助法官或假释官做出决定。然而，FP(即误判)可能会导致假释官决定将一个人送回监狱。同样，FN(即漏判)可能会导致法官允许有罪的、会再犯人身攻击罪的被告假释。

下面进行一个道德实验，就像我们在第 2 章 "AI 偏差和道德方面的白盒 XAI" 中所做的那样。一个 FP 可能会把一个无辜的人送进监狱。一个 FN 可能会让一个会再犯人身攻击罪的人获得自由并再次犯罪。

我们可以对 cost ratio 进行微调，以优化分类阈值，后续章节将进行更详细的讲解。cost ratio 的定义如下：

$$\text{cost ratio} = \frac{\text{FP}}{\text{FN}}$$

cost ratio的默认值为1(见图6.20)。

图 6.20　AI 公平性的 cost ratio

在本例中，cost ratio 为 1 意味着 FP=FN。

但是，也可能出现其他情况。例如，如果 cost ratio=4，则 FP=cost ratio×FN=4×FN。FP 的 cost 将是 FN 的 4 倍。

cost ratio 将以数字形式显示模型的准确率。接下来讲解切片。

3. 切片

切片有助于评估模型的性能。每个数据点都有一个特征值。切片将对数据点进行分组。每个组将包含我们选择的特征的值。切片会影响公平性，所以我们必须选择一个显著的特征。

在本场景中，我们将尝试通过选择 income_Higher 来测量模型的性能。单击 Slice by 下拉列表，选择 income_Higher，然后将 Buckets 设为 2(见图 6.21)。

图 6.21　切片特征

在使用一个切片选项浏览了界面之后，你可以从 Slice by(secondary)下拉列表中选择一个次要切片选项。在本例中，选择<none>(见图 6.22)。

图 6.22 次要切片特征

我们还需要选择一个公平性选项。

下面为 WIT 增加公平性，以可视化预测的质量。

4. 公平性

AI 的公平性将令用户信任我们的 ML 系统。WIT 提供了几个参数来监测 AI 的公平性。

你可以使用阈值来测量公平性。在 0 到 1 的范围内，你认为这个值应该是多少？在什么情况下，你会认为预测值是一个 TP？

举个例子，你会相信一个值为 0.4 的预测吗？也就是说，你会相信一个拥有 15 辆豪华轿车的 NBA 职业篮球运动员刚刚偷了一辆小型家用汽车吗？不，你可能不会。

你会相信一个值为 0.6 的预测(即一个博士会骚扰另一个人)吗？也许你会。那么，如果这个预测值为 0.1，你还会相信吗？可能不会。

在 WIT 中，你可以控制阈值，当预测值超过这个阈值，你就认为它是 TP，就像前面几个例子一样。

WIT 的阈值是使用 cost ratio 和切片自动计算的。如果你手动更改了 cost ratio 和切片，则 WIT 会将阈值选项恢复为自定义阈值，如图 6.23 所示。

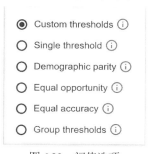

图 6.23 阈值选项

如果你选择 Single threshold，那么将为所有的数据点选择单一 cost ratio 来优化这个阈值。

其他阈值选项可能需要社会学的专业知识，如人口平等和机会平等。本节将不讨论这些阈值选项，而只使用 Custom thresholds 和 Single threshold 选项。

现在我们已经选择了 ground truth、cost ratio、切片和公平性等参数。接下来可以可视化 ROC 曲线来测量预测的输出了。

5. ROC 曲线和 AUC

ROC 是一个评估模型预测质量的指标。

ROC 是受试者工作特征曲线(Receiver Operating Characteristic)的简称。

首先选择'recidivism_within_2_years'作为我们想要测量的 ground truth。

然后将 Slice by 设置为<none>(见图 6.24),在右侧生成如图 6.25 所示的 ROC 曲线。

图 6.24 没有切片

ROC 曲线显示了 y 轴上的 TP 率和 x 轴上的 FP 率,如图 6.25 中的屏幕截图所示。

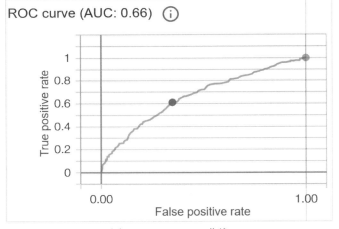

图 6.25 WIT ROC 曲线

曲线下的面积(AUC)表示 TP 区域。例如,如果 TP 率从未超过 0.2,AUC 的值就会小得多。正如任何曲线一样,当 y 轴的值持续接近 0 的时候,曲线下的面积会一直很小。

如果你将鼠标移到曲线中优化后的阈值(曲线上的点),那么阈值将显示在一个弹出的窗口中,如图 6.26 所示。

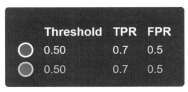

图 6.26 阈值信息

　　然后从 Slice by 下拉列表中选择 income_Higher 特征。右侧将出现如图 6.27 所示的界面。

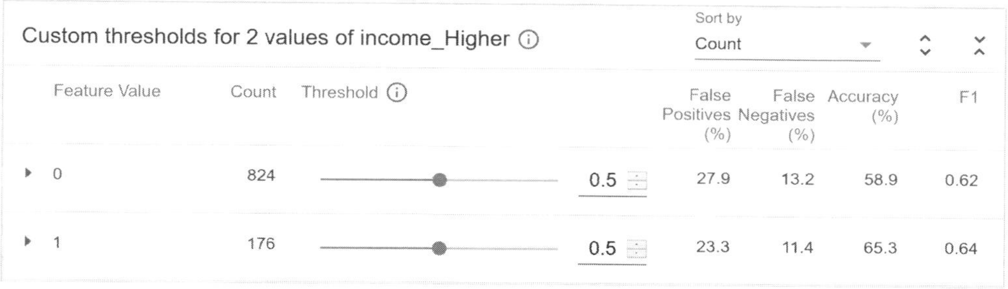

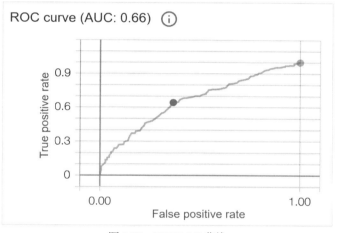

| Custom thresholds for 2 values of income_Higher ⓘ | | | | Sort by Count ▾ | ⌃⌄ | ⌄⌃ |
Feature Value	Count	Threshold ⓘ		False Positives (%)	False Negatives (%)	Accuracy (%)	F1
▸ 0	824	━━━━●━━━	0.5	27.9	13.2	58.9	0.62
▸ 1	176	━━━━●━━━	0.5	23.3	11.4	65.3	0.64

图 6.27　可视化模型输出

　　我们可以从以上界面中获得 FP、FN 以及模型的准确率等数据。

　　如果单击 Feature Value 一列中的 0，可看到 income_Higher 的 ROC 曲线(见图 6.28)。

ROC curve (AUC: 0.66) ⓘ

图 6.28　WIT ROC 曲线

　　现在我们已经探讨了如何用 ROC 曲线来测量模型的性能。然而，下一节中的 PR 曲线能够显示更多的信息。

6. PR 曲线

　　PR 是精度召回率曲线(precision-recall)的简称。它们根据分类阈值绘制精度与召回率的关系。

　　我们已经定义了阈值。本节将定义精度和召回率。

　　先来看一个图(图 6.29)。

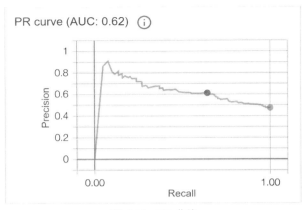

图 6.29　PR 曲线

y 轴按照如下等式定义精度：

$$\text{precision} = \frac{\text{TP}}{\text{TP} + \text{FP}}$$

因此，精度可以测量模型在没有错误标记样本的情况下区分阳性样本与阴性样本的能力。

x 轴按照如下等式定义召回率：

$$\text{recall} = \frac{\text{TP}}{\text{TP} + \text{FN}}$$

一个 FN 可以被视为一个阳性样本。因此，召回率可以测量模型从其他数据点中区分出所有阳性样本的能力。

我们已经定义了一个 PR 矩阵，并且可以在代码结果图表中看到它(即图 6.29)。

我们还能通过混淆矩阵为模型的性能提供更多的可视化参考。

7. 混淆矩阵

混淆矩阵用表格显示了模型性能的准确率。这个表格包含了 TP、FP、TN 和 FN 等数据。

在前面的 WIT 代码结果图表中，可以看到如图 6.30 所示的混淆矩阵。

Confusion Matrix ⓘ	Predicted Yes		Predicted No		Total	
Actual Yes	30.3%	(250)	16.9%	(139)	47.2%	(389)
Actual No	19.3%	(159)	33.5%	(276)	52.8%	(435)
Total	49.6%	(409)	50.4%	(415)		

图 6.30　WIT 混淆矩阵

例如，可以通过查看 Predicted Yes 和 Actual Yes 的比率(22.2%)来一目了然地了解模型的性能。Predicted No 和 Actual No 的比率是 39.8%。

该表中的数值被四舍五入到小数点后一位，这使得结果不够精确。每个分类的真值和假值的总和应该为 100 左右。然而，对于我们分析预测值，找到模型的薄弱点并对其进行解释，这样的精度其实已经足够了。

在本节中，我们创建了 WIT，并探索了几种工具来解释准确的预测(包括 TP、FP、TN 和 FN)。

6.7　本章小结

在本章中，我们使用 WIT(一个以人为本的系统)直接讨论了 XAI 的核心。

我们首先从道德伦理视角分析了一个数据集。一个带有偏见的数据集只会产生带有偏见的预测、分类或任何形式的输出。因此，在导入数据之前，我们花了必要的时间来检查 COMPAS 的特征。我们更换了那些只会扭曲模型所做决策的特征列。

我们仔细地对现在符合道德伦理的数据进行了预处理，并将数据集分成训练数据集和测试数据集。至此，DNN 的运行才有意义。我们尽了最大努力清理数据集。

SHAP 解释器求解出每个特征的边际贡献。在运行 WIT 之前，我们已经证明 COMPAS 数据集的方法是有偏见的，因此可以基于这个 ground truth 去验证。

最后，我们创建了一个 WIT 的实例，从公平性视角来研究输出。我们可以用 Shapley 值对一个人的各个特征进行可视化和评估。然后我们探讨了 ground truth、cost ratio、ROC 曲线、AUC、切片、PR 曲线、混淆矩阵等概念。

WIT 提供的工具能够测量模型的准确率、公平性和性能。WIT 的交互式实时功能将使人类处于 AI 系统的中心，从而实现以人为本的 AI。

WIT 表明，以人为本的 AI 系统将胜过现在过时的没有任何人类参与的 ML 解决方案。以人为本的 AI 系统将提高系统的道德伦理和法律标准以及准确率的质量水平。

在下一章"可解释 AI 聊天机器人"中，我们将通过从零开始构建一个聊天机器人来实践 XAI，从而进一步探索人机交互 AI。

6.8　习题

1. AI 系统的项目经理决定什么是符合道德伦理的，以及什么是不符合道德伦理的。(对|错)
2. DNN 是 COMPAS 数据集的唯一估计器。(对|错)
3. Shapley 值决定了每个特征的边际贡献。(对|错)
4. 我们可以用 SHAP 图来检测模型中带有偏见的输出。(对|错)

5．WIT 的核心思想是"以人为本"。(对|错)

6．ROC 曲线监测训练模型所需的时间。(对|错)

7．AUC 是"卷积下的区域"(area under convolution)的简称。(对|错)

8．ML 的一个前提条件是分析模型的 ground truth。(对|错)

9．可以使用另一个 ML 程序来做 XAI。(对|错)

10．WIT 以人为本的方法将改变 AI 的发展进程。(对|错)

6.9　参考资料

- 本章中《一般数据保护法案》(GDPR)的相关内容可以在 https://gdpr-info.eu/和 https://gdpr-info.eu/art-9-gdpr/找到。
- COMPAS 数据集可以在 Kaggle 网站上找到，网址为 https://www.kaggle.com/danofer/compass。

6.10　扩展阅读

- 关于 WIT 的更多信息，可以单击网址 https://pair-code.github.io/what-if-tool/。
- 关于 COMPAS 背景的更多信息，正如 Google 推荐的，可以在下面的链接中找到：
  - https://www.propublica.org/article/machine-bias-riskassessments-in-criminal-sentencing。
  - https://www.propublica.org/article/how-we-analyzed-the-compasrecidivism-algorithm。
  - http://www.crj.org/assets/2017/07/9_Machine_bias_rejoinder.pdf。
- 关于 WIT 的更多信息，可以单击网址 https://keras.io/models/sequential/。
- AI Fairness 360 工具包不仅包含测量那些不必要的带有偏见的特征的示例和教程，还包含使用几种不同类型算法来减少偏见的示例和教程，可以在 http://aif360.mybluemix.net/找到。

第**7**章

可解释 AI 聊天机器人

在前面的章节中，我们探讨了好几种类型的人机交互，这些类型都能很好地解释 AI，并帮助用户了解 AI。本章将介绍一种新的人机交互类型：聊天机器人，又称个人助理。目前的趋势是：能通过语音与人类交流并依托移动设备让人类随时触手可及的个人助理将逐步取代键盘。随着越来越多的移动设备以及互联对象进入物联网(IoT)市场，这种聊天机器人将成为一种有用的交流工具。

在本章中，我们将实现一个 Python 客户端，编写一个灵活的 XAI 程序，以供用户与 Dialogflow AI 专家代理进行交互。首先，我们将在本地机器上安装 Dialogflow 的 Python 客户端。

然后，我们将使用 Google 的直观界面在 Dialogflow 上创建一个 Dialogflow 代理。该代理将模拟人类客服来回答用户的请求。完成这一步之后，我们还需要启用 Google API 和服务，不然本地 Python 客户端无法与 Google Dialogflow 进行在线通信。

启用了 Google API 和服务之后，我们将得到一个私钥，并且将在本地计算机上安装该私钥。当我们打开一个会话时，Python 客户端程序将通过这个私钥访问 Google API 和服务。

然后，Python 客户端程序将与 Dialogflow 通信。我们将用 Python 创建一个测试对话。我们将在 Dialogflow 中添加意图并创建训练短语和响应。随后，我们校验一下这个意图是否设置成功。一旦校验通过，我们将为该意图添加一个后续对话。

现在，我们的对话已经可以与马尔可夫决策过程(Markov decision process，简称 MDP)的输出进行实时交互了。我们将模拟一个经过训练的 MDP 模型产生输出的决策过程。然而，其他来源的数据将与 ML 程序的决策相冲突。实时数据经常给经过训练的 ML 算法带来问题。

用户可以中断 ML 算法并要求聊天机器人解释发生了什么，以及为什么会发生这些冲突。聊天机器人将根据用户的问题提供解释和建议。

最后，我们将使用 Dialogflow 探索一个对话式用户界面(conversational user interface，简称 CUI)的 XAI 对话，并在 Google Assistant 上部署聊天机器人。

本章涵盖以下主题：
- 安装 Google Dialogflow 的 Python 客户端
- 创建 Google Dialogflow 代理
- 启用 Google API 和服务
- 实现 Google Dialogflow 的 Python 客户端
- 在 Google Dialogflow 的 Python 客户端添加 XAI
- XAI 对话的架构
- 意图的训练阶段
- 响应意图
- 如何跟进意图
- 在 MDP 中插入交互
- 用 Python 客户端与 Dialogflow 进行交互
- 使用 Google Dialogflow 的 XAI 对话
- Jupyter Notebook 的 XAI 对话
- 在 Google Assistant 上测试 XAI 代理

下面先为 Google Dialogflow 构建一个 Python 客户端程序。

7.1　Dialogflow 的 Python 客户端

你只能使用 Google Dialogflow 的云版本来创建 XAI 对话。你可以通过 Jupyter Notebook 在线加载和访问数据，就像我们将在本章后续部分中所做的那样。

然而，在某些情况下，公司可能会拒绝在 Google、Amazon、Microsoft、IBM 或其他云平台上传公司认为敏感的任何形式的数据。这些敏感信息包括新飞机的研究蓝图或新药品的研究数据，有时涉及数亿美元的投资。在这些情况下，如果要求将数据保留在公司内部，公司可能会接受使用 Dialogflow 非云版本，但是 Dialogflow 非云版本只能提供一般性的解释和建议。

那么如何解决这个问题呢？Dialogflow 的 Python 客户端程序既能提供灵活性，又能保证项目的敏感数据不外泄。

在本节中，我们将安装 Dialogflow 的 Python 客户端，创建 Dialogflow 代理，并启用 API 和服务。然后，我们将编写一个与 Dialogflow 通信的 Python 程序。

> 本章的目标不是专门介绍如何使用 Python 和 Dialogflow，而是学习如何实现 XAI 聊天机器人。本章所使用的 Google 的框架、API 和界面都在不停地发展。此外，目前的趋势是将服务迁移到按需付费的云平台。因此，请将重点放在实现 XAI 交互界面的方法、思路和方式上，这样你就可以适应任何现在或未来的框架。

下面先安装 Google Dialogflow 的 Python 客户端。

7.1.1　安装 Google Dialogflow 的 Python 客户端

Google Dialogflow 的 Python 客户端的安装可能会因环境不同而有所不同。
建议使用 virtualenv 在虚拟环境中安装相关库：https://virtualenv.pypa.io/en/latest/。
在选择了你的环境(虚拟环境或非虚拟环境)之后，运行下面的命令来安装 Python 客户端：

```
pip install dialogflow
```

如果你想使用其他安装策略，可以参考如下文档：https://dialogflow-python-client-v2.readthedocs.io/en/latest/。
接下来需要在 Google Dialogflow 创建一个代理。

7.1.2　创建 Google Dialogflow 代理

要创建一个代理，请访问 https://dialogflow.com/[1]登录 Google Dialogflow。
如果你之前没有用过 Google Dialogflow，请按照网站指示登录。
登录之后，你就可以创建一个代理了。如果你之前没有用过 Google Dialogflow，你将会在欢迎窗口中看到一个 CREATE AGENT(创建代理)按钮。如果你之前创建过代理，请在左侧菜单中向下滚动代理列表，然后选择 Create new agent(创建新代理)[2]。
然后为你的代理起一个名字。在本例中，我将其命名为 XAI。Dialogflow 将会自动为该代理创建我们需要的所有东西。等它完成后，我们将拥有我们所需的云环境，如图 7.1 所示。

---

1 译者注：目前网址已经变成 https://dialogflow.cloud.google.com/，可能还会继续变化。建议读者先搜索一下 Dialogflow 的最新网址。

2 译者注：目前此处菜单已经变化，但是不难找到。

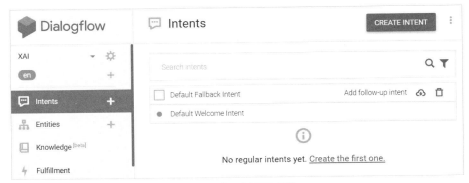

图 7.1　代理界面及菜单

代理创建完之后，会显示一个包含可能操作的菜单。

现在，通过单击窗口左上角的齿轮图标来检查主要的默认设置，如图 7.2 所示。

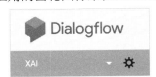

图 7.2　查看代理的设置

此时将显示代理的默认选项。在你成功建立并运行对话之前，建议你不要修改它们。

- **DESCRIPTION**：可选。你可以在一切都运行成功之后再回来填写它。
- **DEFAULT TIME ZONE**：将自动显示你的默认时区。
- **Project ID**：你的项目 ID 号(唯一值)。
- **Service Account**：用于集成其他系统/服务的服务账号。

在其他选项中，你会看到一个日志选项已被勾选，如图 7.3 所示。

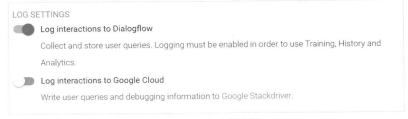

图 7.3　日志已经启用

好好利用这些选项！日志记录中的某些数据可能需要你的用户同意。正如第 2 章"AI 偏差和道德方面的白盒 XAI"所述，如果你要把这个代理部署到互联网上，你应该先和你的法律顾问查看一下你的法律责任和义务。

在 Languages(语言)选项卡中，默认语言应该为 English-en，见图 7.4。

General
Languages
English – en

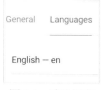

图 7.4 默认语言

我们的 Python 客户端将用英语与 Dialogflow 通信。在你完成本章并确认一切都按本章所述工作之前，请勿更改语言。

现在我们已经创建了一个代理，并且完全没有更改任何选项。

要想测试该代理，请单击右上角的测试控制台，然后输入 Hi，如图 7.5 所示。

Try it now
Please use test console above to try a sentence.

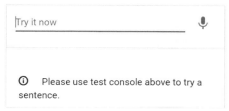

图 7.5 测试窗口

测试控制台是一个很好的工具，每当我们输入新的信息时都要使用。在让其他人使用我们的聊天机器人之前，我们需要确保它能正常工作。

测试控制台将返回代理的默认响应，见图 7.6。

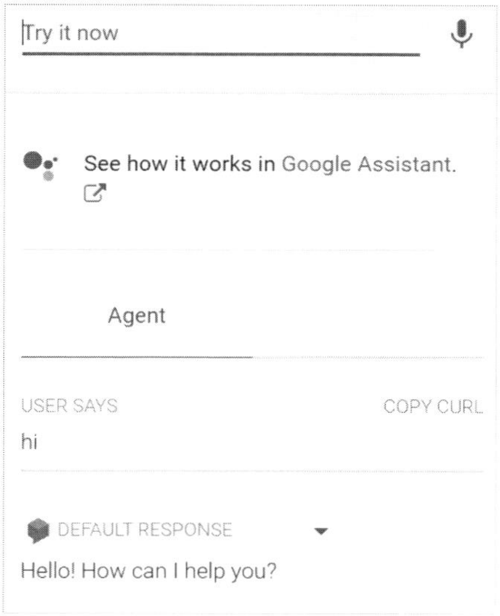

Try it now
See how it works in Google Assistant.
Agent
USER SAYS
COPY CURL
hi
DEFAULT RESPONSE
Hello! How can I help you?

图 7.6 测试一个对话

在本例中，默认响应是：Hello! How can I help you[1]?

接下来我们将启用 API 和服务，然后向代理添加对话。

7.1.3 启用 API 和服务

本章的主要目标仍然是编写一个 XAI Python 客户端。在我们的基本 Python 客户端工作之前，我们不会更改任何选项，也不会添加新的对话。

首先启用 API 和服务。

> **风险提示：**
> 在继续本节之前，请阅读启用你账户的 API 和服务的条款。如果你无法获得免费的使用额度，务必了解 Google Cloud Platform 的计费方式，以便花费尽可能低的费用。Google Cloud Platform 的付费政策超出了本书的讨论范围。请根据你的实际情况选择对应的付费策略。

1. 在你准备就绪并登录了 Dialogflow 之后，转到你的 Google Cloud Platform：https://console.cloud.google.com/。

指向你服务账户的链接将显示在项目的 general settings 页面上，如图 7.7 所示。

图 7.7　项目属性

2. 单击 Service account 链接，你将会看到一个页面，上面有你的电子邮件和一个指向你服务账户详细信息的链接，见图 7.8。

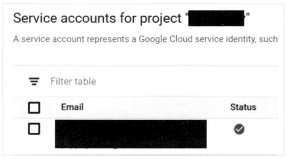

图 7.8　Service account

---

1 译者注：此处响应有可能会不同。但是只要有响应并且响应是合理的，那就代表你走在正确的道路上了。

> **注意:**
> 该界面可能会随着 Google 产品和服务的改进而有所改变。然而，关于我们 Python 客户端所需的信息，原则上应该是不会变化的。

3. 电子邮件下方的集成链接将引导你进入对话集成页面。在此页面上，你的服务账户状态应该处于启用状态，见图 7.9。

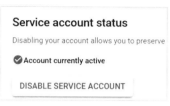

图 7.9　Service account 状态

4. 你的 Python 程序将需要一个私钥来访问 Dialogflow 代理。因此，我们需要获得一个包含私钥的 JSON 文件并将其放置到 Python 程序所在的机器上。要获取该文件，请单击 EDIT 按钮以进入编辑模式，如图 7.10 所示。

图 7.10　Dialogflow integrations

5. 然后单击+CREATE KEY，见图 7.11。

图 7.11　在 Dialogflow integrations 界面新建私钥

6. 确保私钥类型为 JSON，然后单击 CREATE，如图 7.12 所示。

图 7.12　私钥界面

7. 现在你可以把私钥保存到计算机上，此时将会出现如下确认窗口，见图 7.13。

图 7.13　私钥保存成功信息

8. 将文件放到计算机上后，你可以将其重命名，例如 private_key.json。现在，我们可以编写 Python 客户端，并从我们的机器访问 Dialogflow 了。

7.1.4　实现 Google Dialogflow 的 Python 客户端

在本节中，我们将在 Dialogflow 为代理的一个意图编写一个对话。意图的字面意思是，你想从对话中得到什么。正如所有的对话一样，A 说了一些话，而 B 会对这些话做出响应。在本例中，A 是 Python 程序，B 是 Dialogflow 代理。

我们将通过一个意图在两台机器之间创建一个自动对话。

意图的工作原理如下。

- **输入**：它接受训练短语范围内的查询。此处之所以将其称作训练短语，是因为 Dialogflow 利用 ML 来训练不同类型的拼写、错误拼写和发音的意图。一个意图可以包含许多具有相同含义的训练短语，以适应我们为同一消息发送查询的不同方式。
- **输出**：如果意图检测到输入在训练短语范围内，那么它将发送响应。一个意图可以包含多个具有相同含义的响应，以使对话能够类似于人类的对话。

我们将在本节中使用 python_client_01.py。

1. 首先，Python 客户端程序导入 dialogflow_v2 API 库：

```
import os
import dialogflow_v2 as dialogflow
from google.api_core.exceptions import InvalidArgument
```

请勿使用 Dialogflow API 的 v1 版本，因为它已经过时了。

2. 现在，我们必须输入凭证，即我们在上一节中创建的名称和代码：

```
os.environ["GOOGLE_APPLICATION_CREDENTIALS"] =
    '[YOUR private_key.json]'
DIALOGFLOW_PROJECT_ID = '[YOUR PROJECT_ID]'
```

3. 将 Dialogflow 的语言设置为英语，因为默认代理使用英语：

```
DIALOGFLOW_LANGUAGE_CODE = 'en'  # '[LANGUAGE]'
```

4. 你可以设置会话 ID 并在此处输入：

```
SESSION_ID = '[MY_SESSION_ID]'
```

5. 现在，向 Dialogflow 发送一个查询来测试 Dialogflow 服务是否能够正常响应：

```
our_query = "Hi"
```

此处的查询和响应代码代表了一个标准的示例，可以用于测试默认代理能否正常工作。

程序从创建会话变量开始：

```
# session variables
session_client = dialogflow.SessionsClient()
session = session_client.session_path(DIALOGFLOW_PROJECT_ID,
                                      SESSION_ID)
```

然后创建查询：

```
# Our query
our_input = dialogflow.types.TextInput(text=our_query,
    language_code=DIALOGFLOW_LANGUAGE_CODE)
query = dialogflow.types.QueryInput(text=our_input)
```

现在，它试图与 Dialogflow 进行通信。如果失败，它将使用我们在第一步导入的 InvalidArgument 模块向我们发送消息：

```
# try or raise exceptions
try:
    response = session_client.detect_intent(session=session,
                                            query_input=query)
except InvalidArgument:
    raise
```

如果没有抛出异常，那么 Dialogflow 将根据我们要求的信息发送相应的响应信息。

```
print("Our text:", response.query_result.query_text)
print("Dialogflow's response:",
      response.query_result.fulfillment_text)
print("Dialogflow's intent:",
      response.query_result.intent.display_name)
```

应该会得到以下输出结果：

```
Our text: Hi
Dialogflow's response: Hi! How are you doing?
Dialogflow's intent: Default Welcome Intent
```

Dialogflow 的响应可能每次都不一样，因为默认的欢迎意图(侧面菜单|Intents|Default Welcome Intent)响应包含了几种随机的可能性，如图 7.14 所示。

图 7.14   响应文本

如果你多次运行你的 Python 客户端程序，你将会看到答案每次都不一样。

查询也是如此。默认的欢迎意向包含了几个可能的输入，我们可以将其发送给我们的查询，见图 7.15。

图 7.15   训练短语

实际应用中的训练短语比上图显示的要多。在进入下一节之前，请使用 our_input 变量尝试不同的训练短语。

7.2　增强 Google Dialogflow 的 Python 客户端

在本节中，我们将增强该程序，为我们基于前面几节中的代码构建的 XAI 对话做准备。

在本节中，请使用 python_client_02.py。

本节的目标是将 python_client_01.py 的查询和响应对话转换为可以被用户发出的各种 XAI 请求调用的函数。

7.2.1　创建对话函数

程序开头的导入和凭证代码将保持不变。我们将简单地创建一个函数来接收查询变量并返回响应信息：

```
def dialog(our_query):
    # session variables
    session_client = dialogflow.SessionsClient()
    session = session_client.session_path(DIALOGFLOW_PROJECT_ID,
                                           SESSION_ID)
    # Our query
    our_input = dialogflow.types.TextInput(text=our_query,
        language_code=DIALOGFLOW_LANGUAGE_CODE)
    query = dialogflow.types.QueryInput(text=our_input)

    # try or raise exceptions
    try:
        response = session_client.detect_intent(session=session,
                                                query_input=query)
    except InvalidArgument:
        raise

    return response.query_result.fulfillment_text
```

现在调用该函数并打印响应：

```
our_query = "Hi" # our query
print(our_query)
vresponse = dialog(our_query)
print(vresponse)
```

输出结果应该是我们意图的响应之一。例如，可能会有如下响应：

```
Hi
Good day! What can I do for you today?
```

这里将继续专注于创建聊天机器人 XAI 的方法，将不讨论其他代码和具体框架。

现在，我们可以实现 XAI 对话了。

7.2.2 在 Dialogflow 实现 XAI 的限制

在某些情况下，出于安全原因，公司根本不会同意将数据发布到云服务器上。为了解决这个问题，需要将软件解决方案的每个功能模块分离出来，例如：

- 将数据放在一个安全的、外界无法访问的数据服务器上，配以各种安全的措施。该数据服务器位于防火墙之后。
- 将用于处理算法、处理数据、进行计算的后台服务器放在外界无法访问的另一个私有位置。该后台服务器也位于防火墙之后。
- 将外部世界可以接触到的用户界面服务器放在防火墙之前。

在本节中，我们将遵守公司的安全策略，包括以下内容：

- 位于外网的 Google Dialogflow 将只包含一个通用意图集(包括训练短语和响应)来解释 AI。Google Dialogflow 将不包含任何敏感信息，以免敏感数据外泄。
- Google Colaboratory 将模拟本地服务器的使用。在现实生活中，该服务器可能在某个私有数据中心，而不是在公共的云服务器上。Google Colaboratory 虚拟机将充当私有服务器。
- 我们的程序 XAI_Chatbot.ipynb 将模拟在私有后台服务器上使用公司内部的私有数据和敏感信息，并与位于外网的、用于 XAI 的 Google Dialogflow 进行通信。

Python 客户端将在私有后台服务器上管理 XAI 功能。

下面在 Dialogflow 创建一个意图，该意图将提供关于 ML 算法的一般性解释。

7.2.3 在 Dialogflow 创建意图

一个意图包含训练短语(输入)和响应(输出)。要创建一个意图，请单击代理菜单中的 Intents，如图 7.16 所示。

图 7.16 Intents 菜单

意图页面出现后，单击 CREATE INTENT，见图 7.17。

图 7.17　新建意图

新建意图页面将被显示出来。现在，我们需要填写一些关键字段。

在 Intent name 文本框输入 explain MDP，然后单击 SAVE 按钮，如图 7.18 所示。

图 7.18　意图名称

你的意图已经创建成功，但它现在还是空的。

所以我们还需要创建一个训练短语，即用户可能会写或说的短语。

1. 意图的训练阶段

训练短语是我们预期用户可能会输入的短语。

请单击 ADD TRAINING PHRASES(添加训练短语)来添加一个或多个训练短语，见图 7.19。

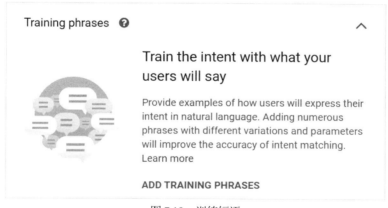

图 7.19　训练短语

　　然后添加如图 7.20 所示的训练短语变体，这些变体表明用户希望了解 MDP 算法。在这里，你必须想出各种各样的方式来问同一个问题，或者用一个句子来表达某些事情。

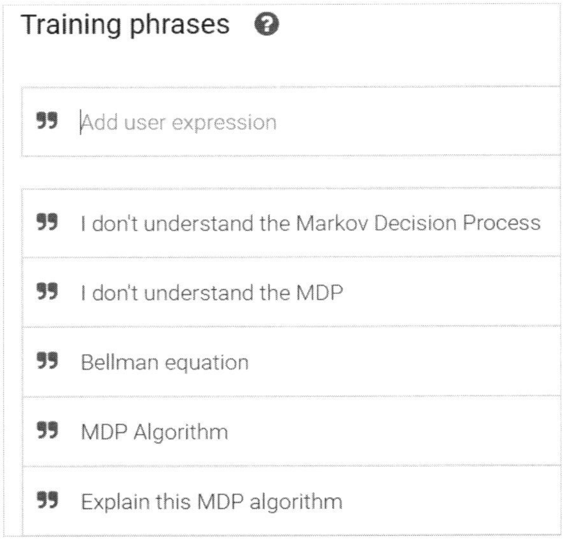

图 7.20　输入的训练短语

你已经提供了一些可能出现的用户短语。现在，你必须思考一些可能的答案，以满足用户的询问。

2. 意图的响应

意图的响应部分是对话的关键部分。如果响应没有包含任何意义，用户可能会放弃对话，并且不会做出任何解释。

现在我们添加响应。向下滚动到响应部分，添加响应并保存，如图 7.21 所示。

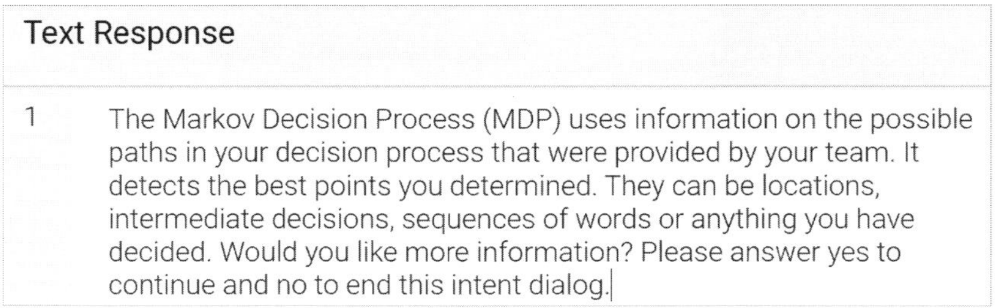

图 7.21　响应

如你所见，响应里面有提到"请回答yes 以继续对话或者回答no 以结束对话"(Please answer yes to continue and no to end this intent dialog)，所以用户需要回答 yes 或 no。通过这种方式，你可以将问题转换为选择题，这样就把用户答复的可能性限制在一个有限范围内。否则，你将不得不考虑所有可能的用户输入。你已经关闭了开放式对话的大门，不然的话它可能会引起混乱。

用户现在会回答这个问题。我们需要对这个答案进行跟进[1](follow-up)。

3. 定义意图的跟进意图

跟进一个意图意味着我们并没有离开它。Dialogflow 会记住之前的训练短语和响应。因此，Dialogflow 需要知道如何管理对话的上下文。如果做不到这点，就没有办法知道用户前面问了什么问题。

如想添加一个跟进意图，请再次单击 Intents 菜单，你将会看到我们刚刚创建的名为 explain MDP 的意图，如图 7.22 所示。

图 7.22　跟进意图

如果你将鼠标悬停在该意图上，屏幕上将会出现 Add follow-up intent(添加跟进意图)选项，见图 7.23。

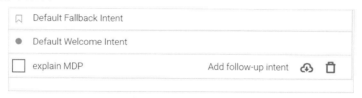

图 7.23　创建跟进意图

单击 Add follow-up intent，屏幕上将会出现一个包含 yes 和 no 选项的下拉列表，如图 7.24 所示。

单击 yes，将会创建一个跟进意图，这个跟进意图会记住它所涉及的原始意图，见图 7.25。

图 7.24　跟进选项　　　　　图 7.25　跟进意图的名称

---

1 译者注："跟进"并非计算机领域的术语，而是市场营销领域的术语。

如你所见，用户回答的 yes 将相关到 explain MDP 意图。

记住，在没有跟进意图的情况下，如果用户向 Dialogflow 发送 yes，则可能会触发任何以 yes 训练短语开头的意图！这不是我们想要的。我们想要的是：Dialogflow 能够记住这个跟进意图与哪个意图有关。

当有人对一个特定的问题回答 yes 的时候，这种记住之前与用户交互的上下文过程就像人类之间的对话一样。

当你单击跟进意图 explain MDP - yes，将会看到如图 7.26 所示的意图上下文。

图 7.26　yes 跟进意图的对话

前面我们的代理给出了 MDP 的直观解释。然而，现在在用户回答了 yes，所以代理需要回答更深层次的解释。

我们首先要编辑意图的训练短语。不过，Dialogflow 已经添加了一些训练短语，如图 7.27 所示。

图 7.27　训练短语

但是要注意，还有比上面截图更多的可能性。

　　我们现在要做的就是创建响应。图 7.28 所示的响应说明了如何用聊天机器人更详细地讲解 MDP。

图 7.28　响应文本

　　提醒一下，我们可以将 MDP 过程定义为一个 ML 算法。这个 ML 算法是一个随机的决策过程框架。算法将在决策过程中取一个点 A，并从 B、C 或 D 等几个可能的决策中确定哪一个是最优的下一步。MDP 可能认为 C 是最佳的下一步，因此系统将从 A 转到 C。

　　该决策基于一个奖励矩阵，奖励最佳决策并从中学习。具体可以是工厂中的机器、仓库中的人员、配送地点或决策过程中的任何其他元素。

　　响应包含了针对用户的重要信息。例如，假设应用程序和 MDP 被设计用来管理一个阈值，用户管理着数百名开发人员。一个由六名开发人员组成的团队按顺序编写代码，共享他们的任务。

　　这六名开发者的阈值是 8×6=48 小时。

　　我们将这个开发团队的现有工作量预估小时数简称为 WIP(即 work in progress 的简写)。

　　如果 WIP 值很低，则意味着工作量不饱和，开发人员可能会无所事事地等着工作落到他们头上。如果六名开发人员每天工作 8 小时，而他们只有 1 小时的工作要做，那么他们离阈值较远。在 48 小时中，只有 6 个小时的工作量，无论如何都算不上工作饱和。如果安排得当，其实他们可以有一大堆的长期工作或其他可以编码的任务去做。

　　然而，如果六名开发人员总共有 90 个小时的工作量，那么他们的 WIP 已经超过了警戒水平。用户必须找出哪里出了问题。也许问题是 ML 算法的参数造成的。也许需要更多的开发人员。也许开发人员没有使用正确的方法。

　　无论如何，用户都希望停止该算法，而不是等到算法完成，那样就为时太晚了。不过我们现在先讲完对话部分，下一节再回来处理这个问题。

　　通过图 7.29 所示的操作，可将该响应设置为对话的终点。

　　至此，对话在云端的工作已经完成。下面回到 Python 客户端并对其进行改进。

图 7.29 将意图设定为对话的终点

7.2.4 XAI Python 客户端

上一节中讲到，如果六名开发人员总共有 90 个小时的工作量，那么他们的 WIP 已经超过了警戒水平。用户必须找出对应的问题。用户希望马上停止该算法并与 XAI 程序交互以找出原因。

在本节中，我们将使用 Python 客户端、前面创建的 Dialogflow 代理以及 MDP 程序来模拟这一过程。

可以将 XAI_Chatbot.ipynb 的第一部分总结如下:

● 安装 Dialogflow。
● 取 自 python_client_02.py 的 Dialogflow 会 话 代 码 (同 一 目 录 下 的 python_client_03.py 是一个用于查看 API 是否工作的维护程序)。
● MDP 程序的代码。

在将交互代码插入 Python 客户端之前，必须将私钥上传到 Google Colaboratory。首先要确保安装了 Dialogflow。第一个单元格包含了安装命令:

```
!pip install dialogflow
```

接下来的单元格将显示当前工作目录:

```
!pwd
```

在本例中，目录为/content。

单击左侧的文件管理器按钮，从本地计算机上传 private_key.json，如图 7.30 所示。

图 7.30 文件管理器

上传之后，请确保它位于 content 目录或使用以下命令显示的目录中:

```
!pwd
```

现在，我们已经准备好将交互代码插入 MDP 程序中。

1. 在 MDP 中插入交互代码

本章将重点讨论与输出的交互，而不是训练过程。所以我们从下面这个标题开始讲解 XAI_Chatbot.ipynb 的第二部分：

```
Improving the program by introducing a decision-making process
```

我们将建立一个名为 conceptcode 的通用解码器数组。在本例中，conceptcode 包含字母 A~F。每个字母代表一个开发人员或一组开发人员。此处不会详细讨论这家公司的组织结构细节，而仅观察从一个团队传递到另一个团队的工作顺序。

同时，通过一个名为 WIP 的数组将 WIP 馈送到算法中。WIP 包含六个在过程开始时被设置为 0 的元素。每个元素代表 conceptcode 中相应一组开发人员的 WIP。

例如，WIP = [80, 0, 0, 0, 0, 0] 表示团队 A 有 80 个小时的 WIP。

代码从插入 conceptcode 和 WIP 开始：

```
"""# Improving the program by introducing a decision-making process"""
conceptcode = ["A", "B", "C", "D", "E", "F"]
WIP = [0, 0, 0, 0, 0, 0]
```

现在添加以下代码：

```
print("Sequences")
maxv = 1000
mint = 450
maxt = 500
# sh = ql.zeros((maxv, 2))
for i inrange(0, maxv):
```

用于驱动 XAI 过程的变量如下：

- maxv = 1000 表示由调度过程生成的调度序列数量。该调度过程派生自本章"定义意图的跟进意图"一节中描述的 MDP。
- mint = 450 表示阈值窗口的最低值。目标值是给定团队在每个序列中所有 WIP 的总和。
- maxt = 500 表示阈值窗口的最高值。目标值是给定团队在每个序列中所有 WIP 的总和。当目标值位于 mint 和 maxt 之间，即表示进入了阈值窗口。

我们通过阈值的最低值和最高值来表示阈值的区间，即阈值窗口。阈值窗口不是一个精确的值，而是一个区间。当目标值位于这个区间时，将会向用户触发 WIP 预警。

以下程序为 WIP 数组生成随机值：

```
for w in range(0, 6):
  WIP[w] = random.randint(0, 100)
print(WIP)
print("\n")
```

例如，我们正在模拟开发人员在生产单位每个任务序列中的实时负载。

当序列中团队的 WIP 总和进入阈值窗口时，将触发预警，并启动用户和 AI 程序之间的对话。这时用户需要对算法和设计算法时商定的决策规则进行解释[1]：

```python
if (np.sum(WIP) > mint and np.sum(WIP) < maxt):
  print(mint, maxt)
  print("Alert!", np.sum(WIP))
  print("Mention MDP or Bellman in your comment, please")
  while our_query != "no"or our_query != "bye":
    our_query = input("Enter your comment or question:")
    if our_query == "no"or our_query == "bye":
      break;
    # print(our_query)
    vresponse = dialog(our_query)
    print(vresponse)
  decision = input("Do you want to continue(enter yes) or
stop(enter no) to work with your department before letting the program
make a decision:")
    if(decision=="no"):
    break
```

如果用户决定让 AI 程序继续运行，则系统可能会缩小阈值窗口：

```python
mint = 460
maxt = 470
```

每个调度序列的起始点都是随机的，以模拟生产团队在给定时间的状态：

```python
nextc = -1
nextci = -1
origin = ql.random.randint(0, 6)
print(" ")
print(conceptcode[int(origin)])

for se inrange(0, 6):
    if (se == 0):
        po = origin
    if (se > 0):
        po = nextci
    for ci inrange(0, 6):
        maxc = Q[po, ci]
        maxp = Qp[po, ci]
        if (maxc >= nextc):
            nextc = maxc
            nextp = maxp
            nextci = ci
```

---

1 译者序：不要在意这个 MDP 程序是否符合实际工作的逻辑，请将注意力放在 XAI 部分，即程序触发预警之后用户是如何与 XAI 程序进行交互以了解和诊断 ML 程序的。

```
            conceptprob[int(nextci)]=nextp
        if (nextci == po):
            break;
        print(conceptcode[int(nextci)])
print("\n")
```

conceptcode 负责为用户解码结果。接下来看看对话是什么样子的。

2. 用 Python 客户端与 Dialogflow 进行交互

在上一节中，预警触发了一个对话。现在来分析一下输出。

MDP 第一轮调度，生产单位 C 处于给定任务的调度序列中。与 C 相关的其他生产单位的 WIP 值将显示在 C 下面：

```
C
[23, 72, 75, 74, 45, 77]
```

然后MDP进行第二轮调度，两个生产单位D-C处于给定任务的调度序列中。与D-C有关的其他生产单位的WIP值将显示在D-C下面：

```
D
C
[94, 90, 8, 39, 35, 31]
```

然后 MDP 进行第三轮调度，三个生产单位 E-D-C 处于给定任务的调度序列中。与 E-D-C 相关的其他生产单位的 WIP 值将显示在 E-D-C 下面：

```
E
D
C
[99, 81, 98, 2, 89, 100]
```

99+81+98+2+89+100=469，469 位于阈值窗口 450~500 之间，这时候这些开发人员的 WIP 总和进入了预警阈值窗口。程序发出了预警！用户收到预警之后将进入 Python 客户端程序，研究为什么会发出预警以及 MDP ML 程序出现了什么问题。Python 客户端程序将会启用我们在 Dialogflow 中创建的对话意图来与用户产生如下对话：

```
450 500
Alert! 469
Mention MDP or Bellman in your comment, please
Enter your comment or question: what is Bellman
The Markov Decision Process (MDP) uses information on the possible
paths in your decision process that were provided by your team.
It detects the best points you determined. They can be locations,
intermediate decisions, sequences of words, or anything you have
decided. Would you like more information? Please answer yes to continue
```

```
and no to end this intent dialog.

Enter your comment or question: yes

If this dialog was triggered, there must be external data linked to
your MDP process. In this application, it is Work In Progress (WIP). An
alert has been triggered because a threshold has been exceeded. This
threshold is not acceptable for your application. We recommend you
interrupt the machine learning program and investigate the reasons for
these high values.
Enter your comment or question: no

Do you want to continue (enter yes) or stop (enter no) to work with
your department before letting the program make a decision: no
```

现在，用户(即生产团队的经理)不需要等待这个 MDP ML 程序全部运行完就已经获得了关于该程序的解释，并与其进行交互。AI 程序与用户的交互可以带来以下双重效果：

- 解释该 AI。
- 通过将 AI 算法转换为白盒自动进程，建立起与 AI 算法的牢固关系。

我们已经描述了 Python 客户端和 Dialogflow 之间的一个文本对话。输入和输出都是以书面形式进行的。这个能启发出可能的模拟对话的小例子展现出了在实际工作场景中你可以用来实现解决方案的许多想法和方法。

接下来在 Google Dialogflow 探讨代理的 CUI 功能。

7.3 使用 Google Dialogflow 的 CUI XAI 对话

CUI 可以以四种不同的方式设计：
- 语音输入和语音响应
- 语音输入和文本响应
- 文本输入和语音响应
- 文本输入和文本响应

前面我们已经看到了如何在 Dialogflow 测试控制台中测试聊天机器人。

下面在网站上实现一个语音或文本输入和一个文本响应。

7.3.1 将 Dialogflow 集成到网站中

本节将探讨如何在网站上实现以下两个场景：
- 语音输入和文本响应

- 文本输入和文本响应

首先，在代理的菜单中单击 Integrations 菜单，如图 7.31 所示。

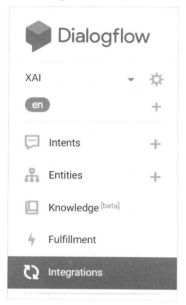

图 7.31　Dialogflow 的 Integrations 菜单

你将看到很多集成模块。单击 Web Demo[1]，见图 7.32。

图 7.32　集成 Web

可以看到 Web Demo 尚未启用。我们必须先启用它，如图 7.33 所示。

图 7.33　启用 Web Demo 后的界面

一旦启用了 Web Demo,将会弹出一个窗口,该窗口中会显示一个链接(如图 7.34 所示),这个链接是一个随时可用的、带有代理的网页,你可以将该链接复制并粘贴到浏览器中以访问网页。

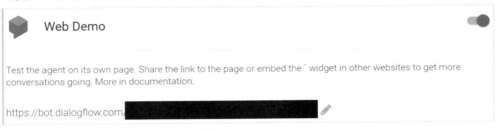

图 7.34　Web URL

你还可以将图 7.35 中展示的脚本复制到你自己的网页中。

图 7.35　在网站上添加代理

如果你使用的是链接,而不是 iframe 脚本,你将会跳转到代理界面,如图 7.36 所示。

图 7.36　对话界面

你可以根据自己的意愿选择 iframe 脚本或通过电子邮件将链接分享出去。下面测试代理的 CUI 功能。

请务必为该网站授权使用麦克风。

通过上述链接打开代理界面之后，在网页的 Ask something...部分单击麦克风图标，如图 7.37 所示。

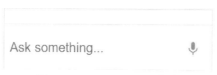

图 7.37　Ask something...部分

例如，说 hello。

你的聊天机器人将用图 7.38 中展示的文本进行回答。

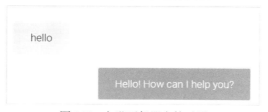

图 7.38　与聊天机器人的对话

具体响应可能会与上图不一样，但是都会在设定的训练短语变体中。如果你选择输入文本 hello，你也会获得一个文本响应。

你还可以创建一个包含多个代理链接的代理管理器。

7.3.2　Jupyter Notebook XAI 代理管理器

我们可能需要为 AI 项目的不同方面创建多个 XAI 代理。在这种情况下，我们可以添加一个代理管理器。转到 XAI_Chatbot.ipynb 的最后一个单元格。

在 notebook 的最后一个单元格中有两条链接。

第一条链接是 ML Explanation Consult：

```
[ML Explanation Consult](https://console.dialogflow.com/api-client/
demo/embedded/[YOUR AGENT HERE])
```

第二条链接是 ML Explanation Consult and Share：

```
[ML Explanation Consult and Share](https://bot.dialogflow.com/https://
console.dialogflow.com/api-client/demo/embedded/[YOUR AGENT HERE])
```

这就是代理管理器！它可以包含多个代理链接。你可以根据实际需要为几个代理创建一个 XAI 聊天机器人菜单。你也可以更改标题并添加注释和链接。此外，你还可以创建 HTML 页面来管理你的代理。

接下来看看如何使用 Google Assistant 进一步探讨代理的 CUI。

7.3.3　Google Assistant

Google Assistant 可以把你的代理带到全球每一部安装了 Google Assistant 的智能手机上。通过 Google Assistant，你甚至可以从 Google Home 访问你的代理。更详细的内容，请查阅 Dialogflow 相关文档。

现在先使用 Google Assistant 测试代理的 CUI 功能。

在 Dialogflow 选择代理后，单击页面右上角的 Google Assistant，如图 7.39 所示。

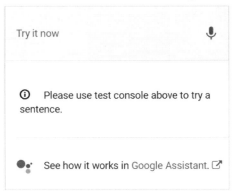

图 7.39　访问 Google Assistant

如图 7.40 所示，Dialogflow 会先更新你的操作。

图 7.40 更新操作

这里有很多功能，但是让我们把重点放在测试 CUI 上，见图 7.41。

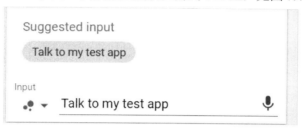

图 7.41 Google Assistant 的 CUI

请务必为该网页授权使用设备的麦克风。

对于第一个问题，说 hello talk to my test app，你将会收到音频和文本形式的回答，如图 7.42 所示。

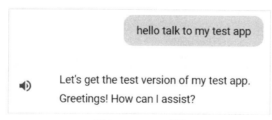

图 7.42 CUI 对话

然后输入文本 hello，你将再次收到音频和文本形式的回答，见图 7.43。

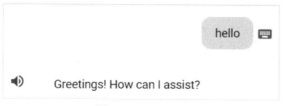

图 7.43 CUI 对话

你刚刚测试过以下四种场景的 CUI 对话：

- 语音输入和语音响应
- 语音输入和文本响应
- 文本输入和语音响应
- 文本输入和文本响应

现在，我们已经实现了 Dialogflow 的 XAI Python 客户端，并探讨了如何使用 CUI 从 XAI 代理中获取信息。你可以查阅 Google 的文档并设计复杂的集成场景来进一步探索 Dialogflow。

例如，你可以将本章的 Python 客户端换成其他形式。你可以向代理添加数百个意图，创建新的代理，添加新的 XAI Python Dialogflow 客户端，以改善人与机器之间的关系。

7.4 本章小结

在本章中，我们构建了一个可以与 Google Dialogflow 进行交互的 Python 客户端。我们的 XAI 聊天机器人可以针对 ML 算法的输出管理预警功能。

在该聊天机器人被开发出来之前，当 ML 程序出现问题时，用户将不得不等到 ML 程序完成才能够进行干预。

这样可能为时已晚。在用户进行干预之前，程序中可能已经出现了数百个自动决策，而且很可能已经做出了错误的决策。这时候再对这些错误决策进行分析，修改参数，并重新运行程序就太费时了。如果不幸中的万幸，这些错误没有造成损害，那我们就松了一口气。但是如果它们带来了很严重的错误，那就糟糕了，所以我们有必要在 ML 程序结束之前进行 XAI 交互。

我们的 XAI 聊天机器人解决了两个问题：解释 AI，实时中断 AI 程序以便让用户马上参与决策过程。

为了实现目标，我们在本地机器上安装了 Python 客户端程序，还将这个 Python 客户端程序加到 Google Colaboratory Jupyter Notebook 中。我们创建了一个 Dialogflow 代理，并启用了 Google API 和服务。我们下载了私钥，并用它在 Python 客户端和 Dialogflow 之间建立会话。

我们还为 XAI 代理构建了 CUI 聊天机器人功能，并探讨了如何将它部署到 Google Assistant 上。随着智能产品逐渐成为我们日常生活的一部分，像 Google Assistant 这种能够通过语音与人类交流并依托移动设备让人类随时触手可及的个人助理将逐步取代键盘交互。

下一章"LIME"将探索仅使用输入和输出数据来解释模型预测的新方法。

7.5　习题

1. 可以用 Python 和 Dialogflow 创建对话。(对|错)
2. 可以使用 Python 客户端自定义 XAI 对话。(对|错)
3. 如果你使用 Python 客户端，则不需要在 Dialogflow 设置任何内容。(对|错)
4. 在 Dialogflow 中，意图(Intents)是可选的。(对|错)
5. 训练短语是对话中的一个响应。(对|错)
6. 上下文是增强 XAI 对话的一种方式。(对|错)
7. 跟进问题是管理对话上下文的一种方式。(对|错)
8. 闲聊可以改善对话的情绪行为。(对|错)
9. 可以在 Dialogflow 直接设置闲聊。(对|错)

7.6　扩展阅读

- 关于安装 Dialogflow Python 客户端库的更多信息，请参阅以下两个链接：
  - https://dialogflow-python-client-v2.readthedocs.io/en/latest/。
  - https://cloud.google.com/dialogflow/docs/reference/libraries/。
- 关于 Dialogflow API 的更多信息，请访问 https://dialogflow-pythonclient-v2.readthedocs.io/en/latest/gapic/v2/api.html。
- 关于使用 Google Dialogflow 创建聊天机器人的更多信息，请参阅 *Artificial Intelligence By Example*，Second Edition，Packt 出版社，Denis Rothman 著。
- 可以在这里找到 Dialogflow 的文档：https://cloud.google.com/dialogflow/docs?hl=en。

第8章

LIME

人工智能(AI)的发展依赖于信任。用户可能会拒绝使用他们不信任的机器学习(ML)系统，也可能会不信任没有提供解释的模型决策。AI 系统需要提供清晰的解释，否则可能会被废弃。

LIME(全称 Local Interpretable Model-Agnostic Explanations，即局部可解释与模型无关的解释)方法旨在缩短 AI 和人类之间的距离。LIME 像 SHAP 和 WIT 一样以人为本。它专注于两个主要领域：对模型的信任和对预测的信任。它还提供了一种独特的可解释 AI(XAI)算法，可以局部地解释预测。

这里我还要推荐第三个领域：对数据集的信任。即使模型是完美的，预测是准确的，但是如果数据集是带有偏见的，那么人们还是会抗拒这个 ML 系统和 AI。在本书的部分章节中，例如第 6 章 "用 Google What-If Tool (WIT)实现 AI 的公平性"，我们很详细地从道德伦理视角探讨了数据集的偏见。因此，本章将不再重复解释为什么数据集需要符合道德伦理，为什么要避免使用具有偏见的数据集，以及为什么选择包含电子信息和空间信息的中性数据集。

本章将首先讲解什么是 LIME 及其独特的方法，然后在 Google Colaboratory 开始使用 LIME，检索我们需要的数据，并对数据集进行矢量化。

接着，我们将创建五个 ML 模型来演示 LIME 算法，训练模型并测量产生的预测。我们将运行一个实验性的 AutoML 模块来比较五个 ML 模型的分数。这个实验性 AutoML 模块将运行 ML 模型并为数据集选择最佳的模型，之后它将自动使用最佳模型进行预测并使用 LIME 进行解释。

最后，我们将构建 LIME 解释器来解释带有文本和图的预测。我们将看到 LIME 解释器如何将局部可解释性应用于模型的预测。

本章涵盖以下主题：

- 介绍 LIME
- 在 Google Colaboratory 运行 LIME
- 检索和矢量化数据集
- 实验性 AutoML 模块
- 创建适用于各个分类器的通用模板
- 随机森林(random forest)
- Bagging
- 梯度提升(gradient boosting)
- 决策树(decision tree)
- 极度随机树(extra tree)
- 预测指标
- 矢量化管道
- 创建 LIME 解释器
- 可视化 LIME 的文本解释
- LIME 的 XAI 图

8.1 介绍 LIME

LIME 表示局部可解释与模型无关的解释(Local Interpretable Model-Agnostic Explanations)。LIME 解释可以帮助用户信任 AI 系统。ML 模型通常会训练至少 100 个特征以获得预测。若在一个界面内显示所有特征，会令用户难以直观地分析结果。

在第 4 章"Microsoft Azure 机器学习模型的可解释性与 SHAP"，我们使用 SHAP 来计算特征对模型和给定预测的边际贡献。特征的 Shapley 值表示它在一组特征中的贡献，这就是局部可解释性的一种体现，而 LIME 则是另外一种局部可解释方法。

LIME 的用途是找出模型的局部保真度(local fidelity)。局部保真度分析某个具体实例(即局部)的预测和特定上下文(即局部)中的特征，显示了模型如何在特定上下文(即局部)中做出预测。局部保真度可能不适合全局模型，但它有助于解释预测是如何进行的。通俗地讲，如果仅分析某个具体实例的预测，可能不能解释整个模型，但是能解释预测是如何做出的。同样，模型的全局解释可能无法解释局部预测，通俗地讲，对整个模型的解释可能无法解释某个具体实例的预测。

下面以第 1 章"使用 Python 解释 AI"(在这一章我们帮助医生得出结论：病人感染了西尼罗河病毒)为例讲解一下。

这个例子中的全局特征集如下：

```
features = {colored sputum, cough, fever, headache, days, france, chicago,
class}
```

全局假设是，以下主要特征导致病人感染西尼罗河病毒的概率值增高：

```
features = {bad cough, high fever, bad headache, many days, chicago=true}
```

我们的预测依赖于该 ground truth。

但这个全局 ground truth 在局部某个具体实例中是否总是正确的呢？如果某个具体实例(即局部)对西尼罗河病毒的预测是正确的，但这个实例的特征集略有不同——应该如何解释这一个具体实例(即局部解释)？

LIME 将探索预测的局部区域来解释它并分析其局部保真度。

例如，假设对某个具体实例的预测为真阳性(即预测病人感染了西尼罗河病毒，而病人也确实感染了病毒)，但与全局模型的原因并不完全相同。LIME 将搜索预测实例的周边以解释模型做出的决策。

在这个具体实例中，LIME 找到了以下特征的高概率：

```
Local explanation = {high fever, mild sputum, mild headache,
chicago=true}
```

下面用人类语言表达上面这个 Local explanation 等式：一个病人如果发高烧(high fever)并少量咳痰(mild sputum)，且有轻微头痛(mild headache)，又去过芝加哥(chicago=true)，那么他很可能感染了西尼罗河病毒。从这个实例来讲(即从局部来讲)，这个预测是可靠的，尽管在全局范围内，模型的预测标准并非如此，即只有出现多天严重咳嗽并且带有色痰(而不是少量咳痰)时才认为感染病毒。

现在我们已经解释了 LIME 中的 LI(Local Interpretable，即局部可解释)，接下来解释 LIME 中的 M(Model-Agnostic，即与模型无关)。

可以看到，Local explanation 这个等式只依赖于特征，而不依赖于模型，所以我们可以说：LIME 是与模型无关的。最后，LIME 的 E 表示模型解释器(Explanations)。

我们已经解释了 LIME 中的每个字母，而且对什么是 LIME 有了直观的理解。接下来介绍 LIME 的数学表示。

LIME 的数学表示

本节将把我们对 LIME 的直观理解转化为 LIME 的数学表达式。

实例 x 的原始全局表示可以为：

$$x \in \mathbb{R}^d$$

一个实例的可解释表示可以为：

$$x' \in \{0,1\}^{d'}$$

可解释表示确定一个特征或多个特征的局部是否存在。

接下来讲解 LIME 的模型无关性。g 表示一种 ML 模型。G 表示各种 ML 模型(包含 g 和其他模型):

$$g \in G$$

可见 LIME 算法将以相同的方式解释任何其他模型。

g 的域是一个二元向量，可以表示为：

$$g, \{0,1\}^{d^n}$$

现在，我们面临一个难题！$g \in G$ 的复杂度(complexity)可能会增加分析实例周边的难度。我们必须考虑到这个因素。注意，模型解释的复杂度如下：

$$\Omega(g)$$

以第 2 章 "AI 偏差和道德方面的白盒 XAI" 为例，在解释决策树结构时，我们发现默认决策树结构的默认输出挑战了用户理解算法的能力。在第 2 章中，我们微调了决策树的参数以限制解释的输出复杂度。

因此，我们需要用 $\Omega(g)$ 来测量模型的复杂性。若复杂性比较高，将阻碍对概率函数 $f(x)$ 的解释。$\Omega(g)$ 必须低到人类能够解释预测的地步。

$f(x)$ 定义了 x 属于之前定义的二元向量的概率，如下：

$$x' \in \{0,1\}^{d'}$$

因此，该模型也可以表示为：

$$f: \mathbb{R}^d \to \mathbb{R}$$

现在，我们必须测量 x 周边的局部性。以下面两个句子为例(注意句子里高亮的特征)：

- 句子 1：We danced all night; it was like in the movie *Saturday Night **Fever***, or that movie called ***Chicago*** with that murder scene that sent **chills** down my spine. I listened to music for **days** when I was a teenager. (我们整晚都在跳舞，就像电影《周末**狂热夜**》或《**芝加哥**》里的谋杀场景那样打**寒颤**。我十几岁的时候听了好几天音乐。)

- 句子 2：Doctor, when I was in **Chicago**, I hardly noticed a **mosquito** bit me. Then when I got back to France, I came down with a **fever**.(医生，我在**芝加哥**的时候，几乎没有注意到有**蚊子**咬我，然后当我回到法国时，我就**发烧**了。)

可以看出：句子 2 能够得出病人感染了西尼罗河病毒的诊断，而句子 1 并不能。

但是，模型 g 还会根据句子 1 预测病人感染了西尼罗河病毒，即误报，专业术语叫假阳性。

再看看句子 3：

- 句子 3：I just got back from Italy, have a bad **fever**, and **difficulty breathing**. (我刚从意大利回来，**发烧**严重，**呼吸困难**。)

模型 g 也会根据句子 3 预测病人感染了西尼罗河病毒。但是实际上句子 3 的病人感染的是新冠病毒，而不是西尼罗河病毒。在今天这个形势，实际工作中[1]我们认为模型 g 漏报了，专业术语叫假阴性。

无论是哪种情况，我们都可以看到测量实例 z 和 x 周围位置之间接近度的重要性。我们将测量接近度表示为：

$$\Pi_x(z)$$

从前面 3 个句子中可以看到，模型 g 的预测有可能是误报，即假阳性(句子 1)，或者可能是漏报，即假阴性(句子 3)！或者更糟糕的是，由于模型 g 经常出错，人们已经不信任它了，因此他们会忽略掉模型 g 正确的预测(即真阳性和真阴性)。这表明模型 g 可能会多么不可靠(专业术语叫不忠实)。

我们将用字母 $\mathcal{L}$ 来测量这种不忠实程度(unfaithfulness)。

$\mathcal{L}(f, g, \Pi_x)$ 将在定义为 Π_x 的局部中测量对 f 进行估值时模型 g 的不忠实程度。

我们必须尽量降低 $\mathcal{L}(f, g, \Pi_x)$ 的值，并想办法尽量降低复杂度 $\Omega(g)$。

最后，我们将 LIME 生成的解释 $\mathcal{E}$ 表示为：

$$\mathcal{E}(x) = \underset{g \in G}{\operatorname{argmin}} \mathcal{L}(f, g, \Pi_x) + \Omega(g)$$

LIME 将抽取由 Π_x 加权的样本，以优化方程并产生最佳解释 $\mathcal{E}(x)$，而不需要管具体的模型实现是怎样的。

因此，LIME 可以应用于各种模型、保真度函数和复杂性测量。但是，要实现这一点，就必须遵循上面讲的数学等式。

关于 LIME 理论的更多信息，请参阅本章末尾的参考资料部分。

现在我们已经完成 LIME 的直观理解和数学表示了，可以开始使用 LIME 了！

8.2　开始使用 LIME

在本节中，我们将使用 LIME.ipynb。先安装 LIME，然后从 sklearn.datasets 中检索 20 newsgroups 数据集。

我们将读取数据集并将其矢量化。

该过程是标准的 scikit-learn 方法，因此你可以将其保存并用作其他项目的模板。

第 4 章 "Microsoft Azure 机器学习模型的可解释性与 SHAP" 已经探讨过道德伦理视角了。因此本章不会再从道德伦理视角检查数据集了。此处假设这个数据集是没有道德伦理争议的。

1　译者注：因为实际工作中模型 g 很可能会同时支持新冠病毒诊断和西尼罗河病毒诊断，并且新冠病毒诊断的重要性高于西尼罗河病毒诊断，这就会造成漏报。作者这个例子并不完美，请把重点放在漏报(即假阴性)这种情况。

先直接安装 LIME，然后导入并矢量化数据集。

接下来在 Google Colaboratory 安装 LIME。

8.2.1 在 Google Colaboratory 安装 LIME

打开 LIME.ipynb。在整个章节中，我们都会使用 LIME.ipynb。第一个单元格包含以下安装命令：

```
# @title Installing LIME
try:
    import lime
except:
    print("Installing LIME")
    !pip install lime
```

try/except 将尝试导入 lime。如果没有安装 lime，程序就会抛出异常，触发 except 分支。在这段代码中，except 分支会触发 !pip install lime。我们之所以这样做，是因为 Google Colaboratory 在重新启动后会删除一些库和模块，以及 notebook 的当前变量，我们需要重新安装一些软件包。这段代码将保证过程不会中断。

接下来检索数据集。

8.2.2 检索数据集和矢量化数据集

在本节中，我们将导入程序的主要模块，导入数据集并对其进行矢量化。

先导入程序的主要模块：

```
# @title Importing modules
import lime
import sklearn
import numpy as np
from __future__ import print_function
import sklearn
import sklearn.ensemble
import sklearn.metrics
from sklearn.ensemble import BaggingClassifier
from sklearn.neighbors import KNeighborsClassifier
from sklearn.ensemble import GradientBoostingClassifier
from sklearn.tree import DecisionTreeClassifier
from sklearn.ensemble import ExtraTreesClassifier
```

sklearn 是程序所使用的模型的主要来源。sklearn 还为 ML 提供了几个数据集。下面导入 20 newsgroups 数据集：

```
# @title Retrieving newsgroups data
from sklearn.datasets import fetch_20newsgroups
```

建议快速调查一下数据集的来源，尽管我们选择的 20 newsgroups 数据集并不包含明显的道德伦理问题。20 newsgroups 数据集包含数千个广泛用于 ML 的新闻文档。scikit-learn 提供了很多来自现实生活的真实数据集，有兴趣的话，你可以去 scikit-learn 官网下载。

接下来从数据集导入两个新闻组(sci. electronics 和 sci.space)：

```
categories = ['sci.electronics', 'sci.space']
newsgroups_train = fetch_20newsgroups(subset='train',
                                       categories=categories)
newsgroups_test = fetch_20newsgroups(subset='test',
                                      categories=categories)
class_names = ['electronics', 'space']
```

这个模型将这些新闻组的内容分为两类：electronics(电子)和 space(空间)。该程序将使用矢量化数据对数据集进行分类。

文本被矢量化并转换为 token 计数，如第 4 章所解释和显示的那样：

```
# @title Vectorizing
vectorizer = sklearn.feature_extraction.text.TfidfVectorizer(
    lowercase=False)
train_vectors = vectorizer.fit_transform(newsgroups_train.data)
test_vectors = vectorizer.transform(newsgroups_test.data)
```

现在我们已经导入了数据集并进行了矢量化，接下来可以专注于一个实验性的 AutoML 模块了。

8.3 一个实验性的 AutoML 模块

在本节中，我们将本着 LIME 的精神来实现 ML 模型。无论我们喜欢与否，我们都将遵守前面所讲的 LIME 规则，尽量不影响 ML 模型的结果。

使用 LIME 解释器解释预测的方法是与模型无关的。

下面将使用 scikit-learn 示例代码提供的默认参数来实现五个 ML 模型。

五个 ML 模型中的每个模型 g 都将作为模型集合 G(即五个 ML 模型)的一部分而被平等对待：

$$g \in G$$

然后，连续运行所有 ML 模型，并使用评分系统选择最佳的模型。

每个模型的创建都将使用相同的模板和评分方法。

这个实验模型只会选择最佳的模型。如果你想为这个实验添加特征，可以运行 epoch。你可以开发在每个 epoch 期间更改模块参数的函数，以尝试对其进行改进。

对于这个实验，我们不想通过调整参数来影响输出。

接下来创建用于所有模型的模板。

8.3.1 创建 AutoML 模板

在本节中，首先我将为随机森林分类器设计一个模板，然后使用这个模板创建其他四个模型。

首先创建两个优化所需要的变量 best 和 clf。

best 用于存储评估阶段结束时最佳模型的分数，如下所示：

```
# @title AutoML experiment: Score measurement variables
best = 0 # best classifier score
```

clf 用于存储评估阶段结束时最佳模型的名称，如下所示：

```
clf = "None" # best classifier name
```

由于抽样方法是随机的，具体分数会根据不同的试验发生变化。

然后使用以下模板创建每个模型并进行训练和评估其性能：

```
# @title AutoML experiment: Random forest
rf1 = sklearn.ensemble.RandomForestClassifier(n_estimators=500)
rf1.fit(train_vectors, newsgroups_train.target)
pred = rf1.predict(test_vectors)
```

在继续之前，我们需要描述一下随机森林模型(random forest)是如何进行预测的。第 2 章 "AI 偏差和道德方面的白盒 XAI" 介绍了决策树的理论定义，随机森林与之相关。随机森林是一种集成算法。集成算法通过集成多种 ML 算法来提高其性能。它通常会比单一算法产生更好的结果。随机森林拟合了许多棵决策树，对数据集生成随机子样本，然后使用平均方法来提高模型的性能。在这个模型中，n_estimators=500 表示一个由 500 棵树组成的森林。

这五个分类器的变量名分别是：{rf1, rf2, rf3, rf4, rf5}。

这些分类器指标的变量名分别是：{score1、score2、score3、score4、score5}。

使用 sklearn.metrics.f1_score 来评估每个模型的分数：

```
score1 = sklearn.metrics.f1_score(newsgroups_test.target,
                                  pred, average='binary')
```

如果某个模型的得分超过了前面模型的最佳得分，那么它将成为最佳模型：

```
if score1 > best:
  best = score1
  clf = "Random forest"
  print("Random forest has achieved the top score!", score1)
else:
  print("Score of random forest", score1)
```

例如，如果 score1 > best，score1 将成为最高的分数，random forest(随机森林)模型将成为最佳的模型。

如果模型获得了最高的分数，则显示其性能：

```
Random forest has achieved the top score! 0.7757731958762887
```

每个模型都将应用这一相同的模板。

现在我们已经实现了随机森林分类器。接下来创建 Bagging 分类器。

8.3.2　Bagging 分类器

Bagging 分类器是一个集成元估计器，它使用原始数据集的随机样本来拟合模型。我们将 Bagging 分类器的基本分类器设置为第 1 章"使用 Python 解释 AI"的 KNN 分类器：

```
# @title AutoML experiment: Bagging
rf2 = BaggingClassifier(KNeighborsClassifier(),
                        n_estimators=500, max_samples=0.5,
                        max_features=0.5)
rf2.fit(train_vectors, newsgroups_train.target)
pred = rf2.predict(test_vectors)
score2 = sklearn.metrics.f1_score(newsgroups_test.target,
                                  pred, average='binary')
if score2 > best:
  best = score2
  clf = "Bagging"
  print("Bagging has achieved the top score!", score2)
else:
  print("Score of bagging", score2)
```

注意一个关键参数：n_estimators=500。如果不将此参数设置为 500，则默认值仅为 10 个基本估计量。如果你这样做，随机森林分类器最终将成为最佳的模型，而 Bagging 会产生很差的准确率值。

但是，如果将该参数设置为 500，就像随机森林一样，那么它将超过随机森林分类器的性能。

另请注意，如果你未将基本分类器设置为 KNeighborsClassifier()，则默认分类器将会是决策树。

max_samples=0.5 表示分类器为训练每个估计器而抽取的最大样本比例。

max_features=0.5 表示估计器为训练每个样本而绘制的最大特征数。

在这种情况下，Bagging 模型比具有相同数量估计器的随机森林模型获得更好的分数：

```
Bagging has achieved the top score! 0.7942583732057416
```

接下来创建梯度提升分类器。

8.3.3　梯度提升分类器

梯度提升分类器(gradient boosting)是一个像 Bagging 分类器一样的集成元估计器。它使用可微损失函数来优化其估计器(通常是决策树)。

n_estimators=500 表示将运行 500 个估计器来优化其性能：

```
# @title AutoML experiment: Gradient boosting
rf3 = GradientBoostingClassifier(random_state=1, n_estimators=500)
rf3.fit(train_vectors, newsgroups_train.target)
pred = rf3.predict(test_vectors)
score3 = sklearn.metrics.f1_score(newsgroups_test.target,
                                  pred, average='binary')
if score3 > best:
  best = score3
  clf = "Gradient boosting"
  print("Gradient boosting has achieved the top score!", score3)
else:
  print("Score of gradient boosting", score3)
```

不过梯度提升模型的性能没有击败前面的模型：

```
Score of gradient boosting 0.7909319899244333
```

接下来创建决策树分类器。

8.3.4　决策树分类器

决策树分类器(decision tree)只使用一棵树。这点令决策树分类器很难击败集成模型。

第 2 章 "AI 偏差和道德方面的白盒 XAI" 已经介绍了决策树及其参数的理论定义。在这个项目中，我们将使用默认参数来创建模型：

```
# @title AutoML experiment: Decision tree
rf4 = DecisionTreeClassifier(random_state=1)
rf4.fit(train_vectors, newsgroups_train.target)
pred = rf4.predict(test_vectors)
score4 = sklearn.metrics.f1_score(newsgroups_test.target,
                                  pred, average='binary')
if score4 > best:
  best = score4
  clf = "Decision tree"
  print("Decision tree has achieved the top score!", score4)
else:
  print("Score of decision tree", score4)
```

正如预期的那样，单个决策树无法击败前面的集成估计器：

```
Score of decision tree 0.7231352718078382
```

接下来创建极度随机树分类器。

8.3.5　极度随机树分类器

我们认为，极度随机树分类器(extra tree)可能是最适用于这个数据集的方法。该元估计器使用数据集的子样本和平均方法拟合许多随机决策树，以获得可能的最佳性能。

正如前面的元估计器一样，我们设置 n_estimators=500，以保证实验中的每个元估计器都生成了相同数量的估计器：

```
# @title AutoML experiment: Extra trees
rf5 = ExtraTreesClassifier(n_estimators=500, random_state=1)
rf5.fit(train_vectors, newsgroups_train.target)
pred = rf5.predict(test_vectors)
score5 = sklearn.metrics.f1_score(newsgroups_test.target,
                                  pred, average='binary')
if score5 > best:
  best = score5
  clf = "Extra trees"
  print("Extra trees has achieved the top score!", score5)
else:
  print("Score of extra trees", score5)
```

果然！如我们所料，极度随机树模型产生了最佳性能：

```
Extra Trees has achieved the Top Score! 0.818297331639136
```

我们现在已经运行了 AutoML 实验原型的五个模型。

接下来解释分数。

8.4 解释分数

本节将展示五个模型所取得的分数。如果你不满意，你可以尝试微调参数来提高模型的性能。

你还可以添加几个其他的模型来测量它们的性能。

但是在本章中，建议你专注于 LIME 模型无关解释器，不要把精力分散到具体的模型细节上。

以下代码将显示 AutoML 实验各个模型的性能摘要：

```python
# @title AutoML experiment: Summary
print("The best model is", clf, "with a score of:", round(best, 5))
print("Scores:")
print("Random forest      :", round(score1, 5))
print("Bagging            :", round(score2, 5))
print("Gradient boosting  :", round(score3, 5))
print("Decision tree      :", round(score4, 5))
print("Extra trees        :", round(score5, 5))
```

输出将显示以下摘要：

```
The best model is Extra Trees with a score of: 0.8183
Scores:
Random forest     : 0.77577
Bagging           : 0.79426
Gradient boosting : 0.79093
Decision tree     : 0.72314
Extra trees       : 0.8183
```

最佳模型将存储在 clf 中。

我们现在已经找到了这个数据集的最佳模型，可以开始生成和显示预测了。

8.5 训练模型并生成预测

在本节中，我们决定先选择哪个模型，然后运行所选的最终模型，训练它，并完成预测过程。

8.5.1 分类器的交互选择

notebook 现在将显示一个表单，你可以在该表单中指定是否启用 AutoML。

如果选择在下拉列表中将 AutoML 设置为 On，那么 AutoML 实验的最佳模型将成为 notebook 的默认模型。

如果不这样，请在 AutoML 下拉列表中选择 Off，如图 8.1 所示。

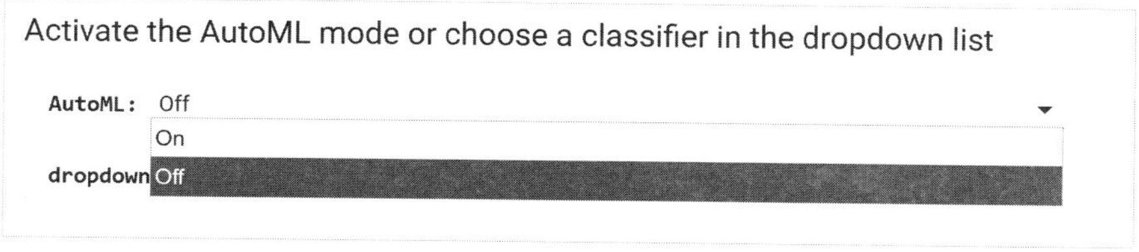

图 8.1　启用 AutoML 或手动选择分类器

如果选择 Off，请在 dropdown 下拉列表中选择你希望为 LIME 解释器选择的模型，如图 8.2 所示。

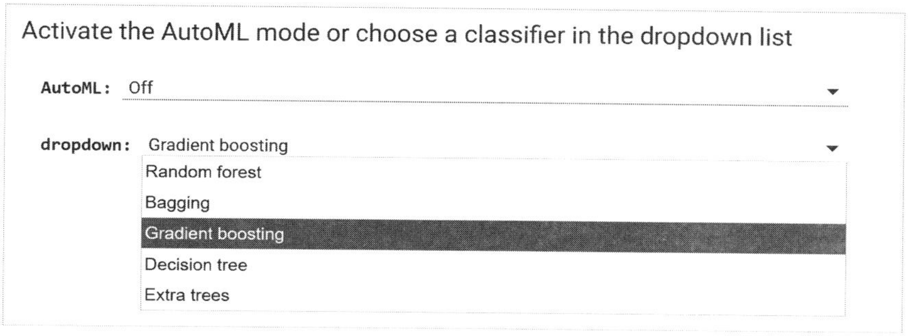

图 8.2　选择分类器

可以通过双击表单来查看管理自动流程和交互选择的代码：

```
# @title Activate the AutoML mode or
# choose a classifier in the dropdown list
AutoML = 'On' # @param ["On", "Off"]
dropdown = 'Gradient boosting' # @param ["Random forest",
                               #        "Bagging",
                               #        "Gradient boosting",
                               #        "Decision tree",
                               #        "Extra trees"]
if AutoML == "On":
  dropdown = clf

if clf == "None":
  dropdown = "Decision tree"
```

```
if dropdown == "Random forest":
  rf = sklearn.ensemble.RandomForestClassifier(n_estimators=500)
if dropdown == "Bagging":
  rf = BaggingClassifier(KNeighborsClassifier(), n_estimators=500,
                         max_samples=0.5, max_features=0.5)
if dropdown == "Gradient boosting":
  rf = GradientBoostingClassifier(random_state=1, n_estimators=500)
if dropdown == "Decision tree":
  rf = DecisionTreeClassifier(random_state=1)
if dropdown == "Extra trees":
  rf = ExtraTreesClassifier(random_state=1, n_estimators=500)
```

然后根据所选的最终模型来训练：

```
rf.fit(train_vectors, newsgroups_train.target)
```

AutoML 实验已接近尾声。接下来为估计器创建预测指标。

8.5.2 完成预测过程

在本节中，我们将创建预测指标和带有矢量化器的管道，并显示模型的预测。
首先，为所选模型创建最终预测指标：

```
# @title Prediction metrics
pred = rf.predict(test_vectors)
sklearn.metrics.f1_score(newsgroups_test.target,
                         pred, average='binary')
```

输出将显示所选模型的分数：

```
0.818297331639136
```

每次手动更改模型时，该分数都会不一样。该分数也可能因训练阶段的随机抽样
过程而发生变化。

接下来创建一个带有矢量化器的管道来对原始文本进行预测：

```
# @title Creating a pipeline with a vectorizer
# Creating a pipeline to implement predictions on raw text lists
# (sklearn uses vectorized data)
from lime import lime_text
from sklearn.pipeline import make_pipeline
c = make_pipeline(vectorizer, rf)
```

截取函数

现在测试预测。我在数据集中添加了两条记录来控制 LIME 解释它们的方式：

```
# @title Predictions
# YOUR INTERCEPTION FUNCTION HERE
newsgroups_test.data[1] = "Houston, we have a problem with our icecream
out here in space. The ice-cream machine is out of order!"
newsgroups_test.data[2] = "Why doesn't my TV ever work? It keeps
blinking at me as if I were the TV, and it was watching me with a
webcam. Maybe AI is becoming autonomous!"
```

请注意代码中的以下注释：

```
# YOUR INTERCEPTION FUNCTION HERE
```

本章 8.6 节 "LIME 解释器" 将它们称为 "截取记录"。

你可以在此处或程序开头添加截取函数，以插入要测试的短语。具体可以查阅第 4 章 "Microsoft Azure 机器学习模型的可解释性与 SHAP"。

我们将打印位于数据对象索引 1 的文本。你也可以将其设置为另一个值。但是，在下一节中，我们将通过表单来确保你不会选择超过列表长度的索引。

```
print(newsgroups_test.data[1])
print(c.predict_proba([newsgroups_test.data[1]]))
```

输出显示了两个类的文本和预测：

```
Houston, we have a problem with our ice-cream out here in space. The
ice-cream machine is out of order!
[[0.266 0.734]]
```

我们现在已经有了一个经过训练的模型并且已经验证了一个预测。

接下来实现 LIME 解释器来解释预测。

8.6　LIME 解释器

在本节中，我们将实现 LIME 解释器，生成解释，探索一些模拟，并通过可视化来解释结果。

在 Python 中创建解释器之前，先来总结一下我们所拥有的工具。

本章 8.1.1 节 "LIME 的数学表示" 讲述了 LIME 的等式：

$$\mathcal{E}(x) = \underset{g \in G}{\mathrm{argmin}}\, \mathcal{L}(f, g, \Pi_x) + \Omega(g)$$

该等式中的 argmin 搜索预测周围最近的可能区域，并找到令预测属于一类或另一类的特征。

如前所述，从该等式中可以得出，LIME 在不需要知道具体是什么模型以及模型是以何种方式得出该预测的情况下，也能够解释预测是如何进行的。

尽管 LIME 并不知道我们具体选择了哪个模型，但我们知道。我们在集合 G 的五个模型中选择了最佳模型 g：

$$g \in G$$

LIME 也不知道我们运行了使用 500 个估计器的集成元估计器并在摘要中获得了相当不错的结果，因为 LIME 是与模型无关的：

```
The best model is Extra Trees with a score of: 0.8183
Scores:
Random Forest:        : 0.77577
Bagging               : 0.79426
Gradient Boosting     : 0.79093
Decision Tree         : 0.72314
Extra Trees           : 0.8183
```

我们得出的结论是 g="Extra Trees"，G 中最佳的模型是极度随机树：

G= {"Random Forest", "Bagging", "Gradient Boosting", "Decision Trees", "Extra Trees"}

极度随机树分类器获得了 0.81 的分数，这为后面良好而可靠的解释奠定了基础。

我们甚至在"截取函数"一节中创建了一个截取函数，就像我们在第 4 章"Microsoft Azure 机器学习模型的可解释性与 SHAP"所做的那样。

我们现在应该期待 LIME 解释器能够突出显示有价值的特征，就像我们在第 4 章所做的那样。

但是我们能够得到符合期望的解释吗？现在动手试试吧。

首先，我们需要创建 LIME 解释器并生成解释。

8.6.1 创建 LIME 解释器

在本节中，我们将创建 LIME 解释器，选择要解释的文本，并生成解释。
下面先创建解释器：

```
# @title Creating the LIME explainer
from lime.lime_text import LimeTextExplainer
explainer = LimeTextExplainer(class_names=class_names)
```

解释器使用了我们导入数据集时定义的类的名称：

```
class_names = ['electronics', 'space']
```

然后获取数据集的长度：

```
pn = len(newsgroups_test.data)
print("Length of newsgroup", pn)
```

在本例中，输出如下：

```
Length of newsgroup 787
```

你现在可以在表单中选择列表的索引，如图 8.3 所示。

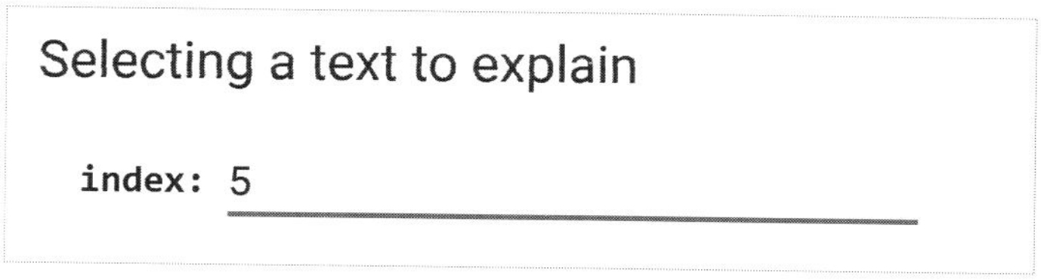

图 8.3　选择列表的索引

如果在选择超过数据集长度的索引后再双击表单，则索引将默认为 1：

```
# @title Selecting a text to explain
index = 5 # @param {type: "number"}
idx = index
if idx > pn:
  idx = 1


print(newsgroups_test.data[idx])
```

你现在可以看到列表中该元素的内容，如以下消息摘录所示：

```
From: cmh@eng.cam.ac.uk (C.M. Hicks)
Subject: Re: Making up odd resistor values required by filters
Nntp-Posting-Host: club.eng.cam.ac.uk
Organization: cam.eng
Lines: 26


idh@nessie.mcc.ac.uk (Ian Hawkins) writes:

>When constructing active filters, odd values of resistor are often
required
>(i.e. something like a 3.14 K Ohm resistor).(It seems best to choose
common
>capacitor values and cope with the strange resistances then demanded).
```

因为测试数据集是随机抽样的，所以每次运行程序，索引的内容都可能不同。
最后为这条消息生成一个解释：

```
# @title Generating the explanation
exp = explainer.explain_instance(newsgroups_test.data[idx],
```

```
                                            c.predict_proba, num_features=10)
print('Document id: %d' % idx)
print('Probability(space) =',
      c.predict_proba([newsgroups_test.data[idx]])[0,1])
print('True class: %s' % class_names[newsgroups_test.target[idx]])
```

输出将显示文档索引、概率和分类信息：

```
Document id: 5
Probability(space) = 0.45
True class: electronics
```

现在我们创建了解释器，选择了一条消息，并生成了一个解释。

接下来解释 LIME 解释器产生的结果。

8.6.2 阐释 LIME 解释器

本节将阐释 LIME 解释器产生的结果。"阐释"这个词的使用是有充分理由的。

解释(explain)通常是指令一些事情变得可以理解，以及令一些不清楚的事情变得清晰明了。XAI 可以使用我们在本书中实现的方法和算法来做到这一点。

阐释(interpret)不仅仅意味着解释。它不只意味着查看预测的上下文并提供解释。当我们人类阐释某事时，除了解释之外，我们还会寻求超越我们观察的实例、超越上下文的联系，从而建立机器无法想象的联系。

XAI 能够澄清一个预测。阐释则需要人类独特的想象力，将特定主题与广泛领域联系起来。机器只能解释，而人类还能够联想、想象和创新。

理解以下部分需要你的人类阐释能力，因为机器只能给出每个单词的值，但是至于这个单词有没有意义，只有人类才能够判断。

1. 将预测解释为列表

在本章 8.10 节"扩展阅读"中，有一篇论文"Why Should I Trust You?": Explaining the Predictions of Any Classifier。这篇论文有一个结论：如果某些内容不符合我们在选择使用某些新闻组时的预期，那么模型的预测是不可信任的。

在本节中，我们会尝试找出原因。

下面将 LIME 的解释显示为列表：

```
# @title Explain as a list
exp.as_list()
```

输出将会打印我们选择的索引 5 的解释！

仔细看一下 LIME 突出显示的、可能会影响预测的单词列表：

```
[('given', 0.07591981678565418),
 ('space', 0.05907439931403264),
 ('program', 0.031052797629092826),
 ('values', -0.01962286424974262),
 ('want', -0.019085470026052057),
 ('took', 0.018065064825319777),
 ('such', 0.017583164138156998),
 ('resistor', -0.015927676300306223),
 ('reported', 0.011573402045350527),
 ('was', 0.0076483181262587616)]
```

每个单词对预测都有负的或正的影响，这就是解释，这是机器所能够做到的。但我们人类可以判断出，这些单词没有任何意义，这就是阐释。

如果去掉类名 space，我们会得到 LIME 解释的 W 集合，如下所示：

```
W = {"given", "program", "value", "want", "took", "resistor", "reported",
"was"}
```

其中 resistor(电阻器)一词可以应用于航天器或无线电。

如果尝试截取函数中的一个句子，我们会得到一个过拟合的解释。返回到前面的 Selecting a text to explain 表单，将索引选为 1，然后重新运行程序。

先读一下句子：

```
Houston, we have a problem with our ice-cream out here in space. The
ice-cream machine is out of order!
```

然后看一下 LIME 的解释：

```
[('space', 0.2234448477494966),
 ('we', 0.05818967308950206),
 ('in', 0.015367276432916372),
 ('ice', -0.015137670461620763),
 ('of', 0.014242945006601808),
 ('our', 0.012470992672708379),
 ('with', -0.010137856356371086),
 ('Houston', 0.009826506741944144),
 ('The', 0.00836296328281397),
 ('machine', -0.0033670468609339615)]
```

然后去掉类名 space 并创建一个包含 LIME 解释的集合 W'。我们将尽可能按照单词在原句中的顺序来进行解释：

```
W' = {"Houston", "we", "with", "our", "in", "the", "ice", "machine",
"of"}
```

可以看出，以上解释也没有任何意义，因为关键特征并没有针对性。

你还可以随机尝试其他索引，看看相关解释有没有帮助。

接下来用图来形象化 LIME 的解释。

2. 用图解释

在本节中，我们将可视化索引 5 文本的解释。我们不会发现任何新东西。但是，我们将对 LIME 的解释有一个更好的了解。

首先删除一些特征，然后重新预测，以测量这些被删除的特征对预测的影响：

```
# @title Removing some features
print('Original prediction:',
      rf.predict_proba(test_vectors[idx])[0, 1])
tmp = test_vectors[idx].copy()
tmp[0, vectorizer.vocabulary_['Posting']] = 0
tmp[0, vectorizer.vocabulary_['Host']] = 0
print('Prediction removing some features:',
      rf.predict_proba(tmp)[0, 1])
print('Difference:', rf.predict_proba(tmp)[0, 1] -
                     rf.predict_proba(test_vectors[idx])[0, 1])
```

以上代码的用意是：模拟各种局部场景。

可见，这些特征的影响很小，因此并不会改变预测：

```
Original prediction: 0.334
Prediction removing some features: 0.336
Difference: 0.0020000000000000018
```

接下来创建图(如图 8.4 所示)：

```
# @title Explaining with a plot
fig = exp.as_pyplot_figure()
```

该图通过直观清晰的形式显示出了我们已知的内容：

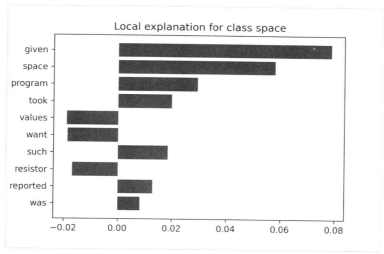

图 8.4　预测的局部解释

可以看到，对预测结果(归类到 space)有正面影响的词没有意义，例如 given、took、such、was 和 reported。

有负面影响的词，例如 want，也没有意义。

该图证实了我们在前面验证中所得出的结论。

下面在 notebook 中可视化解释的摘要：

```
# @title Visual explanations
exp.show_in_notebook(text=False)
```

然后保存解释并将解释显示在 HTML 输出中：

```
# @title Saving explanation
exp.save_to_file('/content/oi.html')
```

```
# @title Showing in notebook
exp.show_in_notebook(text=True)
```

输出将会是一个可视化的 HTML 输出，它包含了可视化的 LIME 解释。

在左侧，我们可以可视化预测的概率，如图 8.5 所示。

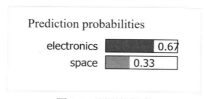

图 8.5　预测的概率

在中间，可以看到文字解释以清晰直观的形式显示出来了，见图 8.6。

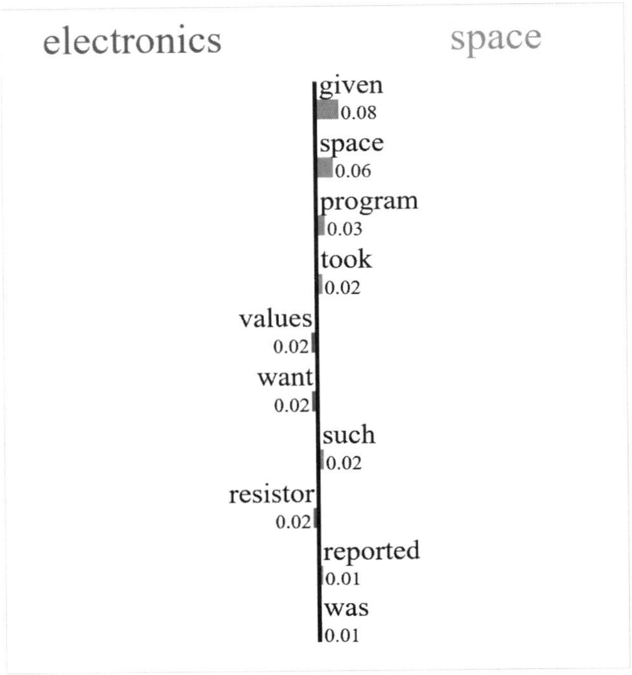

electronics   space

given
0.08

space
0.06

program
0.03

took
0.02

values
0.02

want
0.02

such
0.02

resistor
0.02

reported
0.01

was
0.01

图 8.6　预测的解释

在右侧，可以查阅该预测和 LIME 解释的原文，如图 8.7 所示。

|Is there a PD program out there that will work out how best to make up such
|a resistance, given fixed resistors of the standard 12 values per decade?.(1,
|1.2,1.5,1.8,2.2,3.3 etc). It is a common enough problem, yet I cant
|recall seing a program that tells that Rx+Ry//Rz gives Rq, starting with
|q and finding prefered values x,y and z.

I once wrote such a program (in BBC basic...) It was very crude, and took
around 5 seconds to do an exhaustive search (with a small amount of
intelligence), and told you the best combination |Rq and the best below Rq.

图 8.7　预测的原文

LIME 的解释显示在文本中，通过突出显示相关单词来进行解释。每种颜色反映
LIME 计算的值。

3. LIME 解释过程的结论

我们可以从前面实施的 LIME 过程得出几个结论：

- LIME 证明，如果没有 XAI，即使预测是准确的，它也是不可信的。所有预测，无论真假，都必须用 XAI 进行解释，以使输出可信。只有了解了每个输出，我们才会信任 AI 程序。
- 局部可解释模型能够测量出我们对预测的信任程度。
- 局部解释可能会表明数据集无法产生可信的预测。
- XAI 可以证明模型是否不可信。
- LIME 的可视化解释是帮助用户获得对 AI 系统信任的绝佳方式。

请注意，在第三个结论中，措辞是"可能会表明"。由于此类模型涉及的参数数量众多，因此我们必须认真检查。第 12 章"认知解释法"将继续探讨这一点。

我们只能得出一个全局结论：

> 一旦用户发现有不符合其预期的解释，下一步将是调查并改进模型。在找到得出该解释的原因之前，不能轻易下结论。

在本节中，我们证明了 XAI 是任何 AI 项目的先决条件，而不仅仅是一个可选的选项。

8.7　本章小结

本章的开头明确了 AI 的发展依赖于信任。用户必须理解预测和 ML 模型生成其输出的标准才会信任 AI。

LIME 从局部层面解决 AI 可解释问题，从而避免误解，避免伤害人机关系。LIME 解释器并不满足于一个准确的全局模型。它深入挖掘局部样本以解释预测。

然后我们安装了 LIME 并检索了 electronics 和 space 新闻组文本。我们对数据进行了矢量化处理并创建了多个模型。

在实现了几个模型和 LIME 解释器之后，我们运行了一个实验性 AutoML 模块。

然后使用所有模型来生成预测，并且记录每个模型的准确性并将它与它的竞争对手进行比较。随后对最佳模型的预测应用 LIME 的解释。

此外，每个模型的最终得分显示了哪个模型在这个数据集上的表现最佳。我们看到了 LIME 是如何解释准确或不准确模型的预测的。

LIME 在随机森林、Bagging、梯度提升、决策树和极度随机树模型上的成功实施证明了 LIME 的模型无关属性。

AI 的解释和阐释需要可视化表示。LIME 的图能够将 ML 算法的复杂性转化为清晰明了的可视化解释。

LIME 再次表明，AI 的可解释性取决于三个因素：数据集的质量、模型的实现以及模型预测的质量。

下一章"反事实解释法"将探讨如何比较事实数据点与反事实数据点来解释 AI。

8.8　习题

1. LIME 的全称是 Local Interpretable Model-Agnostic Explanations。(对|错)
2. LIME 测量模型的整体准确率得分。(对|错)
3. LIME 的主要目标是验证局部预测是否忠实于模型。(对|错)
4. LIME 解释器显示了为什么局部预测值得信赖或不值得信赖。(对|错)
5. 如果你对随机森林模型使用 LIME，则不能将该 LIME 用于极度随机树模型。(对|错)
6. 需要针对每个模型都实现一个 LIME 解释器。(对|错)
7. 如果用户对预测感到满意，则不需要预测指标。(对|错)
8. 准确率得分较低的模型可以产生准确的输出。(对|错)
9. 准确率得分较高的模型会提供正确的输出。(对|错)
10. 基准模型可以帮助选择模型或对其进行微调。(对|错)

8.9　参考资料

如想获得 LIME 的参考代码，请单击链接 https://github.com/marcotcr/lime。

8.10　扩展阅读

- 有关 LIME 的更多信息，请参阅以下内容：
  - https://homes.cs.washington.edu/~marcotcr/blog/lime/。
  - 论文 "Why Should I Trust You?": Explaining the Predictions of Any Classifier 网址为 https://arxiv.org/pdf/1602.04938v1.pdf。
- 有关 scikit-learn 的更多信息，请参阅 https://scikit-learn.org。

第**9**章

反事实解释法

欧盟《一般数据保护法案》(GDPR)规定：自动化程序(包括 AI)如果使用了私人资料，则必须做出解释。第 2 章 "AI 偏差和道德方面的白盒 XAI" 描述了 AI 面临的法律义务。一旦发生官司，如果原告在法庭上要求 AI 系统的相关负责人解释 ML 应用程序所做出的决定，那么该负责人必须证明 AI 系统所做决策和相关输出的合理性。

在前面的章节中，我们通过自下而上的方法了解了可解释 AI(XAI)方法并探讨了相关源代码。我们看到了数据是如何被加载、矢量化、预处理和拆分为训练/测试数据集的，并且描述了一些 ML 和深度学习算法的数学表示。我们还定义了 ML 模型的参数。在第 4 章 "Microsoft Azure 机器学习模型的可解释性与 SHAP"，我们计算了特征的 Shapley 值，以获知其对正面或负面预测的边际贡献。

在第 8 章 "LIME"，我们抽取了数据集中的一个实例以在局部层面解释预测。

第 5 章 "从零开始构建可解释 AI 解决方案" 的 5.4 节 "将 WIT 应用于转换后的数据集" 讲述了反事实数据点。

反事实解释法从另一个视角看待 AI。在现实工作中，在 AI 系统上投入了大量资源的相关负责人并不想将 AI 系统里面的细节公之于众。如果详细解释 ML 的过程，可能会损害 AI 系统相关负责人的利益。然而，因为法律义务，相关负责人必须提供解释。

反事实解释法引入了一个新维度：无条件性(unconditionality)。无条件性是指我们不需要关心这些数据的来源或具体的 AI 模型实现。无条件的解释让本书的 XAI 之旅更上了一个层次。

反事实解释法不需要打开和查看黑盒算法，也不需要关心预处理阶段以及 AI 程序是如何实现的。反事实解释法根本不需要了解算法或阅读其代码，甚至根本不需要知道模型在做什么。

反事实解释法需要 AI 专家采用一种新的具有挑战性的方法，即自上而下的方法。

在本章中,我们将开始通过两个预测之间的距离来查看反事实解释并检查它们的特征。我们将从用户视角出发去分析它们。可视化的反事实解释法可以将被错误分类的数据点特征与被正确分类的相似数据点特征进行对比,从而快速找到解释。

然后离开反事实解释的顶层,开始探索反事实解释的逻辑和指标。

最后,我们将到达代码级别并描述这个深度学习模型的架构。

本章涵盖以下主题:
- 使用 WIT 可视化反事实距离
- 在 Google Colaboratory 运行 Counterfactual_Explanations.ipynb
- 定义反事实解释法
- 定义对预测的信念
- 定义预测的真
- 定义确证
- 定义敏感性
- L1 范数距离函数
- L2 范数距离函数
- 自定义距离函数
- 如何调用 WIT
- 自定义预测函数
- XAI 的未来

第一步是通过示例探索反事实解释法。

9.1 介绍反事实解释法

在本章中,我们将以一种独特的方式探索对 AI 的解释。我们将不再使用以往那种开发人员入门方法:按顺序从头到尾讲解代码。

当面对需要立即解释的事实和反事实数据时,可采用反事实解释法从用户视角入手。

现在先看看我们要使用的数据集以及使用这个数据集的原因。

9.1.1 数据集和动机

情感分析是 AI 的关键领域之一。AI 分析我们在社交媒体上的照片来确定我们是谁。社交媒体平台每天扫描我们的照片来了解我们。我们的照片已经进入了谷歌、Facebook、Instagram 和其他数据收集巨头的大型数据集里。

照片上是否有笑容这一特征对情感分析有很大的影响。AI 需要根据这点进行预测。

例如，假设 AI 检测 100 张人物照，这 100 张人物照中有 0 个在笑和 50 个在皱眉，AI 会据此得出一些预测。如果这 100 张人物照中有 95 个是在笑的，AI 会据此得出不同的预测。

带有网络摄像头的聊天机器人会根据用户的面部表情做出反应。如果用户在笑，聊天机器人就会很活泼。如果没有，聊天机器人可能会以谨慎的闲聊开始对话。

本章将探索 CelebA 数据集，该数据集包含 200 000 多张名人照片，每张图像有 40 个注释属性。该数据集可用于所有类型的计算机视觉任务，例如人脸识别或笑容检测。

本章重点介绍用于笑容检测的反事实数据点。

接下来使用 WIT 可视化反事实距离。

9.1.2　使用 WIT 可视化反事实距离

在 Google Colaboratory 打开 Counterfactual_Explanations.ipynb。这个 notebook 是一个出色的、可用于反事实解释的 Google WIT 教程。在本节中，我们将扮演一个 AI 专家，使用 WIT 的反事实界面对 AI 系统产生的某些结果进行解释。

程序首先自动导入 tensorflow 并打印 tensorflow 的版本：

```
import tensorflow as tf
print(tf.__version__)
```

系统可能会要求你重启 notebook。你可以通过 Runtime(代码执行程序)菜单中的 Run all(全部运行)子菜单来重启 notebook。

然后，自动安装 widget：

```
# @title Install the What-If Tool widget if running in Colab
# {display-mode: "form"}
!pip install witwidget
```

这种自上而下的方法不会逐单元格地运行程序。我们将直接运行整个程序，然后开始交互式分析结果。因此，点开菜单 Runtime(代码执行程序)，然后单击 Run all(全部运行)子菜单，如图 9.1 所示。

图 9.1　直接运行整个程序

在程序运行完所有单元格之后，向下滚动到 notebook 底部的 Invoke What-If Tool for

the data and model 单元格。

你将在屏幕右侧看到一堆图像数据点，这些图像里的人有的在笑，有的没在笑。如想查看原图，则需要将 Color By 设置为(none)，如图 9.2 所示。

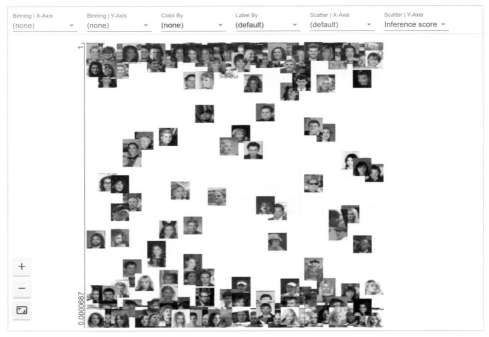

图 9.2　将图像显示为数据点

在 WIT 界面的左侧应该有一个空白屏幕，等待着你单击数据点并开始进行分析，如图 9.3 所示。

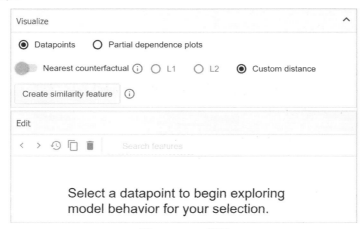

图 9.3　WIT 界面

这个自上而下的过程将引导我们使用默认设置逐级向下探索 WIT。

9.1.3　使用默认视图探索数据点距离

数据点默认显示原图。现在从 Label By 下拉列表中选择 Inference value，如图 9.4 所示。

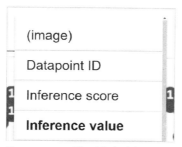

图 9.4　从 Label By 下拉列表中选择 Inference value

选择了之后，数据点标签将从原图变成其预测值(见图 9.5)。

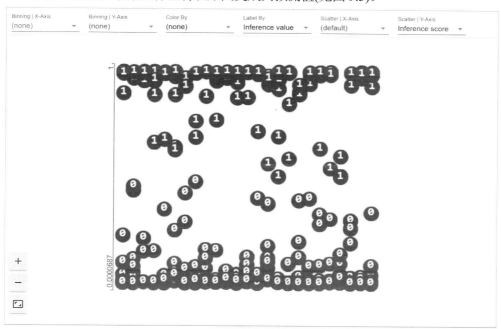

图 9.5　数据点的预测值

现在，将 Label By 设置为(image)，将 Color By 设置为 Inference value。如图 9.6 所示。这一次，图像变成了两种颜色：一种颜色被归类为在笑的图像(顶部)，另一种颜色被归类为没在笑的图像(底部)。图像位置越高，这张图像在笑的概率就越高。

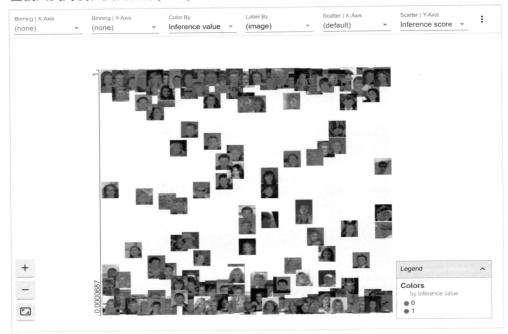

图 9.6　根据预测值分颜色显示数据点

下面开始反事实调查，如图 9.7 所示，单击其中一张被预测为没在笑的图像来选择数据点。

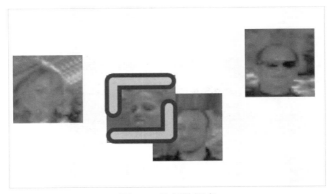

图 9.7　选择数据点

界面左侧将出现数据点的特征，见图 9.8。

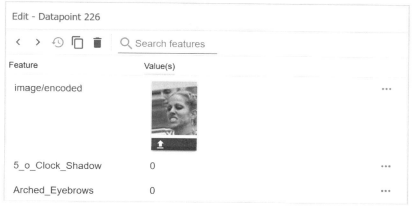

图 9.8　数据点的特征

向下滚动以查看更多的特征。现在启用 Nearest counterfactual(最近的反事实数据点)功能，见图 9.9。

图 9.9　启用 Nearest counterfactual(最近的反事实数据点)功能

启用之后会显示最近的反事实数据点。如图 9.10 所示，最近的反事实数据点是一个被预测为在笑的图像。

图 9.10　可视化数据点及其最近的反事实数据点

现在可以比较两个数据点的特征了，见图 9.11。

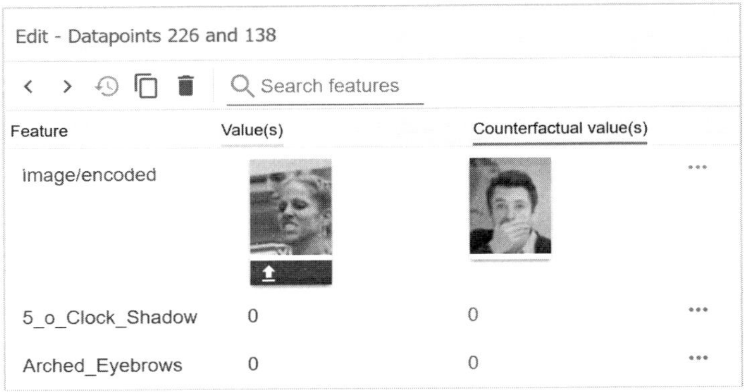

图 9.11 比较两个数据点的特征

人类能够轻易看出这里有问题！左边的图像好像很开心、很兴奋，却被预测为“没在笑”？右边的图像好像没在笑，却被预测为“在笑”？

如果向下滚动并比较两张图片的特征，我们会发现这两张图像的标签都是“没在笑”，如图 9.12 所示，也就是说，左边的图像预测正确，右边的图像预测错误。

Sideburns	0	0	•••
Smiling	0	0	•••
Straight_Hair	0	0	•••

图 9.12 两张图像都被标记为“没在笑”

这就对模型的可信度提出了几个问题。首先，可以从反事实解释的无条件视角来提出几个问题。

- 这两张图像都不能真正证明任何一个人在笑或者没在笑。
- 左边的人在开心的时候并不是通过笑来表现的，而是通过这张图像中的表情，例如，怒吼一声：“我做到了！”
- 右边用手遮住嘴的人为什么会被归入类别“在笑”？

也有可能是我们错了，我们并没有正确理解以上图像。在某些情况下，我们没有足够的图像信息来确保我们做出正确的结论。有时，如果图像不够精确，人类和机器会感到困惑。因此，WIT 这个界面非常重要。我们可以通过 WIT 界面来修改数据，可视化图像并提高我们准备和分析数据集的能力。接下来通过 WIT 来尝试找出这些问题的答案。

下面将 Label By 设置为 Inference value 并将 Color By 设置为 Inference score。图 9.13 展示了按预测值显示的数据点及其反事实数据点。

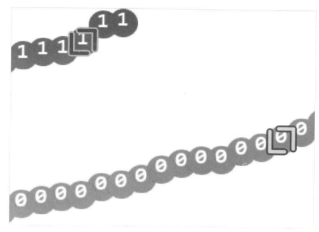

图 9.13　按预测值显示数据点及其反事实数据点

可以看到，捂着嘴巴的男性图像的 Inference value 是 1，因此可以确认该图像被预测为在笑的一类，看来 AI 模型有问题。

现在假设将这种方法用于其他领域，我们将会看到无条件反事实解释如何为未来几年的许多诉讼提供法律依据。

- 假设 1 表示从银行获得贷款的人，0 表示未获得相同类型贷款的人。如果我们无法解释 AI 是如何得出 1 这个预测的，也就是说该预测是在没有足够信息的情况下做出的。只要没有获得贷款的那个人起诉我们，那么他很有可能会赢得诉讼，因为我们无法做出合理的解释。
- 假设 1 表示诊断病人得了癌症，0 表示诊断病人健康，尽管它们的属性相似。这种情况不仅会带来诉讼，还会影响到病人的生命。

除了上述假设，在继续使用无条件反事实解释法之前，请尽量想象一下其他类似的场景。

现在从更高的层次进行总结。

- 无条件：我们不关心这些数据的来源或具体的 AI 模型实现。我们想知道为什么一个人被归类到"在笑"而另一个人却没有。在这种情况下，上面所提供的 AI 模型解释远不能令人信服。当然，这个 notebook 的全部意义在于表明：如果没有 XAI，就不要轻易相信号称准确率很高的 AI 的性能测量结果。
- 反事实：随机选取一个数据点，然后选择一个反事实点进行比较，以观察模型的预测是否有问题。

如前所述，该 AI 模型因为无法解释其预测的合理性，可能会在法庭上遇到严重的麻烦。然而，我们之所以设计这个 notebook，正是为了帮助我们理解无条件反事实解释法的重要性。现在看来，我们实现了这个目标，虽然我们并没有阐明 AI 模型是如何做出预测的。

基于以下 GDPR 法律条文,XAI 已经从一种可选的、很酷的解释 AI 的方式变为一项必需的、涉及重大后果的法律义务。

(71) 数据主体的应有权利不应该受到决定的限制,该决定可能包括评估与他或她有关的个人方面的措施,该措施仅基于自动化处理并对其产生法律效力或同样对他或她产生重大影响,例如在没有任何人工干预的情况下自动拒绝在线信用申请或电子招聘等做法。

.../...

在任何情况下,此类处理都应受制于适当的保护措施,其中应包括向数据主体提供特定信息并授予其适当的权利,使其能够进行人工干预,表达其观点,获得对此类评估后做出的决定的解释并挑战这个决定。

Regulation 2016/679, GDPR, recital 71, 2016 O.J. (L 119) 14 (EU)[1]

通俗地讲,以上法律条文意味着:数据主体对于自动化决定不满意时,可以要求人工干预,并可以表达意见,获取该自动化决定的解释,且有权在对该自动化决定及其解释不满意时选择退出。

反事实解释符合以上法律要求。

接下来进入一个较低的层次,以便更深入地研究反事实解释的逻辑。

9.1.4 反事实解释的逻辑

本节将探讨反事实解释的逻辑以及关键知识点。

反事实解释包括三个来自传统 AI 的概念和来自 ML 理论的第四个概念:

- 信念(Belief)——来自传统 AI
- 真(Truth)——来自传统 AI
- 确证(Justification)——来自传统 AI
- 敏感性(Sensitivity)——来自 ML 理论

下面从信念开始讲起。

1. 信念

如果我们觉得 AI 系统的预测不可信,将会动摇这个 AI 系统的基础。

信念(Belief)是主体 S 和命题 p 之间的信任纽带。信念不需要真或确证,可以表述如下:

> 如果 p 是可信的,则 S 会相信 p。

---

1 译者注:这些条文在 GDPR 的背景陈述部分(recital),而不是在 GDPR 的正文里面,所以如果读者搜不到这些条文,请使用 "GDPR recital 71" 进行搜索。

主体 S 不需要信念之外的其他信息即可得出 p 为真的结论。

例如，基于人类经验的 S 会相信基于图 9.14 的四个断言。

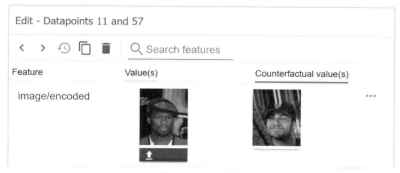

图 9.14　比较图像

- p 为真：左边的人没在笑。
- p 为真：左边的人在笑的说法是错误的。
- p 为真：右边的人在笑。
- p 为真：右边的人没在笑的说法是错误的。

如果 AI 系统的预测属于以上四种情况，S 会相信 AI 系统。但是，在下面这种情况中，S 对 AI 系统的信念可能会动摇。图 9.15 很难让人相信这样的预测：预测左边图像"没在笑"(假阴性)。

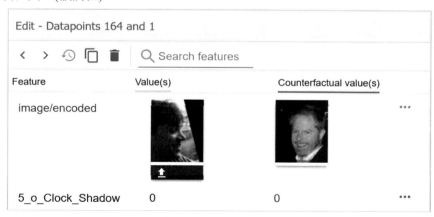

图 9.15　假阴性和真阳性

在这种情况下，AI 系统的预测会动摇 S 的信念：

如果 p 是假的，S 会不相信 p。

这个断言很快就会引起更多的怀疑(人们会因为这个预测是不可信的，故而不相信 AI 系统做出的其他预测)：

如果这个 p 是假的，S 会不相信任何其他的 p。

图 9.16 中两个数据点之间的反事实距离会导致人们对 AI 系统的预测能力缺乏信念。

图 9.16　可视化两个数据点之间的距离

两个在笑的人之间的距离超越了 S 对系统的信念。如果放大右下角的图像，我们可以看到人物嘴角(白线)确实有向上扬起，所以该图像被标注为在笑的一类，这是有道理的。这个教训告诉我们，必须培养批判性思维，不要不经质疑就相信任何预测。

接下来探讨一下真在分析反事实解释时的贡献。

2. 真

假设观察 AI 系统的主体 S 相信 p，即系统做出的断言(即预测)。

即使 S 相信 p，也会有以下可能性：

- S 相信 p，p 是假的。
- S 相信 p，p 是真的。

在应用反事实 XAI 方法时，适合使用以下最佳实践规则：

- 没有信念，S 就不会相信明显的真。
- 信念并不意味着真。

花点时间观察一下图 9.17。

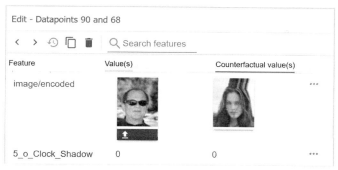

图 9.17　检测一个人是否在笑

notebook 的模型做出了以下断言：

p: 左边的人在笑，右边的人没在笑。

在这种情况下，S 相信 p，但是 p 是真的吗？

如果你仔细观察左边的图像，这个人可能在笑，也可能是因为阳光刺眼，他不得不眯着眼睛，紧绷着脸。

然而，这张图像的预测值是 1(真，即这个人在笑)。

至此，反事实解释逻辑可以总结如下：

S 相信 p。

p 可能是真的。

但是，p 必须是确证的。

3. 确证

如果 AI 系统提供商有足够的人力资源去验证 p 是不是真的(即确证)，那么反事实解释逻辑可以总结如下：

S 相信 p，p 可能是真的，S 可以从人类那里获得确证。

以上逻辑需要满足以下条件才能生效：

- 需要有足够的人力资源去确证 p。
- 需要有能力去培训这些人力资源。

随着 AI 系统的扩张，p 的数量会大幅增加，更好的方法是：

- 尽可能多地实施 XAI，让用户自己去确证，以减少 AI 系统提供商的人力资源消耗。
- 仅在必要时使用人力资源。

可见，确证为用户提供了更清晰的解释。接下来探讨反事实解释法的敏感性。

4. 敏感性

敏感性是反事实解释的基本概念和核心。

"信念"一节中有提到,信念可能会受到损害。请参阅以下内容:

如果 p 是假的,S 会不相信 p。

这个断言很快就会引起更多的怀疑:

如果这个 p 是假的,S 会不相信任何其他的 p。

这种否定的断言并不能解决问题。"不相信 p"只是表示怀疑,而不是真,并且不提供任何确证。真可以确定 p 是否为真。确证可以提供有用的规则。敏感性将使我们更接近我们要寻找的解释。

假设 p 是一个假阴性的预测,即一个人实际在笑,但被归类为没在笑。

假设 X_{tp} 是数据集中代表在笑图像的数据点:

$$X_{tp} = \{x_1, x_2, x_3, ..., x_{n'}\}$$

我们的目标(也就是敏感性)是找出一组最接近 p 的特征的数据点,例如图 9.18 中的示例。

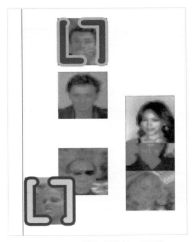

图 9.18 对敏感性的可视化

本节讨论了反事实解释的关键概念:信念、真、确证和敏感性。

如前所述,敏感性就是找出一组最接近 p 的特征的数据点,"最接近"这个词就是接下来要探讨的最佳距离函数。

9.2 距离函数的选项

WIT 使用距离函数来直观地表示数据点间的距离。如果单击 Nearest counterfactual

旁边的信息符号(i)，将看到 WIT 有三个可用的距离函数选项，如图 9.19 所示。

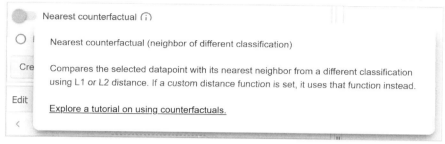

图 9.19　WIT 的距离函数选项

本节将从 L1 范数开始逐个介绍这些选项：
- L1 范数
- L2 范数
- 自定义距离

9.2.1　L1 范数

L1 范数又称曼哈顿范数(Manhattan norm)或出租车范数(taxicab norm)，因为它是以类似于曼哈顿街区的方式来计算距离的。图 9.20 展示了像纽约市曼哈顿建筑一样的网格。

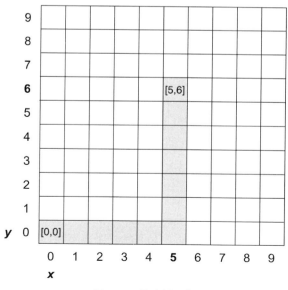

图 9.20　曼哈顿距离

假设你想从点[0, 0]乘出租车去点[5, 6]。司机将沿直线行驶 5 个街区(见灰色路径)，然后向左转并行驶 6 个街区(见灰色路径)。你将支付 5 + 6 = 11 个方块的距离，表示如下：

$$支付距离 = 5\ 块\ + 6\ 块\ = 11\ 块$$

如果现在将此表达式转换为 L1 范数的数学表达式，将得到以下结果：

$$|X| = |x| + |y|，在本例中即|X| = 5 + 6 = 11$$

$|X|$就是两个数据点之间的距离。

也可以将出租车表达式转换为最小偏差函数。变量如下。

- Y_i：目标值
- $p(X_i)$：ML 模型产生的预测值
- S：目标值与预测值之间的绝对差之和

可将 Y_i 比作出租车从出发点到目的点的最短路径。

可将 $p(X_i)$比作出租车司机，他不走最短路径，而是带我们走较远的路。正常情况下出租车司机是不会这么做的，这次他只是为了配合我们讲解数学等式而已。

可将 S 比作我们想要支付的距离(最短的)和出租车行驶的实际距离(更长的)之间的绝对差值。

例如，用于测量出租车在一天内为所有客户走过的 n 条路径的数学表达式如下：

$$S = \sum_{i=1}^{n} |y_i - p(x_i)|$$

在将值的总和除以其他统计值这一点上，L1 有多种变体。在本示例中，一个简单的变体是将结果除以当天出租车的票价数 n，以获得该出租车司机的平均偏差。

在一天结束时，我们可能会发现这个出租车司机的平均偏差是总偏差/票价数 = 平均偏差。这只是其中一种变体。

无论如何，ML 的目标是最小化 L1 的值以提高模型的准确率。

这就是 L1 这个强大而可靠的距离函数的用途！

L2 范数也被广泛用作距离函数。

9.2.2 L2 范数

L2 范数计算两点之间的最短路径。与曼哈顿距离不同，它可以直接穿过建筑物。我们可以将 L2 范数想象为从一个点到另一个点的"一只鸟的距离"，如图 9.21 所示。

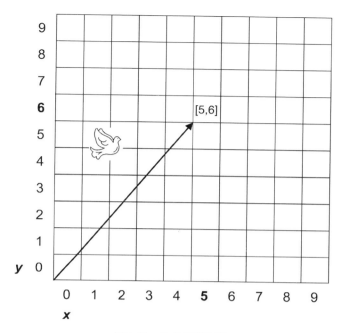

图 9.21 欧几里得距离

L2 使用两点之间的欧几里得距离。

y_i 表示目标预测的 $t(x)$ 和 $t(y)$ 坐标，而 $p(x_i)$ 表示预测的 $p(x)$ 和 $p(y)$ 坐标。欧几里得距离可以表示为：

$$d_i = \sqrt{y_i^2 - p(x_i)^2} = \sqrt{\left(t(x_i) - p(x_i)\right)^2 + \left(t(y_i) - p(y_i)\right)^2}$$

在本出租车示例中，出发点为原点 (0, 0)，因此 $t(x) = 0$ 且 $t(y) = 0$。这个示例中的欧几里得距离如下：

$$d_i = \sqrt{\left(t(x_i) - p(x_i)\right)^2 + \left(t(y_i) - p(y_i)\right)^2} = \sqrt{(0 - 5)^2 + (0 - 6)^2}$$
$$= \sqrt{(25 + 36)} = 7.81$$

与 L1 一样，ML 的目标是最小化 L2 的值以提高模型的准确率。

我们还可以使用自定义距离函数。

9.2.3 自定义距离函数

我们对该图像数据集的自定义距离函数是 numpy.linalg.norm，它有一系列的参数和选项，相关的更多信息，请参阅 https://docs.scipy.org/doc/numpy/reference/generated/numpy.linalg.norm.html。

本例中的自定义距离函数计算当前图像与图像平均颜色的距离，其代码如下：

```
# Define the custom distance function that compares the
# average color of images
def image_mean_distance(ex, exs, params):
    selected_im = decode_image(ex)
    mean_color = np.mean(selected_im, axis=(0, 1))
    image_distances = [np.linalg.norm(mean_color -
        np.mean(decode_image(e), axis=(0, 1))) for e in exs]
    return image_distances
```

现在我们已经了解了反事实解释法的逻辑和距离函数。接下来深入研究深度学习模型的架构。

9.3　深度学习模型的架构

在本节中，我们将继续采用自上而下、面向用户的方法。这种自上而下的方法将我们从程序的顶层带到底层。重要的是学习如何从不同的视角去了解你的应用程序。

下面将按照以下顺序从用户视角再走一遍前面的流程：

● 调用 WIT
● WIT 的自定义预测函数

先看一下如何调用可视化工具 WIT。

9.3.1　调用 WIT

为了调用 WIT，你可以在 notebook 的 Invoke What-If Tool for the data and model 单元格中的表单选择数据点的数量和工具的高度，如图 9.22 所示。

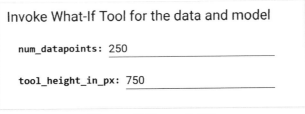

图 9.22　设置 WIT 的参数

接下来配置 WitConfigBuilder，我们使用了在前面表单中定义的 num_datapoints，以及 9.2 节"距离函数的选项"中描述的自定义距离函数 image_mean_distance：

```
# Setup the tool with the test examples and the trained classifier
config_builder = WitConfigBuilder(
```

```
examples[:num_datapoints]).set_custom_predict_fn(
    custom_predict).set_custom_distance_fn(image_mean_distance)
```

然后将 WitConfigBuilder 配置和在表单中定义的 tool_height_in_px 赋给 WitWidget
以创建 WIT 界面(即 wv):

```
wv = WitWidget(config_builder, height=tool_height_in_px)
```

WIT 显示了 9.1 节"反事实解释法"探讨的界面。

请注意,config_builder 调用了 custom_predict,即自定义预测函数。接下来探讨这
个函数。

9.3.2　自定义预测函数

自定义预测函数 custom_predict 提取 image/encoded 字段,该字段是一个将图像编
码成字节列表的关键特征。然后使用 BytesIO 读取该特征并使用 Python 图像库(Python
Imaging Library,简写 PIL)将其解码成图像。

PIL 用于加载和处理图像。PIL 可以加载图像并将图像转换为 NumPy 数组。在本
例中,图像字节编码数组是一组介于 0.0 和 1.0 之间的浮点数。输出是一个包含 n 个样
本和标签的 NumPy 数组:

```
def custom_predict(examples_to_infer):
  def load_byte_img(im_bytes):
    buf = BytesIO(im_bytes)
    return np.array(Image.open(buf), dtype=np.float64) / 255.

  ims = [load_byte_img(
    ex.features.feature['image/encoded'].bytes_list.value[0])
      for ex in examples_to_infer]
  preds = model1.predict(np.array(ims))
  return preds
```

你可以在 WIT 界面中调用该函数。首先,单击一个数据点,然后启用 Nearest
counterfactual,它将使用距离函数找到最近的反事实数据点,如图 9.23 所示。

图 9.23　启用 Nearest counterfactual

WIT 界面将显示事实和反事实数据点及其属性(图 9.24)。

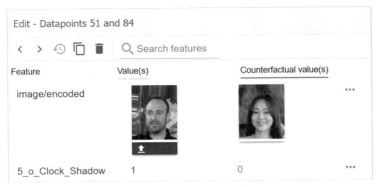

图 9.24　比较两个数据点

你可能想看看更改事实数据点的属性值后会发生什么。你可以双击 Arched_Eyebrows 的值，然后将它从 0 改为 1。修改完之后，所在区块下方将会出现如图 9.25 所示的界面，然后单击 Predict 按钮，使用自定义预测函数重新预测一遍。

图 9.25　修改完属性值之后出现的界面

原来的数据点可能会随着新的属性值而改变位置。启用 Nearest counterfactual 以查看最近的反事实数据点是否也已改变。

你可以花一些时间来尝试更改其他数据点的属性并观察对应的可视化效果。

接下来加载 Keras 预训练模型。

9.3.3　加载 Keras 预训练模型

本节将探讨如何加载 Keras 预训练模型并展望深度学习的未来。

在本章这个 notebook 中，我们将使用 tf.keras.models.load_model 加载预训练模型：

```
# @title Load the Keras models
from tensorflow.keras.models import load_model

model1 = load_model('smile-model.hdf5')
```

该预训练模型保存在名为 smile-model.hdf5 的序列化模型文件中。

就这么简单！

在几年前，像这样的 notebook 还需要包含一个完整的深度学习模型，例如卷积神经网络(CNN)及其卷积、池化和密集层等。但是随着 AI 的快速发展，这项工作已经没有这么麻烦了，现在只需要一两行代码就能直接加载预训练模型了。

如果想要跟上 AI 的发展速度，我们需要密切关注这些变化。

本章的反事实解释之旅展示了 AI 的两个关键方面：

- XAI 已成为强制性要求。
- AI 系统的复杂性将逐年增加。

AI 的这两个关键方面对 AI 项目产生了重大影响：

- 小型企业将没有资源来开发复杂的 AI 模型，而更倾向于使用预训练模型。
- 如果有现成的、经过认证的 AI 和 XAI 预训练模型可用，那么大公司也有可能不太愿意投资于 AI 程序的开发。
- 经过认证的云平台将为每个地区提供高性价比的、符合当地法律的 AI 和 XAI 服务。
- 许多团队希望独自完成自下而上的 AI 项目，这些项目很可能会因上面这些趋势而被淘汰。
- 用户将他们的数据加载到云平台存储中，然后等待 AutoML 提供模型的输出或至少提供一个可以像本节所述模型那样加载的预训练模型。
- 这些开箱即用型的定制模型将随着整套 XAI 工具一起交付。

接下来从这个视角来检索数据集和模型。

9.3.4　检索数据集和模型

让我们怀着对 AI 未来的憧憬，继续进行自上而下的探索。

本章的 notebook 还有其他一些单元格：检索数据和预训练模型。

数据是通过 CSV 文件格式进行检索的，方法如下：

```
# @title Load the CSV file into a pandas DataFrame and process it
# for WIT
import pandas as pd
data = pd.read_csv('celeba/data_test_subset.csv')
examples = df_to_examples(data,
    images_path='celeba/img_test_subset_resized/')
```

预训练模型是自动下载的，不需要过多关注，因此你可以专注地使用 XAI：

```
!curl -L https://storage.googleapis.com/What-If-tool-resources/
smile-demo/smile-colab-model.hdf5 -o ./smile-model.hdf5
!curl -L https://storage.googleapis.com/What-If-tool-resources/
smile-demo/test_subset.zip -o ./test_subset.zip
!unzip -qq -o test_subset.zip
```

本节为 AI 的未来铺平了道路。XAI 将取代那些解释黑盒模型的尝试。AI 模型将成为隐藏在 AutoML 应用程序中的组件。XAI 将成为 AI 架构中的白盒。

notebook 的最后一个单元格列出了更多的想法。你还可以回顾第 6 章 "用 Google What-If Tool (WIT)实现 AI 的公平性"，将本章以及第 6 章的知识点与这些想法结合起来。

掌握本书的 XAI 方法，AI 的未来是属于我们的！

9.4　本章小结

在本章中，我们使用自上而下的方法来处理 XAI。我们了解到反事实解释法能够无条件地分析模型的输出，并且是与模型无关的。反事实解释法基于四个关键支柱：信念、真、确证和敏感性。

一开始，用户会相信 AI 系统的预测。用户的这个信念将建立起用户对 AI 系统的信任。但是，即使用户相信一个预测，它也必须是真的。我们可以让模型在精心设计的数据集上面进行训练以产生很高的准确率，从而表明它是真的。

真并非充分条件。法庭可能会要求你对预测进行充分解释的确证。被告可能会不认同 AI 系统做出的拒绝贷款决定的理由。

反事实解释将提供一个独特的维度：敏感性。该方法将找到最近的反事实数据点，并显示两个数据点之间的距离。每个数据点的特征将显示模型的预测是否合理。如果银行拒绝向收入为 x 的人提供贷款，但向收入为 $x + 0.1\%$ 的人提供贷款，我们可以得出结论——银行的门槛很随意。

我们看到，好的做法应该是在将模型投入市场之前进行反事实解释。

最后，我们探讨了深度学习模型的创新架构，它最大限度地减少了实现 AI 系统所需的代码和资源。反事实解释法令我们对 AI、XAI 和 AutoML 的理解又向前迈进了一步。

在下一章 "对比解释法(CEM)"，我们将通过缺失的特征来解释 AI。

9.5　习题

1. 真阳性的预测不需要确证。(对|错)
2. 通过显示模型准确率来确证的做法会使用户满意。(对|错)
3. 用户需要相信 AI 预测。(对|错)
4. 反事实解释是无条件的。(对|错)
5. 反事实解释法会因模型而异。(对|错)
6. 可以使用距离函数找到反事实数据点。(对|错)
7. 敏感性显示数据点与其反事实的相关程度。(对|错)

8. L1 范数使用曼哈顿距离。(对|错)

9. L2 范数使用欧几里得距离。(对|错)

10. GDPR 已使 XAI 在欧盟成为事实上的强制性要求。(对|错)

9.6　参考资料

- 反事实解释的参考代码可以在 https://colab.research.google.com/github/PAIRcode/What-If-tool/blob/master/WIT_Smile_Detector.ipynb 找到。

- 反事实解释的参考文件请参阅 *Counterfactual explanations without opening the black box: Automated decisions and the GDPR.* Wachter, S., Mittelstadt, B., and Russell, C. (2017). https://arxiv.org/abs/1711.00399。

9.7　扩展阅读

- 有关 CelebA 数据集的更多信息，请访问 http://mmlab.ie.cuhk.edu.hk/projects/CelebA.html。

- 有关 GDPR 的更多信息，请访问 https://eur-lex.europa.eu/legalcontent/EN/TXT/PDF/?uri=CELEX:32016R0679。

第**10**章

对比解释法(CEM)

可解释 AI (XAI)工具通常会向我们显示导致正值预测的主要特征。例如，SHAP 解释了对预测具有最高边际贡献的特征，LIME 解释了在要预测的实例周边局部具有最高值的关键特征。通常，我们会寻找将预测推到模型的正负边界上的关键特征。

然而，IBM Research 提出了另一种想法：用缺失的特征解释预测。这种方法被称为对比解释法(Contrastive Explanations Method，CEM)。CEM 可以用缺失的特征来解释正值预测。例如，IBM Research 的专家 Amit Dhurandhar 建议将三脚架识别为缺失了一条腿的桌子。

起初，我们可能想知道如何通过关注缺失的内容(而不是突出实例中特征的最高贡献)来解释预测。这看起来可能令人费解。但几分钟后，我们就会明白，我们是基于对比思维做出关键决策的。

本章将从描述 CEM 开始。

然后我们将开始探讨 Alibi。我们将使用 Alibi Python 开源库创建一个程序来解说图像的 CEM 解释。我们以一种创新的方式来使用 MNIST 数据集：通过缺失特征来识别数字。

我们将使用卷积神经网络 (Convolutional Neural Network，CNN) 进行预测。

然后创建一个自编码器来验证输出图像是否与原始图像保持一致。

之后创建 CEM 解释器来检测相关正面和相关负面。最后，我们将显示 CEM 所做的可视化解释。

本章涵盖以下主题：
- 定义 CEM
- Alibi 入门

- 为 CEM 准备 MNIST 数据集
- 定义 CNN 模型
- 训练和保存 CNN 模型
- 测试 CNN 的准确率
- 定义和训练自编码器
- 将原始图像与解码图像进行比较
- 创建 CEM 解释器
- 定义 CEM 参数
- 相关负面的可视化解释
- 相关正面的可视化解释

我们的第一步是通过一个例子来探讨 CEM。

10.1　介绍 CEM

你可以在本章 10.8 节"扩展阅读"中找到 IBM Research 和密歇根大学的论文 "Explanations Based on the Missing: Toward Contrastive Explanations with Pertinent Negatives"。这篇论文定义了什么是 CEM。

该论文的标题是不言自明的："基于缺失的解释：使用相关负值的对比解释。" CEM 可以总结如下：

- x 是用于分类的输入。
- y 是模型预测 x 的类别。
- $F = \{f_p, \dots, f_n\}$ 是存在的特征。
- $M = \{f_{m_1}, \dots, f_n\}$ 是缺失的特征。
- 之所以将 x 归类到 y，是因为 F 和 M 为真。

论文使用了用于说明决策过程的经典示例：估计病人的健康状况。

因此，我们将重复利用第 1 章"使用 Python 解释 AI"和第 3 章"用 Facets 解释 ML"描述的医学诊断示例。

在本节中，我们将通过 CEM 来扩展这两章的示例。我们将解释如何根据缺失的特征得出病人患有流感(flu)和肺炎的预测。

出于道德伦理方面的原因，我们决定不将对新冠病毒的诊断包括在内(虽然我们有能力这么做)。下面回顾第 1 章的示例及其初始数据集：

	colored_sputum	cough	fever	headache	class
0	1.0	3.5	9.4	3.0	flu
1	1.0	3.4	8.4	4.0	flu
2	1.0	3.3	7.3	3.0	flu
3	1.0	3.4	9.5	4.0	flu
4	1.0	2.0	8.0	3.5	flu
..	...	...	...	...	...
145	0.0	1.0	4.2	2.3	cold
146	0.5	2.5	2.0	1.7	cold
147	0.0	1.0	3.2	2.0	cold
148	0.4	3.4	2.4	2.3	cold
149	0.0	1.0	3.1	1.8	cold

我们将对数据集应用 CEM，以确定病人是否患有流感或肺炎。我们先记住以下两个实例的特征：

x_1 = {cough, fever}

x_2 = {cough, colored sputum, fever}

然后使用第 3 章的 Facets 添加病人发烧的天数，如图 10.1 所示。

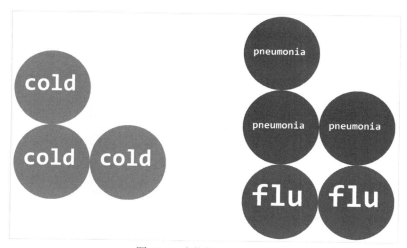

图 10.1　症状的 Facets 表示

x 轴为天数。如果病人连续几天发高烧，医生将获得更多信息。我们添加病人发烧的天数并将其用作每个实例的最终特征：

x_1 = { cough, fever, 5}

x_2 = { cough, colored sputum, fever, 5}

现在我们可以用 CEM 术语来表达对医生诊断的解释。x_1 最有可能患有流感，因为缺失特征{ colored sputum}，并且存在特征{ cough, fever, 5}。

x_2 最有可能患有肺炎，因为缺失特征{chicago}(第 1 章描述的西尼罗河病毒关键特

征之一)，并且存在特征{ cough, colored sputum, fever, 5}。必须注意的是，没出现有色
痰(colored sputum)症状的病人也有可能感染了西尼罗河病毒。

可以将 CEM 总结如下：

如果 FA 不存在而 FP 存在，则预测为 True。

本节使用 CEM 解释了文本分类。下一节和本章的其余部分将探讨一个使用 CEM
解释图像的 Python 程序。

10.2 将 CEM 应用于 MNIST

在本节中，我们将安装模块和数据集，并为 CNN 模型准备数据。

打开我们将在本章中使用的 CEM.ipynb 程序。

首先安装 Alibi 并导入所需模块。

10.2.1 安装 Alibi 并导入模块

首先尝试导入 Alibi：

```
# @title Install Alibi
try:
  import alibi
except:
  !pip install alibi
```

如果已经安装了 Alibi，程序将会继续。但是，当 Colaboratory 重启时，一些库和
变量会丢失。在这种情况下，程序将会重新安装 Alibi。

接下来安装程序所需的模块。

10.2.2 导入模块和数据集

在本节中，我们将导入所需的模块，然后导入数据并显示示例。

打开我们将在本章中使用的 CEM.ipynb 程序。

下面首先导入模块。

1. 导入模块

我们将导入两种类型的模块：TensorFlow 模块和 Alibi 用于显示解释器输出的
模块。

TensorFlow 模块里面包含了 Keras 模块：

```
# @title Import modules
import tensorflow as tf
tf.logging.set_verbosity(tf.logging.ERROR) # suppress
                                           # deprecation messages
from tensorflow.keras import backend as K
from tensorflow.keras.layers import Conv2D, Dense, Dropout, Flatten,
MaxPooling2D, Input, UpSampling2D
from tensorflow.keras.models import Model, load_model
from tensorflow.keras.utils import to_categorical
```

Alibi 解释器需要好几个模块来处理函数和显示输出：

```
import matplotlib
import matplotlib.pyplot as plt
import numpy as np
import os
from time import time
from alibi.explainers import CEM
```

接下来导入数据并显示示例。

2. 导入数据集

现在导入 MNIST 数据集，并将数据集拆分为训练数据和测试数据：

```
# @title Load and prepare MNIST data
(x_train, y_train), (x_test, y_test) =
    tf.keras.datasets.mnist.load_data()
```

数据集现在已拆分并准备就绪：

- x_train 包含训练数据。
- y_train 包含训练数据的标签。
- x_test 包含测试数据。
- y_test 包含测试数据的标签。

接下来打印训练数据的形状并显示其中一个样本：

```
print('x_train shape:', x_train.shape, 'y_train shape:',
      y_train.shape)
plt.gray()
plt.imshow(x_test[15]);
```

程序将会输出如下训练数据的形状：

```
x_train shape: (60000, 28, 28) y_train shape: (60000,)
```

然后，程序将显示一个示例样本，见图 10.2。

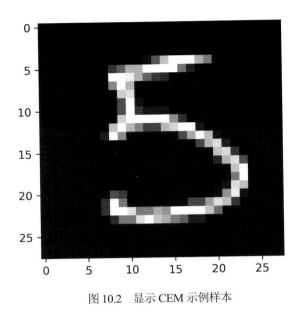

图 10.2　显示 CEM 示例样本

该图像是一个灰度图像，其值介于 0 和 255 之间。[0, 255]这个范围太广了。因此我们在准备数据时将进行归一化来压缩这些值。

3. 准备数据

现在将为 CNN 模型准备数据，并对数据进行缩放、重塑和分类。

(1) 缩放数据

首先缩放数据：

```
# @title Preparing data: scaling the data
x_train = x_train.astype('float32') / 255
x_test = x_test.astype('float32') / 255
print(x_test[1])
```

把样本打印出来之后，我们获得了足够相似的低维压缩值，可将其用于 CNN 训练和测试模型：

```
[ 0.          0.          0.          0.          0.          0.
  0.          0.          0.68235296  0.99215686  0.99215686 0.99215686
  0.99215686  0.99215686 0.99215686  0.99215686  0.99215686 0.99215686
  0.99215686  0.99215686 0.9764706   0.96862745  0.96862745 0.6627451
  0.45882353  0.45882353 0.22352941  0.                      ]
```

可以看到，一开始的时候，图像的值处于[0, 255]范围内。但是，除以 255 之后，现在图像的值处于[0, 1]的范围内。

接下来对数据进行重塑。

(2) 重塑数据

在将数据发送到 CNN 模型之前，我们还需要对数据进行重塑：

```
# @title Preparing data: shaping the data
print("Initial Shape", x_test.shape)
x_train = np.reshape(x_train, x_train.shape + (1,))
x_test = np.reshape(x_test, x_test.shape + (1,))
print('x_train shape:', x_train.shape, 'x_test shape:', x_test.shape)
```

从输出结果可以看出，我们为 CNN 添加了一个维度：

```
Initial Shape (10000, 28, 28)
x_train shape:(60000, 28, 28, 1) x_test shape: (10000, 28, 28, 1)
```

我们还需要对数据进行分类。

(3) 对数据进行分类

我们需要对数据进行分类以训练 CNN 模型：

```
# @title Preparing data: categorizing the data
y_train = to_categorical(y_train)
y_test = to_categorical(y_test)
print('y_train shape:', y_train.shape, 'y_test shape:', y_test.shape)

xmin, xmax = -.5, .5
x_train = ((x_train - x_train.min()) /
    (x_train.max() - x_train.min())) * (xmax - xmin) + xmin
x_test = ((x_test - x_test.min()) /
    (x_test.max() - x_test.min())) * (xmax - xmin) + xmin
```

现在的输出显示了重塑之后的数据：

```
y_train shape: (60000, 10) y_test shape: (10000, 10)
```

现在可以定义和训练 CNN 模型了。

10.3　定义和训练 CNN 模型

CNN 模型接受输入并通过多个层将数据转换为更高维度。对 AI、ML 和深度学习模型的描述不在本书范围内，本书侧重于可解释 AI。

但是，在创建 CNN 之前，还是让我们简单地讲述一下它所包含的层类型。

- 卷积(convolutional)层对数据应用随机过滤器，这种随机过滤器被称为核(kernel)；数据将乘以权重；过滤器通过 CNN 权重优化函数进行优化。
- 池化(pooling)层对特征进行分组。如果数据区域中有{1, 1, 1, 1, 1, ..., 1, 1, 1}，你可以将它们划分为更小的表示形式，例如{1, 1, 1}。经过这样的处理，你还是能够知道该图像有一个关键特征{1}。
- dropout 层会删除一些数据。如果一张图像是具有数百万像素的蓝天，你可以轻松地将其中 50%的像素去掉，并且之后还是能够知道这张图像中的天空是蓝色的。
- flatten 层将数据转换为一个长的数字向量。
- 密集(dense)层连接所有神经元。

CNN 模型一层一层地将大量数据转换为少量的、非常高维度的、依旧能够进行预测的数据。图 10.3 展示的是一个 TensorFlow 生成的 CNN 模型结构。

```
Model: "model"

Layer (type)                   Output Shape              Param #
=================================================================
input_1 (InputLayer)           [(None, 28, 28, 1)]       0

conv2d (Conv2D)                (None, 28, 28, 64)        320

max_pooling2d (MaxPooling2D)   (None, 14, 14, 64)        0

dropout (Dropout)              (None, 14, 14, 64)        0

conv2d_1 (Conv2D)              (None, 14, 14, 32)        8224

max_pooling2d_1 (MaxPooling2    (None, 7, 7, 32)         0

dropout_1 (Dropout)            (None, 7, 7, 32)          0

flatten (Flatten)              (None, 1568)              0

dense (Dense)                  (None, 256)               401664

dropout_2 (Dropout)            (None, 256)               0

dense_1 (Dense)                (None, 10)                2570
=================================================================
```

图 10.3 TensorFlow 生成的 CNN 模型结构

接下来创建 CNN 模型。

10.3.1　创建 CNN 模型

首先创建一个函数，将我们在上一节中描述的层添加到模型中：

```
# @title Create and train CNN model
def cnn_model():
    x_in = Input(shape=(28, 28, 1))
    x = Conv2D(filters=64, kernel_size=2, padding='same',
               activation='relu')(x_in)
    x = MaxPooling2D(pool_size=2)(x)
    x = Dropout(0.3)(x)

    x = Conv2D(filters=32, kernel_size=2, padding='same',
               activation='relu')(x)
    x = MaxPooling2D(pool_size=2)(x)
    x = Dropout(0.3)(x)

    x = Flatten()(x)
    x = Dense(256, activation='relu')(x)
    x = Dropout(0.5)(x)
    x_out = Dense(10, activation='softmax')(x)
```

x_out 包含我们所需要的分类信息。我们将输入数据 x_in 并调用 CNN 模型的函数：

```
cnn = Model(inputs=x_in, outputs=x_out)
cnn.compile(loss='categorical_crossentropy', optimizer='adam',
            metrics=['accuracy'])
return cnn
```

编译好该模型之后，我们就可以进行训练和测试了。

10.3.2　训练 CNN 模型

训练 CNN 模型可能需要几分钟的时间。一旦训练完成，我们就可以把模型保存起来，并添加图 10.4 所示的表单以设置可以跳过训练过程的开关，这样我们以后每次运行程序就不需要再重复训练了，可以节省时间。

图 10.4　是否需要重新训练 CNN 的选项

第一次运行程序时，必须将 train_cnn 设置为 yes。

将 train_cnn 设置为 yes 后，将会创建以及训练 CNN 模型，并将模型保存在名为 mnist_cnn.h5 的文件中：

```
train_cnn = 'no' # @param ["yes","no"]
if train_cnn == "yes":
 cnn = cnn_model()
 cnn.summary()
 cnn.fit(x_train, y_train, batch_size=64, epochs=3, verbose=0)
 cnn.save('mnist_cnn.h5')
```

cnn.summary()将会显示 CNN 的结构，如前面的介绍所示。

运行完以上代码之后，我们需要去 Colaboratory 文件管理器确认该模型是否已经成功保存。

首先，单击 notebook 页面左侧的文件管理器图标，见图 10.5。

图 10.5 文件管理器按钮

你将在文件列表中看到 mnist_cnn.h5，如图 10.6 所示。

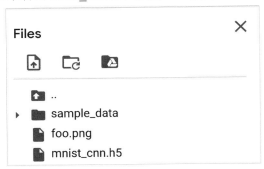

图 10.6 文件列表

右键单击 mnist_cnn.h5 并下载它。

Colaboratory 重启时会丢失很多东西。这时候我们就需要重新上传 mnist_cnn.h5 文件以避免重新训练 CNN，请通过单击 Upload 来上传文件，见图 10.7。

图 10.7 上传文件

接下来加载并测试模型的准确率。

1. 加载和测试模型的准确率

我们已经训练并保存了 CNN 模型。现在可以加载和测试了：

```
# @title Load and test accuracy on test dataset
cnn = load_model('/content/mnist_cnn.h5')
cnn.summary()
score = cnn.evaluate(x_test, y_test, verbose=0)
print('Test accuracy: ', score[1])
```

cnn.summary()将显示该模型的摘要和测试分数，如图 10.8 所示。

```
Model: "model"

Layer (type)                    Output Shape              Param #
=================================================================
input_1 (InputLayer)            [(None, 28, 28, 1)]       0

conv2d (Conv2D)                 (None, 28, 28, 64)        320

max_pooling2d (MaxPooling2D)    (None, 14, 14, 64)        0

dropout (Dropout)               (None, 14, 14, 64)        0

conv2d_1 (Conv2D)               (None, 14, 14, 32)        8224

max_pooling2d_1 (MaxPooling2     (None, 7, 7, 32)          0

dropout_1 (Dropout)             (None, 7, 7, 32)          0

flatten (Flatten)               (None, 1568)              0

dense (Dense)                   (None, 256)               401664

dropout_2 (Dropout)             (None, 256)               0

dense_1 (Dense)                 (None, 10)                2570
=================================================================
Total params: 412,778
Trainable params: 412,778
Non-trainable params: 0

Test accuracy:  0.9867
```

图 10.8　模型摘要和测试分数

该模型的准确率非常好。

接下来定义和训练自编码器。

2. 定义和训练自编码器

在本节中，我们将创建、训练和测试自编码器。

自编码器将使用与 CNN 模型类似的方式对输入数据进行编码。

但是，与 CNN 模型相比，有一个根本的区别：

　　自编码器对输入数据进行编码，然后对结果进行解码以匹配输入数据。

在本节中，我们并不是要对输入进行分类，我们是要找出这么一组权重，这组权重需要保证图像在被扰动后依旧接近原始图像。

我们可以通过扰动(perturbation)来找到缺失的特征。例如，在本章 10.1 节"CEM"，我们检查了以下两个实例：

　　　　标签 1 的特征 ={cough, fever, number of days=5}

诊断的标签是流感。

最接近的另一个标签是肺炎，它具有以下特征：

　　　　标签 2 的特征 ={cough, colored sputum, fever, number of days=5}

不妨仔细观察一下，看看与肺炎标签相比，流感标签缺失了哪个特征。

通过 CEM，我们发现流感是缺失了 colored sputum 特征的肺炎。

这种方法就是扰动。扰动通过改变特征的值来找到缺失的特征——相关负面(Pertinent Negative，PN)。如果它发现一个一旦缺失就会改变诊断的特征，它将是一个相关正面(Pertinent Positive，PP)。

Alibi 将自编码器用作输入，以确保当 CEM 解释器更改输入值来查找 PN 和 PP 特征时，它不会过度偏离原始值。它会拉伸输入，但不会拉伸太多。

接下来创建自编码器。

3. 创建自编码器

通过以下代码创建自编码器：

```
# @title Define and train autoencoder
def ae_model():
    x_in = Input(shape=(28, 28, 1))
    x = Conv2D(16, (3, 3), activation='relu', padding='same')(x_in)
    x = Conv2D(16, (3, 3), activation='relu', padding='same')(x)
    x = MaxPooling2D((2, 2), padding='same')(x)
    encoded = Conv2D(1, (3, 3), activation=None, padding='same')(x)

    x = Conv2D(16, (3, 3), activation='relu',
               padding='same')(encoded)
    x = UpSampling2D((2, 2))(x)
    x = Conv2D(16, (3, 3), activation='relu', padding='same')(x)
    decoded = Conv2D(1, (3, 3), activation=None, padding='same')(x)

    autoencoder = Model(x_in, decoded)
    autoencoder.compile(optimizer='adam', loss='mse')
```

```
return autoencoder
```

自编码器中的优化器将保证输出与输入互相匹配，损失函数则测量原始输入和加权输出之间的距离。

可以通过可视化输出来测试自编码器。

4. 训练和保存自编码器

在本节中，我们将训练并保存自编码器：

```
train_auto_encoder = 'no' # @param ["yes","no"]

if train_auto_encoder == "yes":
    ae = ae_model()
    # ae.summary()
    ae.fit(x_train, x_train, batch_size=128, epochs=4,
            validation_data=(x_test, x_test), verbose=0)
    ae.save('mnist_ae.h5', save_format='h5')
```

你可以通过在表单的 **train_auto_encoder** 下拉列表中选择 yes 来训练和保存自编码器，如图 10.9 所示。

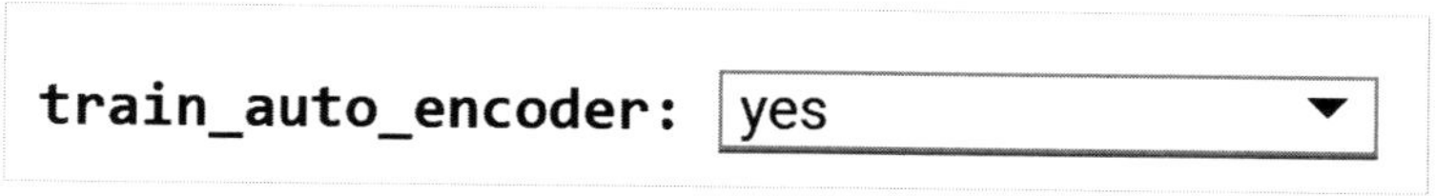

图 10.9　是否训练自编码器选项

如果你已经训练过自编码器了，你也可以在表单中选择 no 来跳过自编码器的训练阶段。在这种情况下，程序将下载已创建的 mnist_ae.h5 文件，见图 10.10。

📄 **mnist_ae.h5**

图 10.10　保存的自编码器模型文件

接下来加载自编码器并可视化其性能。

10.3.3　将原始图像与解码图像进行比较

在本节中，我们将加载模型，显示模型的摘要，并将解码后的图像与原始图像进行比较。

首先，加载模型并显示模型的摘要：

```
# @title Compare original with decoded images
ae = load_model('/content/mnist_ae.h5')
```

```
ae.summary()
```

模型摘要如图 10.11 所示。

```
Model: "model_1"

Layer (type)                    Output Shape            Param #
=================================================================
input_2 (InputLayer)            [(None, 28, 28, 1)]     0

conv2d_2 (Conv2D)               (None, 28, 28, 16)      160

conv2d_3 (Conv2D)               (None, 28, 28, 16)      2320

max_pooling2d_2 (MaxPooling2    (None, 14, 14, 16)      0

conv2d_4 (Conv2D)               (None, 14, 14, 1)       145

conv2d_5 (Conv2D)               (None, 14, 14, 16)      160

up_sampling2d (UpSampling2D)    (None, 28, 28, 16)      0

conv2d_6 (Conv2D)               (None, 28, 28, 16)      2320

conv2d_7 (Conv2D)               (None, 28, 28, 1)       145
=================================================================
Total params: 5,250
Trainable params: 5,250
Non-trainable params: 0
```

图 10.11　TensorFlow 生成的模型摘要

现在使用自编码器模型来预测编码图像的输出。在这种情况下，预测意味着需要重建尽可能接近原始图像的图像：

```
decoded_imgs = ae.predict(x_test)
```

现在绘制解码后的图像：

```
n = 5
plt.figure(figsize=(20, 4))
for i in range(1, n+1):
    # display original
    ax = plt.subplot(2, n, i)
    plt.imshow(x_test[i].reshape(28, 28))
    ax.get_xaxis().set_visible(False)
    ax.get_yaxis().set_visible(False)
    # display reconstruction
    ax = plt.subplot(2, n, i + n)
    plt.imshow(decoded_imgs[i].reshape(28, 28))
```

```
    ax.get_xaxis().set_visible(False)
    ax.get_yaxis().set_visible(False)
plt.show()
```

我们将在第一行显示原始图像，在第二行显示重建图像，并通过比对来测试自编码器的输出是否正确，见图 10.12。

图 10.12　测试自编码器的输出

现在我们已经加载了自编码器，并通过可视化输出测试了其是否准确。

10.4　相关负面

在本节中，我们将对相关负面的 CEM 进行可视化。例如，图 10.13 中的数字 3 其实可能是 8(只是不知何故缺失了一半)。

图 10.13　3 其实可能是 8

首先显示一个具体的实例：

```
# @title Generate contrastive explanation with pertinent negative
# Explained instance
idx = 15
X = x_test[idx].reshape((1,) + x_test[idx].shape)
plt.imshow(X.reshape(28, 28));
```

输出显示如下：

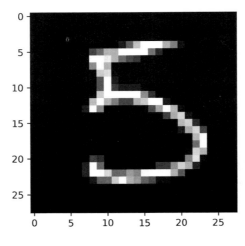

图 10.14　一个具体的实例

然后检查一下模型的准确率：

```
# @title Model prediction
cnn.predict(X).argmax(), cnn.predict(X).max()
```

我们可以看到预测是正确的：

```
(5, 0.9988611)
```

接下来创建一个相关负面的解释。

10.4.1　CEM 参数

我们先设置 CEM 解释器的参数。

Alibi notebook 详细解释了每个参数。

我将代码格式化为如下文字，使得每一行代码前面都有 Alibi CEM 开源函数的每个参数的描述：

```
# @title CEM parameters
# 'PN' (pertinent negative) or 'PP' (pertinent positive):
mode = 'PN'

# instance shape
shape = (1,) + x_train.shape[1:]

# minimum difference needed between the prediction probability
# for the perturbed instance on the class predicted by the
```

```
# original instance and the max probability on the other classes
# in order for the first loss term to be minimized:
kappa = 0.

# weight of the L1 loss term:
beta = .1

# weight of the optional autoencoder loss term:
gamma = 100

# initial weight c of the loss term encouraging to predict a
# different class (PN) or the same class (PP) for the perturbed
# instance compared to the original instance to be explained:
c_init = 1.

# nb of updates for c:
c_steps = 10

# nb of iterations per value of c:
max_iterations = 1000

# feature range for the perturbed instance:
feature_range = (x_train.min(),x_train.max())

# gradient clipping:
clip = (-1000.,1000.)

# initial learning rate:
lr = 1e-2

# a value, float or feature-wise, which can be seen as containing
# no info to make a prediction
# perturbations towards this value means removing features, and
# away means adding features for our MNIST images,
# the background (-0.5) is the least informative, so
# positive/negative perturbations imply adding/removing features:
no_info_val = -1.
```

接下来使用这些参数初始化 CEM 解释器。

10.4.2　初始化 CEM 解释器

我们现在将初始化 CEM 解释器并解释实例。建议你了解一下这组参数，这样你就能够在必要时探讨其他场景。

首先，使用上一节中定义的参数初始化 CEM：

```
# @title initialize CEM explainer and explain instance
cem = CEM(cnn, mode, shape, kappa=kappa, beta=beta,
          feature_range=feature_range,gamma=gamma, ae_model=ae,
          max_iterations=max_iterations, c_init=c_init,
          c_steps=c_steps, learning_rate_init=lr, clip=clip,
          no_info_val=no_info_val)
```

然后，创建解释：

```
explanation = cem.explain(X)
```

接下来观察 CEM 解释器提供的可视化解释。

10.4.3　相关负面的解释

前面的 CEM 解释器提供了直观的解释：

```
# @title Pertinent negative
print('Pertinent negative prediction: {}'.format(
      explanation.PN_pred))
plt.imshow(explanation.PN.reshape(28, 28));
```

它显示了相关负面的预测，即 3 的部分(所以这真的是一个 3，而不是缺失了一半的 8)：

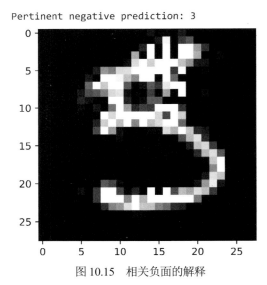

图 10.15　相关负面的解释

相关正面的解释也会以同样的方式显示。你可能会注意到图像有时会模糊和嘈杂。这就是 ML 和深度学习的内部工作原理！你可以运行以下 CEM 解释器，以便为相关正面实例生成解释：

```
# @title Pertinent positive
print('Pertinent positive prediction: {}'.format(
        explanation.PP_pred))
plt.imshow(explanation.PP.reshape(28, 28));
```

程序将显示相关正面的解释，如图 10.16 所示。

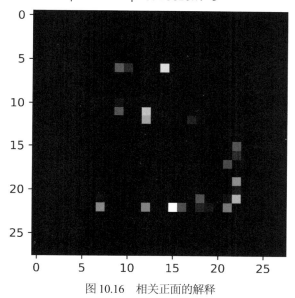

图 10.16　相关正面的解释

可以看到，获得的图像与数字 5 有点相似。

通过本节的 CEM 解释可视化，可以得出以下结论：

- 可通过删除特征来解释预测。这是一种相关负面(PN)的方法。例如，你可以将数字 3 描述为缺少一半的数字 8。与之相反的是相关正面(PP)方法。
- 当需要对输入进行扰动以达到 PN 时，我们将删除特征。
- 当需要对输入进行扰动以达到 PP 时，我们将添加特征。
- 例如，可通过删除一个白色像素或添加一个白色像素来添加和删除特征。
- 我们可以在不了解模型预测的情况下进行扰动。

CEM 以其创新的缺失特征方法为可解释 AI 工具包添加了一个新工具。

10.5　本章小结

本章探讨了如何用类人推理来解释 AI。银行之所以会向一个人发放贷款，可能是因为他/她没有信用卡债务(即缺失债务特征)。消费者之所以会购买苏打水，可能是因为它宣称无糖(即缺失糖特征)。

我们沿用第 1 章的例子探讨了 CEM 是如何解释医学诊断的。

然后我们探讨了一个 Python 程序，该程序解释了如何在 MNIST 数据集上实现预测。许多 ML 程序都使用了 MNIST。

我们创建了一个 CNN 模型，并对其进行了训练、保存和测试。我们还创建了一个自编码器，并且也对其进行了训练、保存和测试。

最后，我们创建了一个显示 PN 和 PP 的 CEM 解释器。

CEM 为可解释 AI 提供了新的思路。起初，这种方法似乎是违反常理的。XAI 工具通常会解释导致预测的关键特征。

CEM 则相反。然而，人类的决策通常基于所表示的缺失特征。很多时候，一个人会说，它不可能是 x，因为它没有 y。

可见，添加了人类推理之后的 XAI 工具可以帮助用户理解模型的预测并建立起对 AI 的信任。

在下一章"锚定解释法"中，我们将往 ML 解释中添加更多的人类推理。

10.6 习题

1. CEM 侧重于导致预测的最高值的特征。(对|错)
2. 全科医生从不使用对比推理来诊断症状。(对|错)
3. 人类会使用对比方法进行推理。(对|错)
4. 图像无法用 CEM 解释。(对|错)
5. 你可以将三脚架解释为缺失了一条腿的桌子。(对|错)
6. CNN 在 MNIST 数据集上产生了良好的结果。(对|错)
7. 相关负面解释了模型如何使用缺失特征进行预测。(对|错)
8. CEM 不适用于文本分类。(对|错)
9. CEM 解释器可以产生可视化解释。(对|错)

10.7 参考资料

- CEM 的参考代码：https://docs.seldon.io/projects/alibi/en/stable/examples/cem_mnist.html。
- CEM 的参考文件：https://docs.seldon.io/projects/alibi/en/stable/methods/ CEM.html。

- 对比解释法通过识别缺失的内容来帮助 AI 自我解释(Amit Dhurandhar)：
https://www.ibm.com/blogs/research/2018/05/contrastiveexplanations/。

10.8 扩展阅读

有关 CEM 的更多信息：

- *Explanations Based on the Missing: Toward Contrastive Explanations with Pertinent Negatives*, by Amit Dhurandhar, Pin-Yu Chen, Ronny Luss, ChunChen Tu, Paishun Ting, Karthik。
- AI Explainability 360 工具包包含了 CEM 的最终实现，可在 http://aix360.mybluemix.net/找到。

第**11**章
锚定解释法

本书目前为止所探讨的可解释 AI(XAI)工具都是与模型无关的。它们可以应用于任何机器学习(ML)模型。这些 XAI 工具的模型无关性都来自扎实的数学理论，并经过实际代码的验证。在第 8 章"LIME"，我们甚至运行了五个 ML 模型来证明 LIME 是与模型无关的。

我们可以将与模型无关(model-agnostic，简称 *ma*)的工具表示为 *ML(x)* 算法的函数，其中 *ma(x) -> Explanations*。你可以将该函数视为与模型无关的工具，该工具将能够为任何 ML 模型生成解释。

然而，反过来，*Explanations(x) -> ma* 是假的。而且，如果我们改变了 AI 项目的数据集，*ma(x)* 也有可能变成假的。因此我们必须将数据集 *d* 添加到分析中，这样解释函数就变成了 *ma(x(d)) -> Explanations*。添加了含有非常复杂图像的数据集 *d* 之后，我们的模型不再像含有简单图像的数据集那样易于解释了。

我们认为：可以先分析数据集，再选择合适的 XAI 工具。但是还有一个问题需要我们解决。即使在一个"简单"的文本数据集中，一条文本记录也很有可能包含了非常多的单词(例如第 8 章中的 20 newsgroups 数据集中的一条新闻)，以至于我们可能会发现在预测中，它能够迷惑 XAI 工具！因此我们需要将数据集中的一个实例 *i* 添加到我们对 XAI 工具的分析中，解释函数现在变成了 *ma(x(d(i))) -> Explanations*。

在第 8 章"LIME"，我们看到 LIME 侧重于数据集的特定实例 *ma(x(d(i)))*，通过检查该实例的周边来解释模型的输出。总而言之，LIME 这种方法即局部可解释与模型无关的解释。我们可能认为 LIME 没有什么可探讨的了。

然而，Ribeiro、Singh 和 Guestrin 发现，虽然 LIME 在局部是有效的，但一些解释性特征并没有按计划影响预测。LIME 只能够处理某些数据集，而不能处理其他数据集。

Ribeiro、Singh 和 Guestrin 引入了高精度规则——锚(anchors)，以提高预测解释的效率。解释函数现在变成了 $ma(x(d(i)))$ -> 使用规则和阈值来解释预测的高精度规则解释。锚定解释法将带我们深入 XAI 的核心。

本章将先通过示例来探讨锚定解释法，并使用文本示例来定义锚定解释。锚定解释其实就是一组高精度规则。

然后我们将构建一个 Python 程序，用锚定解释法来解释对 ImageNet 图像的预测。到本章结束时，你将到达 XAI 的核心。

本章涵盖以下主题：
- 高精度规则——锚定解释
- 锚定解释法在文本分类中的应用
- 使用 LIME 和锚定解释法的文本分类示例
- 锚定解释法的生产力
- LIME 的局限性
- 锚定解释法的局限性
- 用锚定解释法来解释对 ImageNet 图像的预测的 Python 程序
- 在 Python 中实现锚定解释函数
- 可视化图像中的锚
- 可视化图像的所有超像素

我们的第一步是通过示例探讨锚定解释法。

11.1 锚定解释法概述

锚定解释法是一种高精度并且与模型无关的解释方法。锚定解释法生成一个或一组规则，以便在局部锚定解释。由于"锚定"这个词，这种方法被称为锚定解释法。因为已经锚定了某些特征，所以其余特征值的更改将不再重要。

示例是理解锚定解释法的最佳途径。下面将通过两个示例来探讨锚定解释法：预测收入和新闻组分类。

下面从预测收入开始。

11.1.1 预测收入

在第 5 章"从零开始构建可解释 AI 解决方案"，我们构建了一个可以预测收入的解决方案。

我们发现了一个对收入有很大影响的 ground truth：年龄和受教育程度是决定一个人收入水平的关键特征。

我们发现的第一个关键特征是年龄。年龄是预测一个人收入的关键因素，如图 11.1 所示。

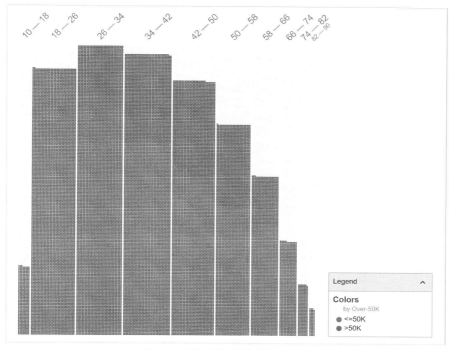

图 11.1　按年龄组划分的收入数据

彩图中的红色部分代表收入水平高于 5 万的人。蓝色部分代表收入水平低于或等于 5 万的人。

我们可以很清楚地看到：

- 十几岁的人比三十几岁的人收入低。
- 七十岁以上的人很有可能退休了，比四十几岁的人收入低。
- 收入曲线从少年到中年都是递增的，达到一个峰值之后，就会随着年龄的增长而慢慢下降。

我们发现的第二个关键特征是受教育程度。当按年龄和受教育程度划分收入时，我们得到了图 11.2。

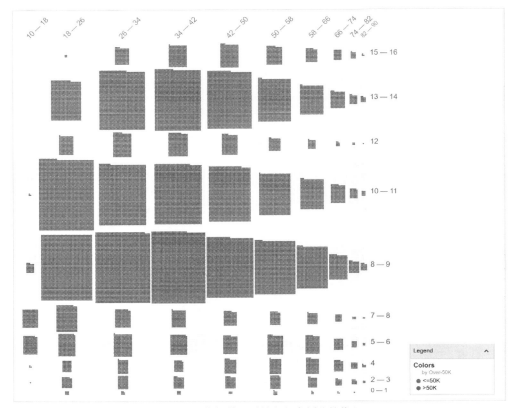

图 11.2　按年龄和受教育程度划分的收入

我们又有了新的发现:

- 受教育年数越长，收入越高。
- 获得工作经验的时间越长，获得的收入就越多。
- 学习是可以通过经验获得的。
- 有了几年的工作经验之后，受过高等教育的人会赚得更多。
- 年龄、受教育程度和工作经验这三个因素会叠加，这就解释了为什么受过 13 至 17 年教育的人从 30 岁开始收入显著增加。

现在假设锚定解释法使用的数据集与我们在第 5 章使用的数据集相同。我们将使用美国人口普查数据集的一个经过转换的、符合国际法律和道德伦理的版本。我们的目标依旧是预测一个人的收入是高于还是低于或等于 5 万。

锚定解释器可能会得出以下锚定解释:

```
IF Country = United States AND 34 <= Age <= 42
AND Number of years of education >= 14
THEN PREDICT Income > USD50K
```

可以看到：锚定解释法是非常强烈的"锚定"。即使其他值发生变化，它也很可能保持不变。当然，这种解释不会在所有情况下都100%正确，但它是高度精确和高效的。

锚定解释法的美妙之处在于其解释是我们人类都能理解的高精度解释。

锚定解释法神奇的地方是：其解释是自动生成的！

接下来看看为什么锚定解释法在某些情况下可以产生比 LIME 更好的效果。

11.1.2　新闻组分类

在第 8 章中，我们将新闻组分为两类：electronics(电子)和 space(空间)。

我们构建了一个 LIME 解释器，为每个实例生成了可视化解释。以图 11.3 中的这个实例为例。

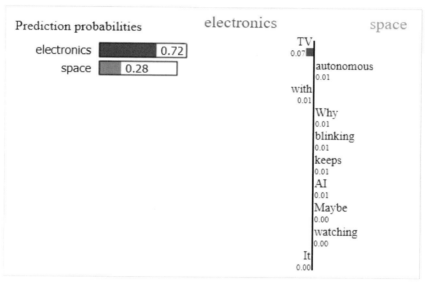

图 11.3　LIME 解释

可以看到，程序之所以将这个实例预测为 electronics，是因为它包含以下词汇：

- **TV**
- **with**
- **It**

但是，这个实例也包含 space 类别的相关词汇：

- **watching**
- **why**
- **keeps**

从图 11.3 可以看到，TV 这个词可以保证程序将这个实例预测为 electronics。

可以想象，如果另一个实例包含 watching 和 TV 这两个词，它很有可能也会被预测成 electronics。

现在我们可以想象出这么一个高度精确的锚定解释：

```
IF feature x = "TV"
AND feature y = "watching"
THEN PREDICT category = electronics
```

锚定解释法的设计方式使我们得以提供如此清晰和准确的解释，令人不得不佩服。

在本节中，我们浏览了文本分类方面的锚。如果你想进一步探讨文本分类方面的锚定解释法，你可以查阅适用于电影评论的以下示例：https://docs.seldon.io/projects/alibi/en/stable/examples/anchor_text_movie.html。

然后，你可以将这个示例里的锚定解释法代码与我们为第 4 章电影评论创建的 SHAP 代码进行比较。

接下来构建一个 Python 程序，并用锚定解释法来解释对图像的预测。

11.2　对 ImageNet 图像预测应用锚定解释法

在本节中，我们将构建一个 Python Alibi 程序并为图像生成锚。Alibi 是一个包含多个 XAI 资源的库。

我们将使用来自 ImageNet 的图像来运行解释器。

我们将按以下顺序构建程序。

(1) 安装 Alibi 并导入其他所需模块。

(2) 加载 InceptionV3 模型。

(3) 下载图像。

(4) 处理图像并做出预测。

(5) 创建锚定图像解释器并显示可视化解释。

下面先安装 Alibi 并导入模块。

11.2.1　安装 Alibi 并导入其他所需模块

现在打开本书配套代码中本章的 Image_XAI_Anchor.ipynb notebook。

首先尝试导入 Alibi：

```
# @title Install Alibi
try:
    import alibi
```

```
except:
    !pip install alibi
```

如果已经安装了 Alibi，程序将会继续运行。但是，当 Colaboratory 重启时，一些库和变量会丢失。在这种情况下，程序将会重新安装 Alibi。

接下来导入程序所需的模块，然后导入数据并显示示例。

我们的程序需要导入两种类型的模块：TensorFlow 模块和被 Alibi 用来显示解释器输出的相关模块。

```
# @title Importing modules
import tensorflow as tf
# tf.logging.set_verbosity(tf.logging.ERROR) # suppress deprecation
                                             # messages
import matplotlib
%matplotlib inline
import matplotlib.pyplot as plt
import numpy as np
from tensorflow.keras.applications.inception_v3 import InceptionV3,
preprocess_input, decode_predictions
from alibi.datasets import fetch_imagenet
from alibi.explainers import AnchorImage
```

接下来加载 InceptionV3 模型。

11.2.2　加载 InceptionV3 模型

在本节中，我们将加载预训练的 InceptionV3 模型。InceptionV3 是一种图像识别模型。该模型包含了图像处理层，如卷积、池化、dropout 和密集层。

我们通过以下代码加载模型：

```
# @title Load InceptionV3 model pretrained on ImageNet
model = InceptionV3(weights='imagenet')
```

接下来下载图像并训练、解释它们。

11.2.3　下载图像

ImageNet 包含了 1 000 类标记图像，你可以在 https://gist.github.com/yrevar/942d3a0ac09ec9e5eb3a 查到这些类别，摘录如下所示：

```
1: 'goldfish, Carassius auratus',
2: 'great white shark, white shark, man-eater, man-eating shark,
Carcharodon carcharias',
```

```
3: 'tiger shark, Galeocerdo cuvieri',
4: 'hammerhead, hammerhead shark',
5: 'electric ray, crampfish, numbfish, torpedo',
6: 'stingray',
7: 'cock',
8: 'hen',
9: 'ostrich, Struthio camelus',
10: 'brambling, Fringilla montifringilla',
```

我们的 Alibi 程序并不会处理以上所有类别，而只专注于以下几种类别：

```
mapping = {'Persian cat': 'n02123394',
           'volcano': 'n09472597',
           'strawberry': 'n07745940',
           'centipede': 'n01784675',
           'jellyfish': 'n01910747'}
```

然后我们提供一个表单来选择要下载和解释的图像类别，如图 11.4 所示。

图 11.4　选择要下载和解释的图像类别

选择了类别之后，程序将设置图像形状，然后检索图像数据和相应标签：

```
# @title Download image form ImageNet
category = 'Persian cat' # @param ["Persian cat", "volcano",
#                                  "strawberry", "centipede",
#                                  "jellyfish"]
image_shape = (299, 299, 3)
data, labels = fetch_imagenet(category, nb_images=25,
                              target_size=image_shape[:2],
                              seed=2, return_X_y=True)
print('Images shape: {}'.format(data.shape))
```

现在我们已经下载了图像，接下来将处理图像并以进行预测。

11.2.4　处理图像并进行预测

现在使用以下代码处理图像并使用预训练的 InceptionV3 模型进行预测：

```
# @title Process image and make predictions
```

```
images = preprocess_input(data)
preds = model.predict(images)
label = decode_predictions(preds, top=3)
print(label[0])

# @title Define prediction model
predict_fn = lambda x: model.predict(x)
```

现在我们已经导入、处理图像并进行了预测，接下来可以构建锚定图像解释器并将解释可视化了。

11.2.5　构建锚定图像解释器

在本节中，我们将构建锚定图像解释器并显示可视化解释。

Alibi 锚定图像解释器支持 scikit-learn 内置的图像分割方法。我们选择了 slic 图像分割函数：

```
# @title Initialize anchor image explainer
segmentation_fn = 'slic'
kwargs = {'n_segments': 15, 'compactness': 20, 'sigma': .5}
explainer = AnchorImage(predict_fn, image_shape,
                        segmentation_fn=segmentation_fn,
                        segmentation_kwargs=kwargs,
                        images_background=None)
```

slic 在色彩空间中使用 k-means 聚类来分割图像。以下是 slic 各个参数的含义和用法：

- n_segments 表示分割输出图像中的标签数量。
- compactness 将通过平衡颜色接近度和空间接近度来产生超像素形状。解释器将使用这些超像素。
- sigma 是高斯平滑核的大小。核将预处理图像的每个维度。

我们的解释器将使用以下变量初始化：

- predict_fn = model.predict(x)
- image_shape = (299, 299, 3)
- segmentation_fn = 'slic'
- segmentation_kwargs = kwargs
- (images_background=None)该变量此刻未初始化

现在可以生成解释器的输出了。

使用以下代码显示图像：

```
i = 0
plt.imshow(data[i]);
```

输出显示图 11.5 中的图像。

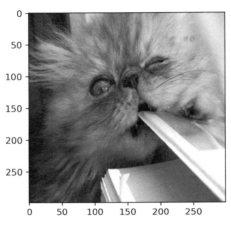

图 11.5　波斯猫

你可以通过修改 i 的值来将其改成另外一张图像(i 需要在 nb_images=25 范围内)。如果你想探讨更多的可视化锚，你也可以增加 nb_images 的值。

接下来生成锚定解释：

```
# @title Anchor explanation
image = images[i]
np.random.seed(0)
explanation = explainer.explain(image, threshold=.95,
                                p_sample=.5, tau=0.25)
```

各个参数的含义如下：

- image 表示 images[i]。
- threshold=.95 表示要考虑的最小样本分数。
- p_sample=.5 表示被改变的超像素部分。例如，它们可以被平均化。
- tau=0.25 表示收敛水平。如果该值较高，则收敛速度会更快，但锚定约束较少。

接下来显示锚：

```
# @title Superpixels in the anchor
plt.imshow(explanation.anchor);
```

输出是包含锚的可视化解释，如图 11.6 所示。

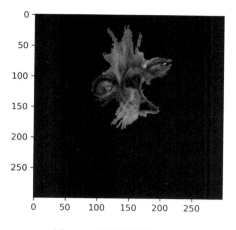

图 11.6　波斯猫的锚(anchor)

如图 11.7 所示，我们还有另外一种可视化锚定解释——显示片段(segments)：

```
# @title All superpixels
plt.imshow(explanation.segments);
```

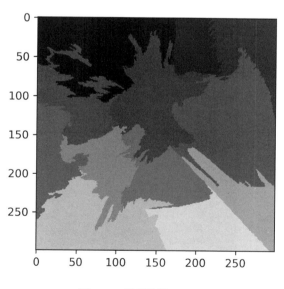

图 11.7　显示片段(segments)

现在我们已经实现了锚定解释过程，接下来通过解释其他类别来探讨更多的可视化示例。

11.2.6　解释其他类别

返回类别选择表单并从下拉列表中选择 strawberry(草莓)，见图 11.8。

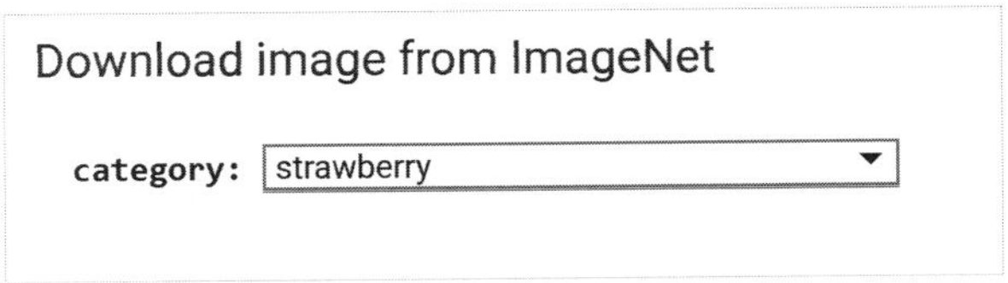

图 11.8　选择类别

然后运行程序来可视化锚。图 11.9 展示的是原图，图 11.10 显示锚。

图 11.9　草莓的原图

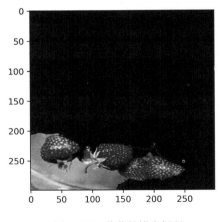

图 11.10　草莓的锚定解释

继续返回类别表单并选择 centipede(蜈蚣)，如图 11.11 所示。

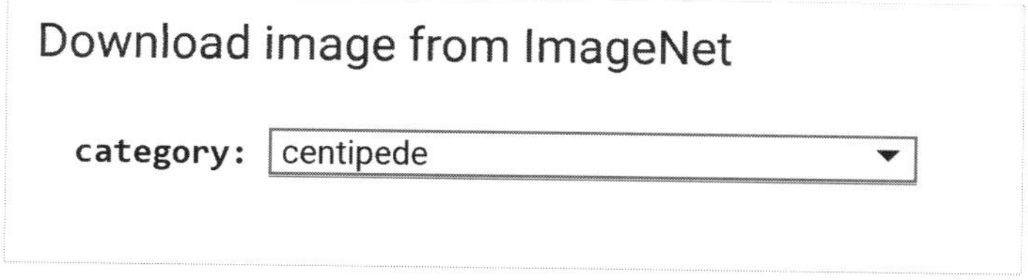

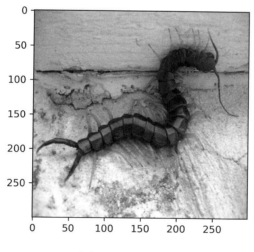

图 11.11　选择类别

然后运行程序来可视化锚。图 11.12 展示的是原图，图 11.13 显示锚。

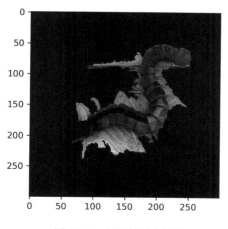

图 11.12　蜈蚣的原图

图 11.13　蜈蚣的锚定解释

你还可以选择更多类别的图像来观察可视化锚。

和其他 XAI 方法一样，锚定解释法也有其局限性，接下来我们将讲述这方面的内容。

11.2.7　锚定解释法的局限性

到目前为止，我们所选的类别都可以带来良好的可视化锚定解释。

但是，如果你选择水母(jellyfish)，则锚定解释失败。图 11.14 展示了水母的原图，图 11.15 则显示锚定解释失败。

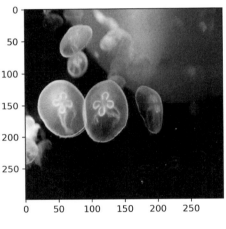

图 11.14　水母的原图

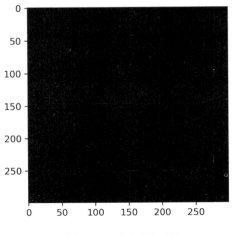

图 11.15　锚定解释失败

我们需要调查一下为什么锚定解释会失败。这可能是因为解释器本身的限制，如果是这个原因的话，我们可以通过反复试验不同的参数来解决这个问题。它也有可能是图像本身的原因，或者是 InceptionV3 的问题。

在本章这个 notebook 中，相关类别的锚定解释状态如下：

- persian cat(波斯猫) = OK(确定)
- jellyfish(水母) = failed(失败)
- volcano(火山) = failed(失败)
- strawberry(草莓) = OK(确定)
- centipede(蜈蚣) = OK(确定)

至此，我们确认了锚定解释法也可应用于图像。我们构建了为 ImageNet 图像预测制作锚定解释的 Python 程序，还发现了锚定解释法也像其他 XAI 工具一样具有局限性。

XAI 工具的这些局限性鼓励我们参与开源 XAI 工具项目，以帮助改进这些程序。它们还表明，当我们达到某个 XAI 方法的极限时，我们可能需要换一个 XAI 工具。

11.3 本章小结

在本章中，我们探讨了 XAI 工具的能力范围。我们发现，XAI 工具虽然具有模型无关性，但并非与数据集无关！例如，有些 XAI 工具可能适用于文本分类，而不适用于图像。有些 XAI 工具甚至可能只能用于某些文本分类数据集，而不能用于其他数据集。

我们首先描述了为什么那些与模型无关的 XAI 工具不能做到与数据集无关。我们使用了前几章的知识来解释 XAI 工具的能力范围和局限性。

然后我们对第 5 章和第 8 章的示例应用了锚定解释法。

最后，我们构建了一个用锚来解释图像的 Python 程序。锚定解释器通过检测图像中的超像素来产生解释。

一句话概括：锚定解释是一组适用于文本和图像分类预测的规则。

在下一章"认知解释法"中，我们将继续探讨如何解释 AI 与规则。我们将看到如何利用人类的认知能力人工构建规则来解释 AI。

11.4 习题

1. LIME 解释全局预测。(对|错)
2. LIME 解释局部预测。(对|错)

3. LIME 在所有数据集上都高效。(对|错)

4. 锚定解释法依赖于具体的 ML 模型。(对|错)

5. 锚定解释法依赖于 ML 模型的参数。(对|错)

6. 锚定解释是一组高精度规则。(对|错)

7. 锚定解释法的高精度规则解释了预测是如何得出的。(对|错)

8. 锚定解释法不适用于图像分类。(对|错)

9. 锚定解释法会显示图像上的超像素。(对|错)

10. 与模型无关的 XAI 工具可以用于许多 ML 模型。但是，并非每个数据集都与具体的 XAI 工具兼容。(对|错)

11.5 参考资料

- 可以在下列网址找到锚定解释法的参考代码：
  - https://github.com/SeldonIO/alibi/blob/524d786c81735ed90da2d2c68851c1145fa1b595/examples/anchor_image_imagenet.ipynb。
  - https://github.com/SeldonIO/alibi/tree/524d786c81735ed90da2d2c68851c1145fa1b595。
- 锚定解释法的参考文档在：https://docs.seldon.io/projects/alibi/en/stable/methods/Anchors.html。
- scikit-learn 分割方法的参考文档在：https://scikit-image.org/docs/dev/api/skimage.segmentation.html。

11.6 扩展阅读

- 关于锚定解释法的更多信息，请参阅论文 *Anchors: High-Precision Model-Agnostic Explanations* by Ribeiro, Singh, and Guestrin, available at https://homes. cs.washington.edu/~marcotcr/aaai18.pdf。
- 关于 Alibi 的更多信息，请参阅文档 https://docs.seldon.io/projects/alibi/en/stable/index.html。
- 关于 InceptionV3 模型的更多信息，请参阅以下两个链接：
  - https://cloud.google.com/tpu/docs/inception-v3-advanced。
  - https://github.com/tensorflow/models/tree/master/research/inception。

第**12**章

认知解释法

机器擅长计算数据，而人类擅长解释他们所感知的事物。

AI 将世界转换为精彩的数学表达式，而人类将想法转换为概念。

机器缺乏意识，而人类有自我意识。

机器可以在许多领域超越人类，而人类可以通过道德伦理和法律将机器化为尘土。

机器获取原始数据，理解它并做出预测，而人类获取原始数据，解释它并做出谨慎的决策以避免冲突。

如果这两种形式的智能能够融合在一起，世界将会变得更美好。

如果两者发生冲突，机器或它的主人将付出巨大的代价。

在美国，AI 系统的主人会遭到巨额罚款，且罚款的金额远远超出原告的实际损失。

在欧盟，《一般数据保护法案》(GDPR)要求 AI 系统的主人提供对 AI 预测的解释。它所施加的制裁可以达到云巨头全球收入的 4%。

我们通过本书中的可解释 AI 工具探索了一个全新的 AI 世界。这些 XAI 工具可以解释 AI。SHAP 提供特征的边际贡献。Facets 可以用可解释的方式显示数据。我们可以用 WIT 进行模拟。反事实解释法显示了一个预测与另一个预测之间的距离。LIME 在局部解释了一个预测。对比解释法 (CEM)说明了为什么一个特征的缺失或存在是至关重要的。锚定解释法提供了能够解释上下文的非凡工具，以建立起单词之间的联系。

本章所讲的认知解释法无法取代前面探讨过的这些 XAI 工具，但是认知解释法将能够帮助人类理解 XAI 的机器推理。

认知解释法以人为本的解释将弥合机器解释与人类理解之间的差距，而且在未来的某一刻，肯定有人会说："好的，现在我明白了！谢谢你的解释。"

本章将首先定义基于认知规则的解释。我们将创建一个认知解释法 Python 应用程序来帮助用户理解我们在第 4 章中构建的 SHAP 程序。

然后，我们将使用以人为中心的推理能力来帮助人们理解和改进第 8 章中的 LIME-WIT 项目。

最后，我们使用人类认知推理来改进第 9 章的例子。

在本章中，我们将使用本书中所有 XAI 工具的概念，利用我们作为人类的认知能力，以用户能够理解的语言表达认知解释法。

本章涵盖以下主题：
- 定义认知规则
- 定义认知规则库
- 在 Python 中构建认知解释法
- 构建认知词典
- 构建认知情感分析函数
- 从人类视角分析特征的边际贡献
- 边际认知贡献的数学表达式
- 用于测量边际认知贡献的 Python 函数
- 从机器视角分析矢量化器
- 从认知视角分析矢量化器
- 如何从认知视角帮助机器加速其 ML 过程

我们的第一步是在理论和实践中探索基于认知规则的解释。

12.1　基于规则的认知解释法

机器智能可以产生强大的算法预测结果和可解释 AI 工具输出。

但是，这些预测和输出需要人类的自我意识才能理解。

认知解释法为用户增加了一层理解，以减少其对人工干预的需求。在第 7 章 "可解释 AI 聊天机器人"，我们设计了 XAI 聊天机器人。认知解释法将在未来为聊天机器人带来可解释 AI，以减少用户对人工客服和人力资源的需求。

认知解释法绝对不会取代机器智能 XAI。因为认知解释法不是与模型无关的。你需要单独为每个项目想出尽可能多的办法。

本节和本章的目标是：用任何人都能理解的方式向用户解释 AI，从而令用户理解和信任 AI 系统。

第一步是从 XAI 工具转向 XAI 概念。

12.1.1　从 XAI 工具到 XAI 概念

在本节中，我们将回顾我们在本书中探索过的 XAI 工具，并对其方法的本质进行概念化。然后我们将在认知解释法中使用它们。

(1) SHapley Additive exPlanations (SHAP)的本质是找到特征的边际贡献。

(2) Facets 的本质是从各个视角解释数据和预测。

(3) Google What-If Tool (WIT)显示数据点。一个关键特征是可视化事实数据点与反事实数据点的距离。

(4) CEM 的本质是识别预测中缺失或存在的特征。

(5) LIME 的本质是在局部探索预测实例的周边以查找影响预测结果的因素。

(6) 锚定解释法的本质是显示特征是如何连接的，以及如何根据自动生成的 if-then 规则找到预测的特定特征。

在本章的剩余部分，我们将使用以上这些概念来描述认知过程。

接下来定义认知解释法。

12.1.2　定义认知解释法

认知解释法依赖于一系列人为设计的断言，例如：

断言={房子会有屋顶，房子会有窗户，房子会有房间，房子会有墙，房子会是一个家，……，房子会有地板}

还有更多表达房子的方式，但是这些内容超出了本书的范围。现在我们只想了解基于认知断言或基于规则的系统是如何工作的。

这些断言或规则是由人类输入的，因此应该由输入这些断言或规则的人决定具体如何解释 AI 系统是如何得出决策的。现在假设系统需要证明其决策过程的合理性。一个决策过程可以描述如下。

- **有墙** => 仍然无法确定它是什么
- **有地板** => 可能会是这么几种事物：车库、音乐厅、房子、其他
- **有窗户** => 可能会是这么几种事物：车库、音乐厅、房子、其他
- **有房间** => 通过这点可以排除掉车库和音乐厅 => 可能是房子
- **是一个家** => 可以确定它就是房子

以上决策过程可以用多种形式表达。但是，它们都可以概括为一个断言和规则列表。然后将这个断言与规则列表与足够多的真阳性或真阴性数据结合起来形成一个 AI 系统去接收输入数据并做出决策。

这些 AI 系统的构建需要相当长的时间，但是它们很容易对人类用户做出解释，使其可以立刻理解其预测过程。

请务必注意，在第 11 章"锚定解释法"中，锚定解释法生成了一组 if-then 规则。

但是，该规则是机器自动生成的，而认知解释法的规则是人类自行概括的。

接下来设计一种认知解释法来解释情绪分析示例。

我们将从用户视角出发，努力相信、信任和理解 AI 系统提供的解释。

第 4 章 "Microsoft Azure 机器学习模型的可解释性与 SHAP" 讲述了一个预测电影评论是正面的还是负面的情绪分析示例。在第 4 章，我们通过 SHAP 显示关键特征的 Shapley 值来解释模型是如何做出决策的。

如果花一些时间观察以下电影评论摘录，我们会发现很难理解这条评论的内容：

```
"The fact is; as already stated, it's a great deal of fun. Wonderfully
atmospheric. Askey does indeed come across as over the top, but it's
a great vehicle for him, just as Oh, Mr Porter is for Will hay. If
you like old dark house movies and trains, then this is definitely for
you.<br /><br />Strangely enough it's the kind of film that you'll want
to see again and again. It's friendly and charming in an endearing sort
of way with all of the nostalgic references that made great wartime
fare. The 'odd' band of characters simply play off each other as they
do in many another typical British wartime movie. It would have been
wonderful to have seen this film if it had been recorded by Ealing
studios . A real pity that the 1931 original has not survived intact"
```

此外，标签从一开始就有了(由 IMDB 提供)。因此，我们的模型知道如何找到 True 和 False 值来训练。

我们的数据集包含了相当多的记录：

```
TRAIN: The sample of length 20000 contains 9926 True values and 10074
False values
```

现在，人类想知道 AI 是如何理解这些文本的。

在第 4 章中，SHAP_IMDB.ipynb 使用 SHAP 来解释预测，如图 12.1 所示。

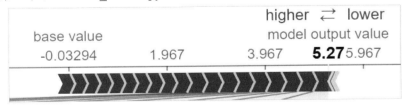

图 12.1　SHAP 的可视化解释

然后，我们提取了所涉及的特征，并生成了一个有用的单词列表。

这样的解释非常适合 AI 专家或资深软件用户，但并非所有人都能够理解这样的解释。

认知解释法可以帮助所有人了解该过程。

12.1.3 实践认知解释法

在本节中，我们将使用认知解释法来给出所有类型的用户都能理解的解释。
无论如何，你都必须准备以不耐烦的用户或法院能够理解的方式来解释 AI。
在这一点上，认知解释法能够帮助到你。

1. 导入模块和数据

下面将沿用与第 4 章 SHAP_IMDB.ipynb 相同的数据集，以便更好地比较 SHAP
解释法和认知解释法，从而令读者更好地理解认知解释法。

我们将使用 Cognitive_XAI_IMDB_12.ipynb。

首先检查是否已经安装 SHAP：

```
#@title SHAP installation
try:
  import shap
except:
  !pip install shap
```

然后导入所需的模块：

```
# @title Import modules
import sklearn
from sklearn.feature_extraction.text import TfidfVectorizer
from sklearn.model_selection import train_test_split
import numpy as np
import random
import shap
```

然后加载与 SHAP_IMDB.ipynb 相同的数据集：

```
# @title Load IMDb data
corpus, y = shap.datasets.imdb() # importing the data
```

接下来将数据集拆分成训练数据集和测试数据集：

```
# @title Split data
sp = 0.2 # sample proportion
corpus_train, corpus_test, y_train, y_test = train_test_split(corpus,
    y, test_size=sp, random_state=7)
```

现在我们已经导入了所需的数据和模块，接下来创建认知解释法策略。

2. 词典

词典包含任何人都可以用来描述电影的词语。它们并非来自任何形式的 ML 模型。

它们只是来自常识。

首先，输入倾向于将预测推向正值的特征：

```
# @title Cognitive XAI policy
pdictionary = ["good", "excellent", "interesting", "hilarious",
               "real", "great", "loved", "like", "best", "cool",
               "adore", "impressive", "happy", "awesome",
               "inspiring", "terrific", "extraordinary", "beautiful",
               "exciting", "fascinating", "fascinated", "pleasure",
               "pleasant", "pleasing", "pretty", "talent",
               "talented", "brilliant", "genius", "bright",
               "creative", "fantastic", "interesting", "recommend",
               "encourage", "go", "admirable", "irrestible",
               "special", "unique"]
```

请注意，not、in 和 and 之类的单词被排除在外，因为它们在正面或负面评论中都存在。

然后存储 pdictionary 的长度：

```
pl = len(pdictionary)
```

接下来输入倾向于将预测推向负值的特征：

```
ndictionary = ["bad", "worse", "horrible", "terrible", "pathetic",
               "sick", "hate", "horrific", "poor", "worst", "hated",
               "poorest", "tasteless"]
```

然后存储 ndictionary 的长度：

```
threshold = len(ndictionary)
```

现在我们已经根据人类的日常体验直观地创作了两本词典。没有涉及计算、ML 模型和统计数据。

这两个词典里的词汇是任何人类用户都能够看懂的。

我们的程序还需要一些全局参数。

3. 全局参数

接下来设置几个全局参数：

```
threshold = len(ndictionary)
y = len(corpus_train)
print("Length", y, "Positive contributions", pl,
      "Negative contributions", threshold)

tc = 0 # true counter
```

```
fc = 0 # false counter
```

系统将使用这些参数进行预测并测量其性能：

- threshold = len(ndictionary)表示负面单词数量的阈值。
- y = len(corpus_train)表示数据集的长度。
- tc = 0　表示在数据集中找到 True 标签的计数器。
- fc = 0　表示在数据集中找到 False 标签的计数器。

接下来计算数据集中的 True 标签和 False 标签的数量：

```
for i in range(0, y):
  if y_train[i] == True:
    tc += 1
  if y_train[i] == False:
    fc += 1
print("TRAIN: The sample of length", y, "contains", tc,
      "True values and", fc, "False values")
```

输出提供了数据集的相关信息：

```
Length 20000 Positive contributions 40 Negative contributions 12
TRAIN: The sample of length 20000 contains 9926 True values and 10074
False values
```

接下来讲解认知解释函数。

4. 认知解释函数

在本节中，我们将讲解一个认知解释函数，即使对算法、语言学一无所知，我们也能写出这样一个函数。

我们将创建一个名为 cognitive_xai(y,pl,threshold) 的函数，该函数接受三个参数：

- y 表示数据集的长度。
- pl 表示正面单词的数量。
- threshold 表示负面单词阈值。

我们在函数开头设置了四个变量：

```
# @title Cognitive XAI feature contribution
def cognitive_xai(y, pl, threshold):
    pc = 0      # true counter of positive rule
    cc = 0      # control counter
    dc = 0      # display counter
    show = 0    # number of samples to display to control
```

这四个变量用于存储我们获得的结果：

- pc = 0 用于存储认知函数发现的真阳性的数量。

- cc = 0 用于存储认知函数发现的真阳性和假阳性的总数。
- dc = 0 用于存储要显示样本的数量。
- show = 0 用于存储显示样本的数量上限。

然后将每个评论存储到 fstr:

```
for i in range(0, y):
  fstr = corpus_train[i]
```

第一组规则检查 fstr 是否包含正面字典 pdictionary 中的单词:

```
include = 0
for inc in range(0, pl):
  if fstr.find(pdictionary[inc]) > 0:
    include = 1
if pl == 0:
  if fstr.find(pdictionary[0]) > 0:
    include = 1
```

如果在评论中发现了一个正面单词(即 fstr.find(pdictionary[inc])> 0),则视其为正面评论,并将 include 设置为 1:

```
include = 1
```

如果你仔细想想,这部分代码其实就是在做人类做的事情。作为人类的我们如果在电影评论中看到一个正面的单词,我们会相信这是一条正面评论。

第二组规则检测 fstr 是否不包含负面词典 ndictionary 中的单词:

```
exclude = 0;
for inc in range(0, threshold):
  if fstr.find(ndictionary[inc]) < 0:
    exclude += 1
```

如果未在评论中发现负面词典中的任何一个单词(即 fstr.find(ndictionary[inc])< 0),则 exclude 加 1。

评论中的非负面单词的数量应该超过阈值 threshold(即通过 cognitive_xai(y,pl,threshold)传入的第 3 个参数)。

如果你仔细想想,这部分代码其实就是在做人类做的事情。现代生活节奏很快,我们一眼扫过一条评论,如果绝大部分单词都不是负面单词,我们就认为这是一条正面的评论。

接下来建立真阳性的认知推理规则:

```
# if-then rules for true positives
if include == 1:
  if exclude >= threshold:
```

```
    cc += 1
    if (y_train[i] == True):
      pc += 1
      if dc < show:
        dc += 1;
        print(i, y_train[i], corpus_train[i]);
```

以上推理过程基于人类常识性的规则方法:

- 如果 include==1,则在评论中发现了正面单词。
- 如果 exclude >= threshold,则在评论中非负面单词的数量超过了一定程度(阈值)。
- 如果 y_train[i] == True,则函数找到了真阳性。
- pc +=1 是真阳性的计数器。

如果 show > dc,则显示统计数据。

最后显示整个数据集的统计数据:

```
print(mcc, "true positives", pc, "scores", round(pc / tc, 4),
      round(pc / cc, 4), "TP", tc, "CTP", cc)
return round(pc/tc,4)
```

我们将获得一个结果,比如:

```
true positives 7088 scores 0.7141 0.6696 TP 9926
```

下面来看一下这些结果:

- 我们的认知函数能够检测出数据集中真阳性的数量为 7088(True 标签数量为 9926),因此得到了 0.7141 的性能分数。
- 如果我们将假阳性数量也算进去,则分数变为 0.6696。也就是说,我们的认知函数能够解释 66%的预测结果。

可见,凭借字典的常识性认知解释法,能够获得不错的结果。

如果花更多的工夫在这个字典上,我们很有可能会达到更高的分数。

人类天生就能够区分正面和负面的东西。如果不是这样,我们就不会活到现在!

任何用户都能够理解这种解释。

接下来进一步解释特征的边际贡献。

12.1.4 特征的边际贡献

第 4 章 "Microsoft Azure 机器学习模型的可解释性与 SHAP" 展示了 Shapley 值的计算方法。在本节中,我们将先简化 Shapley 值的计算方法,然后构建另一个常识性认知解释函数,以测量特征的贡献。

1. 数学视角

在第 4 章，我们描述了 Shapley 值的数学表达式：

$$\varphi_i(N, v) = \frac{1}{N!} \sum_{S \subseteq N \setminus \{i\}} |S|! \, (|N| - |S| - 1)! \, (v(S \cup \{i\}) - v(S))$$

如有必要，你可以回顾一下第 4 章的相关内容。现在，为了帮助用户了解我们是如何计算边际贡献的，我们简化了上面的数学表达式，只留下：

$$\varphi_i(v) = (v(S \cup \{i\}) - v(S))$$

这个简化后的表达式可解释为：

- $\varphi_i(v)$表示下一节 Python 程序中 mcc 变量的边际贡献。
- S 表示整个数据集。
- $v(s)$表示 pdictionary 中 i 之前所有单词的边际贡献，但不包括 i。
- $v(S \cup \{i\})$表示包含 i 时数据集的预测性能。
- $(v(S \cup \{i\}) - v(s))$表示 i 的边际值。

如果用通俗易懂的语言来表达，则内容如下：

(1) Python 函数首先会记录它在 pdictionary 找到的第一个单词。

(2) 然后它会认为这是在数据集的每条评论中找到的唯一的正面单词。

(3) 自然，这样找到的真阳性数量会很少，因为它只查找了一个单词。

(4) 然而，这一个单词的性能分数会被记录下来。

(5) 继续记录在 pdictionary 找到的下一个单词，并记录新单词的分数。

(6) 然后将这个新分数与前一个分数进行比较，从而得出新单词的边际贡献。

当然，我们不会向用户展示这个数学表达式，而只会显示 Python 程序的输出。

2. 边际贡献 Python 认知解释函数

现在将上一节描述的规则集实现成边际贡献认知解释函数，其代码如下：

```python
# @title Marginal cognitive contribution metrics
maxpl = pl
for mcc in range(0, pl):
    score = cognitive_xai(y, mcc, threshold)
    if mcc == 0:
        print(score, "The MCC is", score, "for", pdictionary[mcc])
        last_score = score
    if mcc > 0:
        print(score, "The MCC is",
              round(score - last_score, 4), "for", pdictionary[mcc])
        last_score = score
```

以下是函数输出中的部分摘录：

```
4 true positives 3489 scores 0.3515 0.6792 TP 9926 CTP 5137
0.3515 The MCC is 0.0172 for real
```

以上输出摘录的第一部分是从上一节中的函数代码中显示出来的：

```
def cognitive_xai(y, pl, threshold):
```

这些值或许会有帮助。但是，我们现在要关注的关键部分是以 MCC 开头的内容：

```
The MCC is 0.0172 for real
```

以上内容表示：将 real 一词添加到正面单词列表之后，系统的准确率提高了 0.0172。

再看看整个输出，可以发现每个单词对模型性能的影响：

```
"The MCC is x for "word w"
```

你将看到每个单词在模型性能中添加了什么：

```
0 true positives 2484 scores 0.2503 0.667 TP 9926 CTP 3724
0.2503 The MCC is 0.2503 for good
1 true positives 2484 scores 0.2503 0.667 TP 9926 CTP 3724
0.2503 The MCC is 0.0 for excellent
2 true positives 2953 scores 0.2975 0.6938 TP 9926 CTP 4256
0.2975 The MCC is 0.0472 for interesting
3 true positives 3318 scores 0.3343 0.6749 TP 9926 CTP 4916
0.3343 The MCC is 0.0368 for hilarious
4 true positives 3489 scores 0.3515 0.6792 TP 9926 CTP 5137
0.3515 The MCC is 0.0172 for real
5 true positives 4962 scores 0.4999 0.6725 TP 9926 CTP 7378
0.4999 The MCC is 0.1484 for great
6 true positives 5639 scores 0.5681 0.685 TP 9926 CTP 8232
0.5681 The MCC is 0.0682 for loved
7 true positives 5747 scores 0.579 0.6877 TP 9926 CTP 8357
0.579 The MCC is 0.0109 for like
8 true positives 6345 scores 0.6392 0.6737 TP 9926 CTP 9418
0.6392 The MCC is 0.0602 for best
9 true positives 6572 scores 0.6621 0.6778 TP 9926 CTP 9696
0.6621 The MCC is 0.0229 for cool
10 true positives 6579 scores 0.6628 0.6771 TP 9926 CTP 9716
0.6628 The MCC is 0.0007 for adore
11 true positives 6583 scores 0.6632 0.6772 TP 9926 CTP 9721
0.6632 The MCC is 0.0004 for impressive
.../...
26 true positives 6792 scores 0.6843 0.6765 TP 9926 CTP 10040
```

```
0.6843 The MCC is 0.0016 for talented
27 true positives 6792 scores 0.6843 0.6765 TP 9926 CTP 10040
0.6843 The MCC is 0.0 for brilliant
28 true positives 6819 scores 0.687 0.6772 TP 9926 CTP 10070
0.687 The MCC is 0.0027 for genius
29 true positives 6828 scores 0.6879 0.6772 TP 9926 CTP 10082
0.6879 The MCC is 0.0009 for bright
30 true positives 6832 scores 0.6883 0.6771 TP 9926 CTP 10090
0.6883 The MCC is 0.0004 for creative
31 true positives 6836 scores 0.6887 0.677 TP 9926 CTP 10097
0.6887 The MCC is 0.0004 for fantastic
32 true positives 6844 scores 0.6895 0.677 TP 9926 CTP 10109
0.6895 The MCC is 0.0008 for interesting
33 true positives 6844 scores 0.6895 0.677 TP 9926 CTP 10109
0.6895 The MCC is 0.0 for recommend
34 true positives 6883 scores 0.6934 0.6769 TP 9926 CTP 10169
0.6934 The MCC is 0.0039 for encourage
35 true positives 6885 scores 0.6936 0.6769 TP 9926 CTP 10171
0.6936 The MCC is 0.0002 for go
36 true positives 7058 scores 0.7111 0.6699 TP 9926 CTP 10536
0.7111 The MCC is 0.0175 for admirable
37 true positives 7060 scores 0.7113 0.67 TP 9926 CTP 10538
0.7113 The MCC is 0.0002 for irresible
38 true positives 7060 scores 0.7113 0.67 TP 9926 CTP 10538
0.7113 The MCC is 0.0 for special
39 true positives 7088 scores 0.7141 0.6696 TP 9926 CTP 10585
0.7141 The MCC is 0.0028 for unique
```

对于以上输出，我们凭直觉就能够理解，观察的词越多，结果就越好。

接下来的步骤就是通过向词典添加其他单词来改进这个系统。此外，我们可以开发一个 HTML 网页，并用方便用户理解的格式显示以上结果。

在本节中，我们构建了任何用户都能理解的解释。接下来看看如何将矢量化器微调到人类观察能力范围内。

12.2 矢量化器的认知解释法

在很多情况下，AI 和 XAI 的表现都优于人类。这是一件好事，因为这就是我们设计它们的目的！我们要缓慢而不精确的 AI 做什么？

但是，在某些情况下，我们需要得到关于 AI 预测的解释，并且要求这个解释是任何人都可以理解的。

在第 8 章 "LIME"，我们得出了几个结论。在本节中，我们将使用我们人类的认知能力来理解第 8 章中的以下结论：

(1) LIME 可以证明，如果没有 XAI，即使是准确的预测，也是不可信的。所有预测，无论是真是假，都必须用 XAI 进行解释，以保证输出的可信性。只有当我们了解了每个输出时，我们才会信任 AI 程序。

(2) 局部可解释模型能够测量出我们对预测的信任程度。

(3) 局部解释可能表明数据集无法产生可信的预测。

(4) XAI 可以证明模型是否不可信。

(5) LIME 的可视化解释是帮助用户获得对 AI 系统信任的绝佳方式。

请注意，第(3)条中措辞是"可能表明"。此类模型涉及的参数数量众多，因此我们必须认真检查。

接下来探讨矢量化器的认知解释法。

12.2.1　解释 LIME 的矢量化器

打开 LIME.ipynb，这是第 8 章探讨过的程序。下面回顾一下该代码中的矢量化器部分。

我们的目标与第 8 章一样，即预测某条新闻所属的新闻组。

作为人类，我们知道在英语这种语言中，我们能够发现可以属于任何新闻组的很长的一组词，例如：

集合 A = 在任何新闻组中都能找到的词= {in、out、over、under、to、the、a、these、those、that、what、where、how、...、which}

作为人类，我们也知道这些词比具有含义或与特定领域相关的词更有可能出现，例如：

集合 B = 未必能在任何新闻组中找到的词 = {satellites、rockets、make-up、cream、fish、...、meat}。

作为人类，我们得出结论：集合 A 的单词在文本中将比集合 B 的单词具有更高的频率值。

scikit-learn 的矢量化器有一个符合我们人类结论的选项：min_df。

min_df 将矢量化频率超过指定最小频率的单词。下面回顾一下程序中的矢量化器，并添加 min_df 参数：

```
vectorizer = sklearn.feature_extraction.text.TfidfVectorizer(
    min_df=20, lowercase=False)
```

你可以尝试使用不同的 min_df 值来观察 LIME 解释器的反应。以上代码的 min_df 值意味着程序将会检测出现超过 20 次的单词并修剪向量。该程序将删除许多会让 LIME 解释器混淆的单词，例如 in、our、out 和 up。

我们还可以删除部分特征，从而令解释器显示更少的内容，令用户查看起来更轻松：

```
"""
# @title Removing some features
print('Original prediction:',
        rf.predict_proba(test_vectors[idx])[0, 1])
tmp = test_vectors[idx].copy()
tmp[0, vectorizer.vocabulary_['Posting']] = 0
tmp[0, vectorizer.vocabulary_['Host']] = 0
print('Prediction removing some features:',
        rf.predict_proba(tmp)[0, 1])
print('Difference:', rf.predict_proba(tmp)[0, 1] -
                    rf.predict_proba(test_vectors[idx])[0, 1])
"""
```

现在再次运行程序，我们会得到一个更好的结果(见图 12.2，具体数据可能会与配图不同)。

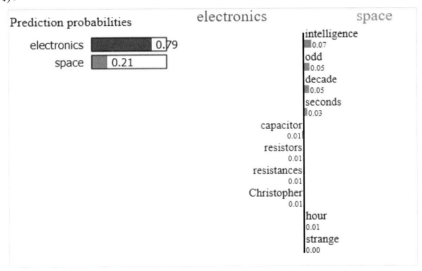

图 12.2　LIME 解释器图

可以看到，与第 8 章的解释相比，我们的解释有所改进！该解释显示出了 electronics 的三个突出特征：

```
electronics = {"capacitor", "resistors", "resistances"}
```

请注意，由于数据是随机采样的，你的实际运行结果可能与上述示例不同。

我们现在以不同的方式解释前面得出的结论 3：

局部解释可能能够表明数据集无法产生可信的预测。

现在可以根据之前认知解释法的分析来理解这个结论：

局部解释可能能够表明数据集包含了适合两个类别的特征以进行区分。在这种情况下，我们必须找到模糊结果的共同特征并使用矢量化器修剪它们。

现在我们可以做出一个真正的人类结论：

如果模型对 AI 预测的解释不符合用户的预期，下一步就是让人类参与调查并为模型的改进做出贡献。在调查清楚所提供的解释的原因之前，不能轻易下结论。如果解释是人类无法理解的，就无法改进模型。

接下来将相同方法应用于 SHAP 模型。

12.2.2　解释 IMDb 的 SHAP 矢量化器

在本节中，我们将利用我们对矢量化器的了解，看看我们是否可以通过修剪特征来接近人类对 IMDb 数据集的认知分析。

在本章的 12.1 节"基于规则的认知解释法"中，我们从人类视角创建了直观的认知词典。

接下来看看矢量化器的输出和人工输入之间的距离有多近。

再次打开 Cognitive_XAI_IMDB_12.ipynb 并转到 Vectorize datasets 单元格。我们将添加 min_df 参数，就像我们在上一节中所做的那样。

但是，这一次，我们知道数据集包含了大量数据。与上一节一样，我们将相应地修剪特征。

这一次，我们将特征的最小频率值设置为 min_df = 1000，如下面的代码片段所示：

```
# @title Vectorize datasets
# vectorizing
display = 1 # 0 no display, 1 display
vectorizer = TfidfVectorizer(min_df=1000, lowercase=False)
```

然后专注于拟合训练数据集：

```
X_train = vectorizer.fit_transform(corpus_train)
```

现在可以进行实验了。

首先检索特征的名称并显示一些基本信息：

```
# visualizing the vectorized features
feature_names = vectorizer.get_feature_names()
lf = (len(feature_names))
print("Number of features", lf)
if display == 1:
  for fv in range(0, lf):
    print(feature_names[fv], round(vectorizer.idf_[fv],5))
```

输出将显示特征以及它们的频率(词频)：

```
Number of features 434
Number of features 434
10 3.00068
After 3.85602
All 3.5751
American 3.74347
And 2.65868
As 3.1568
At 3.84909
But 2.55358
DVD 3.60509...
```

现在我们不需要限制要显示的特征数量，因为我们已经修剪了大量 token(单词)。现在只剩下 434 个特征了。

接下来添加一个函数，将本章前面部分的人造词典与优化矢量化器生成的特征名称进行比较。

首先寻找包含在人造词典和由矢量化器生成的特征名称中的正面贡献：

```python
# @title Cognitive min vectorizing control
lf = (len(feature_names))
if display == 1:
  print("Positive contributions:")
  for fv in range(0, lf):
  for check in range(0, pl):
      if (feature_names[fv] == pdictionary[check]):
        print(feature_names[fv], round(vectorizer.idf_[fv], 5),)
```

然后查找包含在人造词典和由矢量化器生成的特征名称中的负面贡献：

```python
print("\n")
print("Negative contributions:")
for fv in range(0, lf):
  for check in range(0, threshold):
    if(feature_names[fv] == ndictionary[check]):
      print(feature_names[fv], round(vectorizer.idf_[fv], 5))
```

人造词典中有一些单词并没有出现在矢量化器中，尽管它们有助于预测。但是，人造词典和矢量化器之间有一些共同的单词，它们提供了较高的贡献，并且基本符合人类的常识：

```
Positive contributions:
beautiful 3.66936
best 2.6907
excellent 3.71211
go 2.84016
good 1.98315
```

```
great 2.43092
interesting 3.27017
interesting 3.27017
like 1.79004
pretty 3.1853
real 2.94846
recommend 3.75755
special 3.69865

Negative contributions:
bad 2.4789
poor 3.82351
terrible 3.95368
worst 3.46163
```

现在我们已经展示了如何帮助用户基于人类认知去理解机器智能的解释。接下来探讨人类的认知能力是如何加速 CEM 的。

12.3　CEM 的人类认知输入

本节将探讨如何利用我们人类的认知能力在一分钟内从数十个特征中选出两个关键特征来解决问题。

在第 9 章"反事实解释法",我们使用 WIT 来可视化事实数据点和反事实数据点。数据点是"在笑"或"没在笑"的人的图像。目标是预测一个人所处的类别("在笑"或"没在笑")。

我们探讨了 Counterfactual_explanations.ipynb。如有必要,你可以回顾一下。我们发现有些图像令人困惑。例如,我们检查了一些图像,如图 12.3 所示。

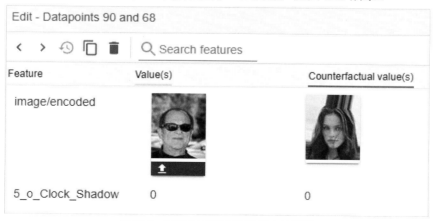

图 12.3　WIT 显示反事实数据点的界面

很难看出左边的人是否在笑。

接下来通过认知解释法来探讨上面这两张图像吧。

基于规则的观点

当 ML 或深度学习模型达到其可解释 AI 的极限时，规则库会很有帮助。

在本节中，我们将为数据集中的规则库奠定基础。规则库基于认知方法或其他 ML 算法。在这种情况下，我们将创建人工设计的规则。

在本案例中，一种富有成效的方法是使用人工构建的规则库来控制 AI 系统，而不是让 ML 程序在其黑盒中自由运行。

这种人工设计的规则库的优势在于，一旦程序产生有争议的输出，它将减轻强制性人类解释的负担。

例如，花点时间观察 CelebA 数据集的列名。我们将这些列名的集合命名为 *C*：

```
C = {image_id, 5_o_Clock_Shadow, Arched_Eyebrows, Attractive,
     Bags_Under_Eyes, Bald, Bangs, Big_Lips, Big_Nose, Black_Hair,
     Blond_Hair, Blurry, Brown_Hair, Bushy_Eyebrows, Chubby,
     Double_Chin, Eyeglasses, Goatee, Gray_Hair, Heavy_Makeup,
     High_Cheekbones, Male, Mouth_Slightly_Open, Mustache,
     Narrow_Eyes, No_Beard, Oval_Face, Pale_Skin, Pointy_Nose,
     Receding_Hairline, Rosy_Cheeks, Sideburns, Smiling,
     Straight_Hair, Wavy_Hair, Wearing_Earrings, Wearing_Hat,
     Wearing_Lipstick, Wearing_Necklace, Wearing_Necktie, Young}
```

我们可以看到相当多的特征！多到我们可能想放弃，并让 ML 或深度学习算法去完成这项工作。

如果需要，我们可以通过认知解释法来完成这项工作。

现在来看看人类是如何消除那些无法解释"在笑"的特征的。

这是一种基本的、日常的、常识性的认知方法，人类只需要花几分钟就能完成：

```
C = {image_id, 5_o_Clock_Shadow, Arched_Eyebrows, Attractive,
     Bags_Under_Eyes, Bald, Bangs, Big_Lips, Big_Nose, Black_Hair,
     Blond_Hair, Blurry, Brown_Hair, Bushy_Eyebrows, Chubby,
     Double_Chin, Eyeglasses, Goatee, Gray_Hair, Heavy_Makeup,
     High_Cheekbones, Male, Mouth_Slightly_Open, Mustache,
     Narrow_Eyes, No_Beard, Oval_Face, Pale_Skin, Pointy_Nose,
     Receding_Hairline, Rosy_Cheeks, Sideburns, Smiling,
     Straight_Hair, Wavy_Hair, Wearing_Earrings, Wearing_Hat,
     Wearing_Lipstick, Wearing_Necklace, Wearing_Necktie, Young}
```

人类一下子就找到了，只需要根据上面高亮的三个特征就可以判断一个人是否在笑。

不考虑这个数据集，基于我们人类自身的认知能力，我们将人类在判断一个人是否在笑时会考虑的一组特征命名为 J。然后求 $C \cap J$(即 C 和 J 的交集)，即在这个数据集中基于人类认知能力判断是否在笑的特征。

结果如下：

$$C \cap J = \{\texttt{Mouth\_Slightly\_Open, Narrow\_Eyes, Smiling}\}$$

我们将去掉 Smiling(在笑)，因为它是标签，而不是真正的特征。

再去掉很多人都有的 Narrow_Eyes(细长的眼睛)。因为很多人的眼睛是狭长的，所以我们很难将它跟笑起来导致的眯眼区分开来。

现在只剩下以下特征了(即嘴巴微微张开)：

$$C \cap J = \{\texttt{Mouth\_Slightly\_Open}\}$$

首先，运行我们在第 9 章中使用的程序 Counterfactual_explanations.ipynb。

然后用 WIT 验证我们刚才得出的结论。

- 在 Binning | X-Axis 下拉列表中选择 Mouth_Slightly_Open，如图 12.4 所示。

图 12.4　选择 Mouth_Slightly_Open 特征

- 在 Color By 下拉列表中选择 Inference score，见图 12.5。

图 12.5　在 Color By 选择 Inference score

- 在 Label By 下拉列表中选择 Inference value，如图 12.6 所示。

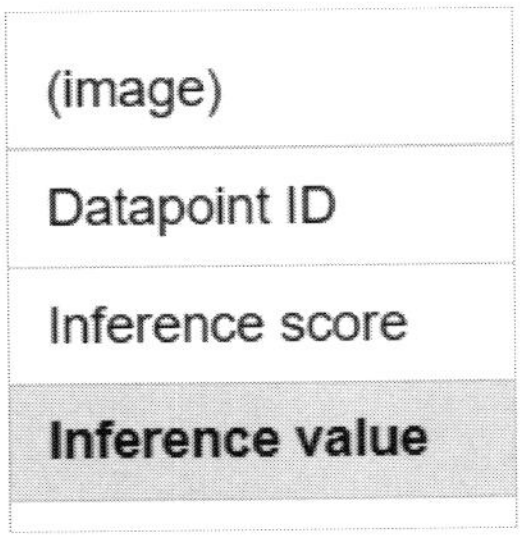

(image)

Datapoint ID

Inference score

Inference value

图 12.6   在 Label By 选择 Inference value

结果如图 12.7 所示。左侧显示没有包含目标特征的数据点。右侧显示包含目标特征的数据点。

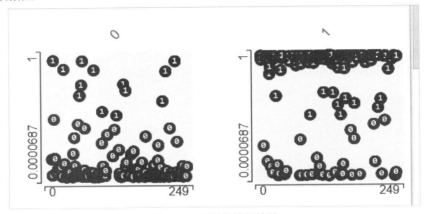

图 12.7   可视化特征结果

可以看到，右侧包含大量的正面预测(在笑)。左侧只有很少的正面预测(在笑)。左侧包含了大量的负面预测(没在笑)。右侧只有很少的负面预测(没在笑)。

可见我们刚才的结论是正确的。

因此过滤 AI 系统预测的理由规则如下：

如果 Mouth_Slightly_Open 是真的，那么 p 也是真的。

然而，很多人笑的时候是闭着嘴的，嘴巴并没有微微张开，如图 12.8 中的人物。

图 12.8   闭着嘴笑

这意味着 Mouth_Slightly_Open 并不是规则库需要的唯一规则。

第二条规则可能是：

> 如果唇角高于嘴唇中间，这个人可能在笑。

除此之外，也许还需要其他规则。

我们可以从这个实验中得出以下结论：

- WIT 对于分析数据点很有用！
- 人类的认知能力告诉我们，很多特征并不适用于检测图像是否在笑。
- 在第 9 章，我们使用反事实解释法来解释数据点之间的距离。
- 在这一章，我们使用日常的、常识性的人类认知意识来理解这个问题。
- 这是可解释 AI 和人类认知能力相结合以帮助用户理解解释的一个例子。

在本节中，通过人类认知能力，我们不仅解释了 ML 输出，而且理解了 AI 系统是如何得出预测的。

12.4 本章小结

在本章中，我们捕捉到了 XAI 工具的精髓，并将其概念用于认知解释法。道德伦理观点引导我们用日常语言创建认知解释方法，以满足那些要求人工干预来理解 AI 决策的用户的需求。

SHAP 显示了特征的边际贡献。Facets 通过 XAI 界面显示数据点。我们可以与 Google WIT 互动，它能够提供反事实解释以及其他函数。

CEM 工具向我们展示了缺失特征的重要性以及特征的边际存在。LIME 帮我们得出一个特定实例的预测，并解释了其周边。锚定解释法进一步解释了预测的关键特征之间的联系。

在本章中，我们使用这些工具的概念来帮助用户理解 XAI 工具的解释结果。认知解释法不具备前面探讨过的 XAI 工具的模型无关性。认知解释法需要仔细的人类设计。然而，认知解释法可以利用人类的认知能力来帮助解释。

我们展示了认知解释法是如何帮助用户理解情绪分析、特征边际贡献、矢量化器和反事实数据点的。

本章的认知解释法能够与书中其他章节描述的 XAI 工具结合起来使用，从而弥合机器智能的复杂性和人类对世界更复杂的理解之间的差距。

随着 AI 在各个领域的扩展，人们对 XAI 的需求与日俱增，我们需要提供任何用户都能够理解的 AI 解释。

第 7 章 "可解释 AI 聊天机器人" 探讨了一种新的人机交互模式：能够使用人类语言提供语音和文字交互的个人助理(即聊天机器人)。我们认为，在不久的将来，人类用户每时每刻都能获得个人助理对 AI 的解释。

作为 AI 和 XAI 的用户、开发人员或管理者,你们将在日常工作中书写下一章!

12.5 习题

1. SHapley Additive exPlanations (SHAP)使用 SHAP 值计算每个特征的边际贡献。(对|错)

2. Google What-If Tool(WIT)可将 SHAP 值显示为反事实数据点。(对|错)

3. 反事实解释包括显示两个数据点之间的距离。(对|错)

4. 对比解释法(CEM)以一种有趣的方式来解释预测中特征的缺失。(对|错)

5. LIME 解释特定预测的周边。(对|错)

6. 锚定解释法显示了正面和负面预测中可能出现的特征之间的联系。(对|错)

7. Google Location History 等工具可以提供更多的信息来解释 ML 模型的输出。(对|错)

8. 认知解释法捕捉到了 XAI 工具的精髓,从而帮助用户理解日常语言中的 XAI。(对|错)

9. XAI 在许多国家是强制性的。(对|错)

10. AI 的未来是以人为中心的 XAI,它将使用聊天机器人和其他工具。(对|错)

12.6 扩展阅读

有关认知解释法和人机(XAI)方法的更多信息,请访问以下 URL:
https://researcher.watson.ibm.com/researcher/view_group.php?id=7806。